U0348114

『十四五』时期国家重点出版物出版专项规划项目

马蔺种质资源研究

孟 林 田小霞 毛培春 郑明利 著

中国农业科学技术出版社

图书在版编目(CIP)数据

马蔺种质资源研究 / 孟林等著. --北京：中国农业科学技术出版社，2023. 12

ISBN 978-7-5116-6477-8

Ⅰ. ①马…　Ⅱ. ①孟…　Ⅲ. ①牧草-种质资源　Ⅳ. ①S540. 24

中国国家版本馆 CIP 数据核字(2023)第 200165 号

责任编辑　陶　莲
责任校对　贾若妍　李向荣
责任印制　姜义伟　王思文

出 版 者　中国农业科学技术出版社
北京市中关村南大街 12 号　　邮编：100081
电　　话　(010) 82109705(编辑室)　(010) 82109702(发行部)
(010) 82109709(读者服务部)
网　　址　https://castp.caas.cn
经 销 者　各地新华书店
印 刷 者　北京建宏印刷有限公司
开　　本　170 mm×240 mm　1/16
印　　张　13. 75　　彩插　6 面
字　　数　260 千字
版　　次　2023 年 12 月第 1 版　2023 年 12 月第 1 次印刷
定　　价　98. 00 元

版权所有 · 翻印必究

前　言

马蔺［*Iris lactea* Pall. var. chinensis（Fisch.）Koidz.］系鸢尾科鸢尾属多年生宿根草本植物，别名马莲、马兰花。马蔺自然分布广，在我国已有2 000多年的栽培历史，栽植成活率高，生长迅速，病虫害少，易形成植被群落。马蔺适应性广，抗逆性强，具有较强的耐盐碱和抗旱耐寒等特性，根系十分发达，对土壤要求不严，适合贫瘠干旱地区和盐碱土壤等地区作为园林绿化和水土保持的理想植物进行种植，其植株叶片细长，富有弹性，坚韧耐用，抗拉性好，是很好的天然绿色植物纤维之一，还是编制工艺品的优良原料，可用它编制各种草制品，还是良好的中草药，市场应用前景非常广阔。

马蔺作为园林绿化乡土植物，花常有浅蓝色、蓝色或蓝紫色，花香清新淡雅，花期长，北京地区绿期长达280 d以上，具有优良的耐修剪和耐践踏性，在城市开放绿地、道路两侧绿化隔离带和缀花草地等建植中，是优良的园林配景植物之一。马蔺可丛植于公园、街头绿地、花坛或路旁树下、溪岸处，起到良好的绿化作用；在高速公路、铁路、水库、矿场、采石场、取土坑等的道路边坡、驳岸护坡上被广泛应用，可改善生态环境，滞水保土。在边坡生态治理中，还可充当生物群落演绎过程中的先锋植物，形成绿色地被植物群落，可与乔木和灌木等混生形成稳定的植物群落。

本书主要著者开展马蔺种质资源研究历时20余年，主持完成北京市自然科学基金面上项目“马蔺抗旱耐盐基因*IlVP*的克隆及其功能分析研究（6142007）”“马蔺抗旱种质鉴定及分子标记辅助筛选（6062012）”“马蔺耐盐种质鉴定及其遗传多样性分析研究（6102013）”，北京市农林科学院科技创新能力建设专项“草种质资源保存、评价与创新（KJCX20200107、KJCX20170110、KJCX20140103）”等，在马蔺种质资源收集、评价和创新利用领域开展了系列研究，获得了大量翔实的试验数据和科学结果，现整理成册，出版本书，以飨读者。

全书共11章，内容包括马蔺种质资源研究概述，马蔺叶片形态解剖特征，马蔺花器官表型特征及色素分析，马蔺种质资源同工酶特性分析，马蔺种质资源抗旱性、耐盐性、耐 Cd 性和耐 Zn 性评价，马蔺种质资源分子遗传多样性分析，马蔺组织培养快繁再生体系建立，马蔺液泡膜 H^+-PPase 基因 *IlVP* 的克隆和功能解析。孟林研究员对全书稿进行了审校与统稿，衷心感谢田小霞、毛培春、郑明利、李楠、郭静雅、李强栋、李杉杉、史晓霞、李丽、肖阔等团队成员、在读和已毕业研究生在马蔺种质资源研究的实验操作、数据采集、结果分析和全书成稿等过程中付出的大量辛勤劳动。

本书是对著者研究团队多年来在马蔺种质资源基础研究和实践应用方面获得成果的科学凝练和总结，力求条理清晰、文字简洁、通俗易懂、简单实用。因时间仓促，著者水平有限，难免有错漏、重复、交叉等不当之处，在此诚挚地希望广大读者批评指正。

孟　林

2023 年 8 月于北京

目　　录

第 1 章　马蔺种质资源研究概述

【内容提要】 马蔺［*Iris lactea* Pall. var. chinensis（Fisch.）Koidz.］是鸢尾科鸢尾属多年生草本植物，主要野生分布于我国东北、西北、华北等地。马蔺具有极强抗旱耐盐性，已经成为退化低地盐生草甸的指示性植物之一，因其叶色青绿，绿期长，花色淡雅倩丽，易于管理，已经成为城市园林景观配置和郊野公园绿地建设的优良地被植物。本章重点阐述了马蔺的分类学特征、生态地理分布、细胞学与生物生态学特性、遗传学特性、抗逆性评价及其功能基因鉴定、多功能利用途径等，为马蔺种质资源深度挖掘与开发利用提供科学基础理论及技术支撑。

马蔺是鸢尾科鸢尾属多年生宿根草本植物，花浅蓝色、蓝色或蓝紫色，花上面具有较深色条纹，花茎光滑，顶生于枝条的尖端部位。马蔺还有一个美丽富有传奇的名字叫“祝英台花”，因为马蔺外形似蝴蝶，像是梁祝的爱情化身，传递爱的使者，充满了传奇与爱恨悲壮色彩。

马蔺是优良的保土护坡草本植物，有着美丽的外观，顽强的生命力并且便于种植管理，所以说它拥有良好的美化生态功能且具有独特的经济价值。马蔺广泛分布于中国北方各地，具有完美水保护坡植物的“天性”，其根系发达，适应能力极强，抗旱性、抗寒性和耐盐碱性强，这些特征决定了马蔺非常适合被用于中国北方气候干燥、土壤沙化地区的水土保持与盐碱地绿化治理和改造等的生态环境建设。

1.1　马蔺分类学特征及其地理分布

1.1.1　分类学特征

马蔺亦称马莲（花）、马兰（花）、紫蓝草、兰花草、箭秆风、蠡实等，系鸢尾科鸢尾属多年生宿根草本植物。鸢尾科约有 60 属 800 种，广泛分布于全世界的热带、亚热带及温带地区，分布中心在非洲南部及美洲热带；我国产11属71种13变种及5变型，主要是鸢尾属植物，多数分布于西南、西北及东北各地（中国科学院中国植物志编辑委员会，1985）。

鸢尾属的模式种为德国鸢尾（*I. germanica*），在全世界约300种，主要分布于欧洲、亚洲和北美洲等北温带（王育青和秦艳，2015），我国约产60种、13变种和5变型。其中鸢尾属无附属物亚属无附属物组的白花马蔺（*I. lactea*）有2个变种，1个变种是马蔺，花为浅蓝色、蓝色或蓝紫色，花柱分裂大多至基部，花凋谢后花被管不残存在果实上（中国科学院中国植物志编辑委员会，1985）；另1个变种是黄花马蔺（*I. lactea* var. chrysantha），产自中国西藏，模式标本采自西藏聂荣，其明显特征是花为黄色，其他特征与白花马蔺和马蔺相同。

马蔺株高达10~60 cm，地下根状茎粗短，须根棕褐色，植株基部具红褐色而裂成纤维状的枯叶鞘残留物；叶基生，坚韧，条形，长30~40 cm，宽4~8 cm，先端渐尖，灰绿色；花葶自基部抽出，有花1~2朵，浅蓝色或蓝紫色；花被片6，外轮3片较大，匙形，稍开展；内轮3片，倒披针形，直立；花柱分枝3，花瓣状，先端2裂；蒴果长椭圆形，具纵肋6条，先端有喙；种子多数，近球形而有棱角，棕褐色，种子千粒重达23~31 g。细胞染色体组成常见为$2n=2X=40$（陈默君和贾慎修，2002；沈云光 等，2007），也有研究报道其染色体组成为$2n=2X=32$，44（王冰 等，1998；陈雪 等，2018）。

由鸢尾属分种检索表（中国科学院中国植物志编辑委员会，1985）可见白花马蔺分类地位如下：

分种检索表

1. 根肉质，中部膨大成纺锤形；根状茎甚短，不为块状，节不明显。
   2. 花茎很短，不伸出地面；花被管长5~7厘米…… 33. 高原鸢尾 *I. collettii* Hook. f.
   2. 花茎长，伸出地面，上部多分枝；花被管长2.5~3厘米 ………………………………………………………………………………… 34. 尼泊尔鸢尾 *I. decora* Wall.
1. 根非肉质，中部不膨大；根状茎长，块状，节明显。
   3. 花茎二歧状分枝。
      4. 植株基部无棕褐色毛发状的老叶残留纤维；叶顶端向外弯曲，呈镰刀状；花被管甚短 ………………………………………… 35. 野鸢尾 *I. dichotoma* Pall.
      4. 植株基部有棕褐色毛发状的老叶残留纤维；叶直立或顶端略内弯；花被管长约2厘米 ………………………………………… 36. 中甸鸢尾 *I. subdichotoma* Y. T. Zhao

3. 花茎非二歧状分枝或无明显的花茎。
5. 外花被裂片的中脉上无任何附属物，少数种只生有单细胞的纤毛。
6. 外花被裂片为提琴形。
7. 花茎有数个细长的分枝；叶宽 1.2 厘米以上。
8. 花黄色。
9. 花直径 5~5.5 厘米；叶中脉不明显 …………………………………………………………………………………………… 12. 乌苏里鸢尾 *I. maackii* Maxim
9. 花直径 10~11 厘米；叶中脉较明显 ……… 13. 黄菖蒲 *I. pseudacorus* L.
8. 花蓝色或蓝紫色。
10. 花蓝色；外花被裂片的中部有白色的环形斑纹 …………………………………………………………………………………………… 10. 西藏鸢尾 *I. clarkei* Baker
10. 花蓝紫色；外花被裂片的中部无白色的环形斑纹。
11. 外花被裂片宽倒卵形，内花被裂片长约 2.5 厘米 …………………………………………………………………………………… 18. 山鸢尾 *I. setosa* Pall. ex Link
11. 外花被裂片倒披针形，内花被裂片长约 3 厘米 …………………………………………………………………………………………… 14. 变色鸢尾 *I. versicolor* L.
7. 花茎不分枝或有 1~2 个短的侧枝，或无明显的花茎；叶宽 1.2 厘米以下。
12. 植株形成密丛；根状茎木质。
13. 根状茎非块状，斜伸，外包有不等长的老叶残留叶鞘及纤维；花被管长约 3 毫米 ………………………………………………… 19. 白花马蔺 *I. lactea* Pall.
13. 根状茎块状，外包有近等长的老叶残留叶鞘；花被管长 3~7 毫米。
14. 花茎明显，伸出地面 25 厘米以上；花被管长 3~7 毫米。
15. 花黄色，有紫褐色的网状花纹…25. 多斑鸢尾 *I. polysticta* Dicls
15. 花蓝紫色，无紫褐色的网状花纹 …………………………………………………………………………………………… 26. 准噶尔鸢尾 *I. songarica* Schrenk

1.1.2　地理分布

马蔺在中国分布范围较广，主要分布于东北、华北、华东、内蒙古、陕西、山西、宁夏、甘肃、青海东部及柴达木、新疆和西藏等地（陈默军和贾慎修，2002），国外见于朝鲜、蒙古国和俄罗斯等地（王育青和秦艳，2015）。

马蔺适于中生环境，抗旱耐盐性较强，广布于中国森林、森林草原、草原、荒漠草原乃至高寒地带，是低地草甸的优势植物种之一，也常见于农区的田边、路旁和村落、庭院附近（陈默军和贾慎修，2002；孟林，2003）。

由马蔺组成的盐化草甸，全国有 398 700 hm^2，可利用面积为 349 851 hm^2，其中仅内蒙古就拥有 22 2247 hm^2（刘德福，1998；王育青和秦艳，2015），例如，在内蒙古东部的盐碱化低地常可以见到马蔺与羊草（*Aneurolepidium chinensis*）、裂叶蒿（*Artemisia laciniata*）、草地风毛菊（*Saussurea amara*）、假苇拂子茅（*Calamagrostis pseudophragmites*）等形成的多种低地草甸类型；在内蒙古西部典型草原和荒漠草原地带，马蔺与星星草（*Puccinellia tenuifolra*）、野大麦（*Hordeum bogdanii*）、芨芨草（*Achnatherum splendens*）等组成马蔺+盐生禾草草甸；在盐碱化较强的低地，马蔺常与角果碱蓬（*Suaeda corniculata*）、碱蒿（*Artemisia anethifolia*）、西伯利亚滨藜（*Atriplex sibirica*）等形成盐生草甸；在阿拉善和宁夏，马蔺又常常与芨芨草、小果白刺（*Nitraria sibirica*）、苦豆子（*Sophora alopecuroides*）、盐爪爪（*Kalidium foliatum*）等组成盐生植被。有时也以或大或小的优势群落出现在沙漠湖盆、高原或黄土丘陵的低洼地上。在祁连山 2 600~3 500 m 的亚高山也偶见，还可分布在青藏高原 4 000 m 以上的低湿山谷、河流沿岸和湖盆低地。适宜马蔺生长的土壤有浅色草甸土、盐碱化草甸土或草甸盐土（陈默军和贾慎修，2002）。

1.2 马蔺细胞学与生态生物学特性

1.2.1 细胞学特性

人们逐渐通过植物细胞染色体数目、核型分析并结合花粉形态观察，从微观方面对物种加以鉴别，为了解种间亲缘关系和进化提供了科学依据。关于马蔺细胞学方面做了许多研究，马蔺体细胞染色体数的文献报道有 3 种，第一种研究结果如葛传吉（1990）报道马蔺的细胞染色体数目为 $2n=40$，染色体组总长度为 39.56 μm，核型公式为 $K(2n)=40=26\ m+4\ m(SAT)+10\ sm$；陈默君和贾慎修（2002）进一步报道马蔺的细胞染色体数为 $2n=40$；沈云光等（2007）通过实验进一步证实马蔺的细胞染色体数为 $2n=40$，且核型公式为 $K(2n)=40=26\ m+12\ sm(2\ SAT)+2\ st$，其中第 8 对 sm 型染色体的短臂上具有一对随体，染色体相对长度变化范围 2.00~3.30，核型不对称分类属 2A 型。第二种研究结果如王冰等（1998）对马蔺的核型分析研究认为其体细胞染色体数目为 $2n=32$，染色体组总长度为 56.43 μm，核型公式 $K(2n)=32=22\ m+8\ sm+2\ T$，染色体相对长度组成

为 $2n=32=6L+4M2+18M1+4S$，核型不对称系数为 62.50%，核型为 2A 型。第三种结果如陈雪等（2018）报道马蔺体细胞染色体数目为 44，核型公式是 $K\ (2n)\ =44=30\ m+8\ sm+6\ st$，染色体相对长度组成为 $2n=44=10L+14M2+10M1+10S$，染色体中最长与最短的比值为 4.00，臂比大于 2∶1 的比例为 0.32，核型为 2B 型。观察马蔺花粉形态发现，花粉赤道面观为舟形或椭圆形，花粉粒大小为 41.67～75 μm，极赤比为 1.9，远极单沟，外壁纹饰为细网状，网眼内无颗粒（许玉凤 等，2008）。

1.2.2　繁殖特性

马蔺既可以种子繁殖，也可以无性繁殖。种子繁殖时，播种时要对种子进行处理以破除种子休眠和硬实，提高种子发芽率。野生马蔺引种到北京地区一般 3 月返青，11 月上旬枯黄，绿期长达 280 d 以上，自然花期主要集中在 4 月下旬始花，5 月中旬至 5 月底进入盛花期，6 月中旬终花，花期长达 50 d（牟少华 等，2005）。呼和浩特地区马蔺 4 月初返青，5 月中旬始花，5 月末至 6 月初进入盛花期，6 月下旬终花（徐恒刚，2002）。

（1）种子繁殖

成熟野生马蔺种子绝大多数具有活力，种子繁殖在春季、夏季和秋季均可进行。成熟野生种子绝大多数具有活力，种子发芽的内在潜力很大。经氯化三苯基四唑（Triphenyl tetrazolium chloride，TTC）种子活度生化速测法测定，室内储存的马蔺种子与室外土埋贮藏的种子发芽势分别为 90%和 88%，但常温下马蔺种子发芽率和发芽势均较低（许玉凤 等，2010）。马蔺种子具有一定的休眠性，休眠的主要原因有种皮的机械物理阻碍（郭瑛和高亦坷，2006）和种胚被厚实的胚乳紧紧包围所致（徐本美 等，2006），通过气相色谱法测定了马蔺种子去除种皮前和在预冷处理过程中的激素变化，发现种子去除种皮后脱落酸含量降低，在预冷处理过程中赤霉素和玉米素含量上升，表明激素的变化与种子休眠状态有关（孙跃春 等，2005）。

打破马蔺种子休眠，促进种子萌发的方法有物理、药剂和低温层积等，但实际应用上，几种方法配合处理后，发芽率有所提高。徐秀梅等（2003）研究提出了促进马蔺种子萌发的最佳方法是 $Co^{60}-\gamma$ 射线辐射+热水浸泡，即 $Co^{60}-\gamma$ 射线辐射的基本剂量为 0.258～0.903 $C\cdot kg^{-1}$，计量率为 $2.58\times10^{-4}\ C\cdot\ (kg\cdot s)^{-1}$，浸泡热水温度以 65 ℃为宜。另据实验研究报道，常温下贮藏时间超过 5 年的马蔺种子，其活力下降。马蔺种子变温储藏和室外埋土越冬处理比室温下储藏发芽率高。马蔺种子发芽的温度范围为

15~30 ℃，<10 ℃或>35 ℃时基本不发芽。恒温条件下马蔺种子的发芽率普遍很低，一般播前采用温水浸种或层积处理，会提高种子出苗率。马蔺种子硬实率较高，使得马蔺种子在常温室内培养条件下的发芽率平均仅10%~20%。在适宜的土壤水分、温度条件下培养25 d左右，马蔺种子开始萌发，35 d左右出苗。播种当年马蔺幼苗生长较为缓慢，第二年一般3月底返青，幼苗越冬率一般都超过95%。播种当年不分蘖，不开花，第二年可分蘖，一般为1~3个。据报道先用0.5%的高锰酸钾浸种2 h，后用60~70 ℃的温水浸种24 h，待水温冷却后，再浸泡48 h，浸种的用水量是种子的2~3倍，然后播种马蔺种子发芽率提高37%~43%（张庆宏和王凤霞，2004）。李苗等（2005）研究了物理、药剂、低温层积以及多种配合处理方式破除马蔺种子休眠及诱导种子萌发的影响，结果表明多种处理方法的配合使用对破除种子休眠既提高萌发率有一定作用，特别是在层积处理60 d，又经300 mg·L^{-1}赤霉素处理后，种子萌发率可达14%。

（2）分株无性繁殖

用成熟且生长健壮的马蔺植株进行分株移栽繁殖成活率较高，是目前主要的繁殖方式。马蔺分株繁殖，一年四季都可以进行，但以春季和秋季为最佳繁殖时间。当根状茎长大时，就可进行分株繁殖，可每隔2~4年进行一次，在入冬前使植株进行充分生长，不影响花芽分化。还可采用根茎繁殖的方式进行繁殖，一般春秋两季最好，分割根茎时，应使每个根茎上至少具有1个种芽而以2~3个种芽为好。为大量繁殖分割根茎，扦插于20 ℃的湿沙中，促其生长不定芽（赵桂云，2011），也可将根茎放进一个挖好的沟中，根芽朝上，将根须展开，覆上土，之后浇透水即可。在低温时可盖上塑料膜，高温时要遮阴。

（3）组织培养繁殖

由于存在马蔺种子硬实率高和常温培养条件下的发芽率与发芽势低的繁殖局限性，以及异型杂交使种子繁殖不能保证品种基因型一致的缺点，刘孟颖等（2007）以马蔺的根茎不定芽为材料，进行了马蔺根茎离体不定芽的生长，生长不定芽的分化，试管苗的生根，移栽和定植的研究，建立起马蔺无性系，结果证明：1/2 MS+GA 0.5 mg·L^{-1}+BA 0.3 mg·L^{-1}+IAA 0.5 mg·L^{-1}是诱导根茎不定芽生长的理想培养基，MS+GA 0.2 mg·L^{-1}+BA 0.6 mg·L^{-1}+IAA 0.3 mg·L^{-1}是生长不定芽分化培养的理想培养基，1/3 MS+IAA 0.4~0.6 mg·L^{-1}是生根培养的理想培养基。孟林等（2009）以成熟且具活力的马蔺种子为外植体，以MS为基本培养基，与不同浓度比例的

2,4-D、BA、NAA、KT 等植物生长调节剂构成愈伤组织诱导、分化、生根等培养基的组合方案，优选出 MS+2,4-D 4 $mg \cdot L^{-1}$+BA 2 $mg \cdot L^{-1}$、MS+2,4-D 4 $mg \cdot L^{-1}$+BA 5 $mg \cdot L^{-1}$和 MS+2,4-D 2 $mg \cdot L^{-1}$+KT 1.5 $mg \cdot L^{-1}$为最佳诱导培养基，诱导出愈率均在 58%以上，最佳分化培养基为 MS+BA 4 $mg \cdot L^{-1}$和 MS+BA 1 $mg \cdot L^{-1}$+NAA 0.15 $mg \cdot L^{-1}$，绿苗分化率达 100%，1/2 MS 为最佳生根培养基，从而构建起了一套从马蔺“成熟种胚—诱导愈伤组织—绿苗分化—继代增殖—生根—试管苗移栽”等整个过程中各环节的最佳培养基和操作规程的组织培养快繁体系。

1.2.3　抗旱性

马蔺根系发达，据测量，马蔺的根系入土深度可达 1 m 以上，须根稠密而发达，呈伞状分布，这不仅是它极强的抗性和适应性的有力保证，也使其具有很强的缚土保水能力。马蔺直立生长的叶片可有效地减少水分蒸发，缓解雨水对地表的直接冲刷，而且还利于根部透气。在恶劣的环境条件下，马蔺的地上部分会变得相对低矮，地上生长量会减低 20%以上，同时根系会更加发达，根系会增加 10%以上，这都有助于其在高温干旱、水涝等不良环境中正常生存。

史晓霞等（2007）采用温室模拟不同强度干旱胁迫+复水处理的方法，对我国北方不同生境条件下的 15 份马蔺种质材料苗期的生长形态学和生理生化指标进行测定分析，揭示出“随干旱胁迫时间延长，马蔺种质的叶片相对含水量（RWC）、叶绿素 SPAD 值、植株相对生长率（RGR）均呈下降趋势，相对电导率（REC）、丙二醛（MDA）含量与游离脯氨酸（Pro）含量则有增加趋势”的变化规律，并筛选出 5 份抗旱性较强的种质材料。孟林等（2009）利用欧氏最大距离法聚类分析将我国北方不同生境条件下的 15 份马蔺种质材料划分为强抗旱、中度抗旱和弱抗旱 3 个抗旱级别，并证实在连续干旱胁迫下，这 3 个抗旱级别的马蔺种质材料 REC、Pro 和 MDA 均呈逐渐增加趋势，增幅表现为强抗旱<中度抗旱<弱抗旱，而叶绿素 SPAD 值和 RWC 呈逐渐下降趋势，降幅表现为强抗旱<中度抗旱<弱抗旱。史晓霞（2008）研究了马蔺叶片解剖结构特征与其抗旱性关系，结果表明马蔺种质材料抗旱性与叶片厚度、气孔密度、栅栏组织厚度、栅栏组织/海绵组织厚度等结构参数指标均存在密切的关系。其中，强抗旱种质材料的叶片厚度、上下表皮细胞厚度和角质层厚度均大于弱抗旱种质材料，栅栏组织和海绵组织相对发达，气孔密度大，叶片组织疏松度小。

1.2.4 耐盐碱性

马蔺是一种耐重盐碱的草本植物。王桂芹（2002）对不同生境下的马蔺解剖学研究发现，盐生马蔺具有栓质化的外皮层和内皮层，从而使得其根具有两层过滤膜，因此具有较强的过滤能力，极富不吸收或者很少吸收土壤中的盐成分，认为马蔺是一种拒盐植物。另据研究报道，在盐分胁迫下马蔺种子萌发特性的实验研究结果显示，种子在含盐量 0.44%条件下，正常发芽；当含盐量 0.51%时，发芽率明显下降，含盐量达 0.75%丧失发芽能力。种子萌发后的幼苗在土壤含盐量达 0.27%、pH 值达 7.9~8.8 的条件下仍能正常生长并开花结实，是盐碱地绿化和改良的理想材料。

白文波等（2005）研究结果表明，NaCl 胁迫使马蔺生物量、株高、干重、肉质化及 K^+含量、K^+/Na^+比值降低，同时根冠比和 Na^+含量增加，马蔺生长受抑制与植物组织内 Na^+含量提高和 K^+/Na^+比值降低有关，盐胁迫使马蔺根系对 K^+、Na^+的选择性吸收降低，增加了向茎叶中运输 K^+的能力。许玉凤等（2011）以一年生马蔺幼苗为试材，研究发现其叶片 SOD、POD 和 CAT 酶活性对 NaCl 胁迫的响应随着时间的延长和胁迫浓度的增加表现为先升高后降低的趋势，并在盐胁迫条件下抑制了蛋白质的表达，表明渗透调节物质 Pro 和可溶性蛋白（SP）在马蔺抗盐特性中发挥着重要作用。张明轩等（2011）利用水培法，以 1/2 Hoagland 溶液为基础培养液，对 $1\ g\cdot L^{-1}$、$2\ g\cdot L^{-1}$、$3\ g\cdot L^{-1}$、$4\ g\cdot L^{-1}$、$6\ g\cdot L^{-1}$、$8\ g\cdot L^{-1}$和 $10\ g\cdot L^{-1}$NaCl 胁迫处理下马蔺苗期生长及叶片生理生化特性进行了研究，表明马蔺幼苗对低浓度（$1\sim4\ g\cdot L^{-1}$）和短时间（<14 d）的盐胁迫具有一定的适应性和耐受性，甚至对马蔺幼苗的生长有一定程度的促进作用，而在高质量浓度（$10\ g\cdot L^{-1}$）和长时间（28 d）的胁迫下则对马蔺的生长和代谢具有明显抑制作用。张天姝等（2012）用不同浓度 Na_2CO_3处理马蔺幼苗，测定分析其 REC 和 MDA 等生理指标，结果表明，在一定 Na_2CO_3 浓度范围内（$0\sim125\ mmol\cdot L^{-1}$），胁迫处理后幼苗的 MDA 质量摩尔浓度降低，细胞质膜的不完整性能够修复，叶片 REC 相对较小，说明马蔺幼苗表现出了一定的耐盐碱性；而高浓度的 Na_2CO_3胁迫则对马蔺生理造成不可逆的伤害。毛培春等（2013）采用温室模拟 NaCl 盐分胁迫试验方法，设置 0、0.4%、0.8%、1.2% 4 个 NaCl 质量分数梯度，对来自我国北方 4 个省区 16 份马蔺种质材料的生理生化指标进行测定分析，并对其苗期耐盐性进行综合评价，结果表明随盐胁迫质量分数的增加，叶片 RWC 呈下降趋势，REC、MDA 和 Pro 含量呈上升趋势，而叶

绿素含量呈先升后降的趋势，在胁迫质量分数0.4%时达峰值，并筛选出8份耐盐性较强的马蔺种质材料。

孙广玉和侯晨（2008）研究发现，生长在盐碱地的马蔺为了降低水分利用率，在较高的太阳辐射条件下，会引起叶片温度的升高，叶片的羧化效率和表观量子产额下降，造成光合午休现象。在高温、干旱和盐碱等恶劣环境下，马蔺会自动减缓地上部的生长速度，使茎叶变得低矮，而保持根系生长，使根系更加发达。进一步证实了马蔺在盐碱化土壤上具有较强的渗透调节能力，使叶片的保水能力增强，维持了净光合速率和PS光化学活性，具有较强的抗旱性，是盐碱化土壤地区植被恢复可供选择的抗旱耐盐植物。

1.2.5　耐重金属特性

马蔺对重金属Cd和Pb表现出较强的富集能力。原海燕等（2010）研究对比了4种鸢尾属植物对Pb、Zn矿区土壤中重金属Pb、Zn、Cu、Cd的富集和修复能力，得出马蔺对Pb、Cd吸收能力最强的结论，其中种植马蔺1个月后土壤Pb、Cu和Cd修复效率分别为8.13%、2.45%和22.3%，马蔺地上部Pb质量分数达983 $mg \cdot kg^{-1}$，且转运系数大于1，是一种潜在的Pb积累植物。原海燕等（2011）还研究了Pb污染对马蔺生长、体内重金属元素积累和叶绿体超微结构的影响，结果显示低浓度的单一Pb（低于500 $mg \cdot kg^{-1}$）胁迫反而增加了马蔺的株高、根长及植物干重；Pb、Zn尾矿污染土壤掺比试验中Pb、Zn尾矿含量低于一定浓度下对马蔺株高、根长生长同样具有促进效应，只有100%尾矿污染土壤处理下马蔺地上部和根系生物量下降明显；马蔺地上部和根系Pb含量均随土壤中Pb浓度和尾矿含量的增加而增加；Pb单独胁迫下马蔺地上部Zn含量随Pb含量的增加逐渐下降，Zn和Pb的吸收表现为一种拮抗效应，而不同掺比污染土壤胁迫下马蔺地上部和根系Zn积累同Pb一样，均随土壤中Pb、Zn浓度的增加而增加，Zn和Pb的吸收表现为一种协同效应。以上研究进一步说明马蔺是一种潜在的Pb积累植物，对Pb胁迫有较强的耐受性，并且对Pb污染的土壤具有一定修复能力。原海燕等（2012）对马蔺对Pb尾砂土壤酶活性和Pb形态影响的研究表明，马蔺可吸收尾砂中的有效态Pb，减轻重金属对土壤危害。

原海燕等（2013）研究了Cd胁迫及Cd胁迫下添加外源谷胱甘肽（GSH）和丁胱亚磺酰胺（BSO）对马蔺根和叶干质量、Cd含量及非蛋白巯基总肽（NPT）、谷胱甘肽（GSH）和其他非蛋白巯基化合物（植物螯合肽PC和半胱氨酸Cys）含量的影响，结果表明80 $mg \cdot L^{-1}$高质量浓度Cd胁迫下马蔺根系内 Cd 的大量积累显著抑制马蔺根系的生长，但相同 Cd 胁迫下添加 100 mg·L^{-1} GSH（PC 合成底物）和 BSO（PC 合成抑制物）后马蔺地上部 Cd 含量和根系干质量不同程度地增加，说明 Cd 胁迫下 GSH 较 PC 在马蔺解毒和转运中具有更重要作用。原海燕等（2016）进一步研究发现短时间 Pb 胁迫下马蔺根系吸收的 Pb 可能主要积累于马蔺表皮细胞壁中。Pb+GSH 处理下马蔺根细胞解析出的 Pb 含量均高于单一 Pb 胁迫与 Pb 和 BSO 处理下相应部位的 Pb 含量，说明 0~4 h 短时间内 GSH 具有促进马蔺 Pb 吸收和转运的功能。

李丽等（2016）采用水培法探讨了低浓度 Cd（15 mg·L^{-1}）和高浓度 Cd（100 mg·L^{-1}）处理对马蔺植株生长及生理指标的影响，表明低浓度 Cd 处理可促进马蔺叶片中 SP 含量、MDA 含量，SOD 和 POD 活性的增加，高浓度 Cd 处理对马蔺幼苗株高、叶绿素 a、叶绿素 b 及地上鲜干重均存在显著影响；低浓度 Cd 和高浓度 Cd 处理下，叶片的叶绿素 a/b 比值较对照均增大，且叶绿素 b 下降幅度大于叶绿素 a。高浓度 Cd 处理下马蔺对 Cd 的转移系数大于低浓度的，但均<0.5，根系富集 Cd 的能力达 75%，说明马蔺具有较强的耐 Cd 特性。田小霞等（2018）通过盆栽砂培试验，以 16 份马蔺种质材料为试材，设置 5 个 Cd 浓度处理（0、50 mg·kg^{-1}、100 mg·kg^{-1}、200 mg·kg^{-1}、300 mg·kg^{-1}），胁迫处理 40 d 后测定分析了马蔺种质材料的 8 项生长形态和生理指标，筛选出 6 份强耐 Cd 的种质材料，运用逐步回归法建立耐 Cd 性预测回归模型：$D = -1.414 + 1.076\ DWS + 0.744\ SP + 0.266\ SOD$，其中 DWS 为根系干重，SP 为可溶性蛋白含量。田小霞等（2019 a，b）进一步以野生马蔺种子培育的实生苗为试验材料，采用水培法研究不同质量浓度 Cd 对马蔺幼苗生长、根系形态及部分生理指标的影响，分析了 Cd 胁迫下马蔺根系形态和生理指标的变化特征，发现在 Cd 胁迫条件下，马蔺幼苗通过根系对 Cd 离子的积累，减少 Cd 离子从根部到地上部的转移，并通过提高抗氧化酶活性、保持渗透平衡和清除过量自由基，从而提高了马蔺对 Cd 的耐受性。

张开明等（2007）研究了不同浓度 Cu 胁迫下，黄菖蒲（*Iris pseudacaorus*）和马蔺对 Cu 的富集作用，表明黄菖蒲和马蔺均能超量富集吸收 Cu，在 55 mg·L^{-1}和 80 mg·L^{-1} Cu 胁迫下，黄菖蒲和马蔺地上部对 Cu 的富集量分别达 2 933.93 μg·g^{-1}和 5 614.56 μg·g^{-1}、2 586.83 μg·g^{-1}和 8 846.44 μg·g^{-1}，地下部对 Cu 的富集明显高于地上部，表明这 2 种植物均为潜在的 Cu 富集植物。田小霞等（2017）采用盆栽砂培试验，对不同浓度

Zn 胁迫处理下 16 份马蔺种质材料对 Zn 的耐受性与生理响应变化规律开展试验研究，筛选出 7 份耐 Zn 性较强的种质材料，并证实强耐 Zn 性的马蔺种质材料在重金属 Zn 胁迫下受到的伤害较轻，为 Zn^{2+} 污染土壤改良和修复提供了重要依据和理想材料。

1.2.6　抗病虫害特性

马蔺具有极强的抗病虫害能力，不仅在马蔺单一植被群落中从不发生病虫害，而且由于它具有特殊的分泌物，使其与其他植物混植后也极少发生病虫害，大大降低了绿色地被建植后防治病虫害所需的投入和成本。

特别是马蔺抗虫能力极强，通常情况下不易发生虫害，但有一种俗称小地老虎的虫子会危害马蔺，小幼虫会将马蔺的叶子啃食成孔洞状、使叶子缺损，而大一些的幼虫会在白天的时候潜伏到根部的土里面，傍晚以后会啃食并切断地面的根茎部位，从而影响马蔺的生长，会使植株的叶子变得干枯，发黄，甚至掉落。可实施药物防治，在幼虫 3 龄以前，可用 5%的辛硫磷颗粒加上细土然后拌匀后，再撒在马蔺草地上；或喷洒 50%辛硫磷液 1 000 倍液，可以直接杀死幼虫，不让其繁衍生长。也可实施生物防治，使用黑光灯或用糖醋液诱杀成熟的大虫，具体糖醋液的配制方法为，红糖 1 份，醋 3 份，水 10 份，再加入少量的敌百虫药液然后进行均匀搅拌即可，选择晴天的傍晚，把配液放在马蔺的苗中间，待天亮后即可收回，并将已杀死的虫子收集起来，然后掩埋即可。

马蔺发生的常见病害是锈病，常见的防除方法是发病初期喷洒 15%三唑酮可湿性粉剂 1 000~1 500 倍液或 50%萎锈灵乳油 800 倍液，50%硫黄悬浮剂 300 倍液，25%敌力脱乳油 3 000 倍液，70%代森锰锌可湿性粉剂 1 000 倍液加 15%三唑酮可湿性粉剂 2 000 倍液，30%固体石硫合剂 150 倍液，12.5%速保利可湿性粉剂 2 000~3 000 倍液、80%新万生可湿性粉剂 500~600 倍液，每隔 15 d 喷洒 1 次，防治 1 次或 2 次即可。

1.2.7　观赏性

马蔺是不可多得的节水优良地被植物，绿期和花期长，色泽美，观赏性强，主要观赏部位是叶和花，经历践踏后可自我恢复，具有较强的吸尘、减噪和降温作用。据观察，马蔺在北京地区一般 3 月中下旬返青，4 月下旬始花，5 月中旬至 5 月底进入盛花期，6 月中旬终花，11 月上旬枯黄，绿期长达 280 d 以上。马蔺色泽青绿，花淡雅美丽，花色淡蓝、蓝色或蓝紫色，给人以宁静、凉爽之感，花期长达 50 d 以上，可形成美丽的园林景观。马蔺既可以成片、成丛栽植于林缘、路缘、边坡、路崖镶边等，十分别致，也可以作为岩石园及花镜的优良材料。实践证明，在城市园林绿地、道路两侧绿化隔离带和缀花草地等的建植中，马蔺是无可争议的园林配景优良观赏植物。

1.3 马蔺种质资源遗传多样性

遗传多样性是生物多样性的基础，任何一个物种都具有独特的基因库和遗传结构，同时在不同的个体间往往存在着丰富的遗传变异，这些统统构成了生物的遗传多样性，因此遗传多样性是生物界所有遗传变异的总和（许玉凤 等，2011）。研究遗传多样性对了解物种起源、进行种质资源开发与利用、确定核心种质并保存、杂交育种的亲本选择等均具有重要意义（冯夏莲 等，2006）。

王育青等（2014）以收集自内蒙古 11 个盟市的 20 份野生马蔺种质材料为研究对象，通过对其 13 个农艺性状指标进行主成分分析、相关性分析和聚类分析，探讨不同种质材料间的亲缘关系、遗传变异特性及其原因，不同来源的马蔺种质材料农艺性状表现出不同程度的变异性，变异系数范围为 9.72%~300.00%，变异系数较大的性状是千粒重、胚长和发芽率，变异系数较小的性状是株高和叶宽；千粒重、发芽率、吸水率、胚长、胚乳长、种子长、生殖枝数、营养枝数、叶宽和株高 10 个主要性状是引起不同来源马蔺种质农艺性状分化的主要指标；各农艺性状间存在不同程度的相关性，经度、纬度和海拔高度是引起马蔺种质变异的主要因素，胚长、千粒重和吸水率易受生态环境因子的影响；来源不同的 20 份马蔺种质材料聚合为 4 大类，绝大多数种质材料表现出明显的地域性，经度纬度相近或小生境相似的种质材料聚为一类。

李强栋等（2011）利用聚丙烯酰胺凝胶电泳技术，检测了 11 份不同居群马蔺种质材料叶片过氧化物酶（POD）、酯酶（EST）同工酶的 2 个酶系统 22 个同工酶位点，分析了马蔺营养生长和生殖生长阶段的同工酶变化规律。李强栋等（2011，2012）采用非连续性聚丙烯酰胺凝胶电泳技术，对我国北方 5 省区不同居群的 23 份马蔺种质材料进行 POD 和 EST 同工酶酶谱特征分析，结果表明，在相对迁移率（R_f）为 0.041~0.875 的位点处，共有 40 个位点检测出谱带，其中共有谱带 8 条，特征谱带 15 条，说明不同居群间马蔺种质间存在一定同源性，部分居群的马蔺种质会发生遗传变异。UPGMA 聚类分析结果表明，当相似性系数为 0.79 时，可将 23 份野生马蔺种质材料划分为 5 大类群，分布于相似生态地理环境的马蔺种质材料基本可聚为同一大类，表明这 23 份马蔺种质材料与其分布的生态地理环境存在一定相关性，充分揭示了马蔺具有丰富的遗传多样性及不同居群马蔺种质之间的亲缘关系。

牟少华等（2008）利用 AFLP 技术，选择 EcoRI/MesI 这一酶切组合，应用 18 对 EcoRI+3 / MesI+3 引物组合进行选择性扩增，共扩增出 1 164 个遗传位点，其中 752 个多态位点，多态率达 65.11%，并通过 Jaccard 的方法将电泳带矩阵转化为遗传相似性系数矩阵，研究了来自我国华北、西北和华东的 10 个马蔺种群的遗传多样性，结果显示不同来源马蔺材料间遗传多样性程度很高，群体间的亲缘关系远近与其所处的地理位置有很大的关系，尤其与纬度因子的关系十分密切。张敏等（2007）应用 RAPD 和 ISSR 标记技术，对来自我国 7 个省区和美国的喜盐鸢尾、马蔺、蝴蝶花和鸢尾 4 个野生种 23 份种质材料的遗传多样性进行了分析，表明鸢尾属种间变异大于种内变异，种内遗传关系与地理分布和环境差异存在一定的相关性，进一步对鸢尾属 37 份种质材料开展 ISSR 分析，结果充分说明了鸢尾属物种间具有丰富的遗传多样性（张敏和黄苏珍，2008）。Wang 等（2009）以国内外 24 份野生马蔺种质材料为试材，利用 ISSR 分子标记技术，通过优选出的 11 个 ISSR 引物对 24 份野生马蔺材料进行 PCR 扩增，共获得 214 个扩增位点，其中多态性位点 170 个，多态性比率达 79%，平均每条引物可扩增出 19.5 条带，供试材料间的 GS 值变化范围在 0.400～0.929，说明其遗传分化程度较高，遗传多样性丰富，运用 ISSR 分子标记能够较好地揭示野生马蔺的遗传多样性及亲缘关系。UPGMA 聚类分析与主成分分析表明，24 份野生马蔺可按照采集地点的不同分为 4 组，组间遗传距离的差异是导致供试材料整体遗传差异较大的主要因素。王育青等（2010）以内蒙古呼和浩特市近郊野生马蔺 DNA 为模板，采用均匀设计，通过 5 因素 5 水平和 5 因素 3 水平的两轮均匀优化试验，对影响 ISSR-PCR 扩增结果的一些因素（Mg^{2+}、dNTP、引物、TaqDNA 聚合酶和模板 DNA 浓度等）进行优化筛选，建立了适合马蔺的最佳 ISSR-PCR 反应体系。毛培春等（2013）利用 ISSR 分子标记技术，对收集自我国北方 4 省区 20 份野生马蔺种质材料进行遗传多样性分析，结果显示，利用筛选出的多态性强、重复性好的 14 条 ISSR 引物，共扩增出 303 条带，其中 241 条带呈多态性，多态性比率为 77.29%，GS 为 0.340 2～

0.824 7，遗传多样性丰富。利用非加权算术平均法（UPGMA）进行聚类，当 GS 为 0.587 6 时，可将 20 份野生马蔺种质材料划分为 3 个类群，主成分分析（PCA）结果与 UPGMA 聚类分析结果一致，表明 20 份马蔺种质材料的遗传距离与其野生分布的地理距离存在较密切相关关系。

1.4 马蔺功能基因鉴定

马蔺观赏性好，抗逆性强，尤其抗旱耐盐、耐重金属，近年来逐渐被用作园林绿化观赏地被建设及盐碱地、工业废弃地生态植被修复中，具有很高的实用价值和经济价值。国内外专家学者从马蔺中克隆到多个抗旱耐盐、耐重金属的功能基因，探究其分子机制。

周爱民等（2014）克隆到液泡型 H^+-ATP 酶 c 亚基蛋白基因 *IrlVHA*-c，开放阅读框（ORF）495 bp，可编码 164 个氨基酸，分子量约为 16.6 kDa，等电点 8.64，将其构建到原核表达载体 pGEX 上并在大肠杆菌 BL21 中诱导表达，在 0.1 $mmol \cdot L^{-1}$的 IPTG 终浓度下诱导 8 h 时 GST-IrlVHA-c 融合蛋白高效表达，为深入探究 IrlVHA-c 蛋白结构和功能奠定了基础。郭静雅等（2015，2016）和 Meng 等（2017）报道了马蔺液泡膜 H^+-PPase 耐盐基因 *IlVP*，全长 cDNA 为 2 738 bp，ORF 2 316 bp，分析了不同强度干旱和不同浓度盐处理下马蔺植株地上部和根中的 *IlVP* 基因表达模式，构建了植物表达载体 pBI121-35S- *IlVP*-Nos，采用根癌农杆菌介导的叶盘转化法，成功将 pBI121-35S- *IlVP*-Nos 基因整合到烟草 W38 基因组中，获得转 *IlVP* 基因的烟草阳性植株，完成了转 *IlVP* 基因马蔺植株的抗旱耐盐性评价（李杉杉等，2017），揭示了过表达马蔺 *IlVP* 基因增强烟草抗旱耐盐性的作用机制。Guo 等（2020）克隆到马蔺 Na^+/H^+逆向转运蛋白基因 *IlNHX*，全长 cDNA 为 2 099 bp，ORF 1 641 bp，分析了不同强度干旱和不同浓度盐处理下马蔺植株地上部和根中的 *IlNHX* 基因的表达模式，构建了植物表达载体 pBI121-35S- *IlNHX*-Nos，采用根癌农杆菌介导的叶盘转化法，成功将 pBI121-35S-*IlNHX*-Nos 基因整合到烟草 W38 基因组中，获得转 *IlNHX* 基因的烟草阳性植株，完成了其耐盐性的分析评价，揭示了过量表达马蔺 *IlNHX* 基因增强烟草耐盐性的作用机制。

马蔺还具有较强的耐重金属特性。张亚楠（2017）从马蔺中克隆到 *IlHMA2* 基因，全长 cDNA 3 559 bp，ORF 2 829 bp，分子量为 101.6 kDa，等电点为 8.12，*IlHMA2* 主要在马蔺根中表达。在低 Cd（25 $mg \cdot L^{-1}$ $CdCl_2$ ·

2.5H_2O）和高 Cd（150 mg · L^{-1} $CdCl_2$ · 2.5H_2O）处理下，随着胁迫处理时间（3~168 h）的延长马蔺植株地上部和根中的 *IlHMA*2 表达水平呈增加趋势，根中的 *IlHMA*2 表达水平高于地上部，低 Cd 处理下马蔺植株地上部的 *IlHMA*2 表达水平是高 Cd 处理的 3.6~2.4 倍，而高 Cd 处理下根中的 *IlHMA*2 表达水平是低 Cd 处理的 3.4~3.3 倍。可见，*IlHMA*2 的表达受 Cd 胁迫的诱导及调节。成功构建了植物表达载体 pART27G1G2，通过农杆菌介导的注射法将 RNAi 整合到马蔺基因组中，获得马蔺 *IlHMA2*-RNAi 转化植株，并进行功能验证，揭示了 *IlHMA*2 在马蔺 Cd^{2+}转运中的作用，为进一步解析 *IlHMA2* 介导的 Cd^{2+}长距离运输在马蔺适应 Cd 污染环境中的作用机制奠定基础。刘清泉等（2020）从马蔺中克隆到 WRKY 转录因子基因 *IlWRKY28*，获得了 1 302 bp 的全长 cDNA 序列，包含一个 108 bp 5′末端非翻译区（UTR），一个 174 bp 3′ 末端 UTR 和一个1 020 bp ORF，*IlWRKY*28 编码 339 个氨基酸，预测蛋白质分子量 37.22 kDa，等电点 7.04. 系统发育分析表明，马蔺 *IlWRKY*28 与菠萝（*Ananas comosus*）AcWRKY28 和藏北嵩草（*Kobresia littledalei*）ClWRKY28 亲缘关系最近，盐处理后，*IlWRKY*28 基因在马蔺地上部显著表达，为进一步研究 *IlWRKY*28 在马蔺适应高盐胁迫中的功能和作用机制奠定了重要分子基础。

虎娟等（2017）以马蔺花瓣为试材，通过转录组测序，应用 PCR 技术克隆到马蔺花青素生物合成关键酶二羟黄酮醇-4-还原酶（Dihydvroflavonol-4-reductase，DFR）基因并获得其生物学特征。该基因 cDNA 全长 1 427 bp，编码 357 个氨基酸，蛋白质相对分子量 39.99 kDa，等电点 5.89，主要由 α-螺旋和 β-折叠构成，定位于细胞质，属于酸性亲水不含信号肽的不稳定类蛋白质，这些生物信息学特征为进一步研究马蔺花青素生物合成相关基因、遗传改良和分子育种奠定了理论基础。

1.5　马蔺资源多功能性及其利用

1.5.1　马蔺在园林景观及绿地建设中的应用

马蔺在园林绿化中应用广泛，可植于湖边、草地、山坡和沙地，亦可形成致力于马蔺遗传育种和品种改良的专类园区，也可用于土壤沙化地区的水土保持、荒山及工厂绿化等。马蔺植株高度较为一致，绿期长，适应性和抗逆性强，在其单一植被群落或是与其他植物混合种植后的植被群落中都极少发生病虫鼠害，是城市园林绿化和改良盐碱土良好群落植被。马蔺具有投入成本少、寿命长的特点，在自然环境下长势强健，与乔灌木和谐共生，与杂草竞争能力强，抗病虫害，自然成型，景观优美，仅越冬前修剪即可，养护成本极低。

研究还表明，马蔺作为一种多年生宿根草本花卉，常与其他多年生宿根花卉和一年生时令花卉搭配使用，形成花境、花坛和岩石园等园林设施，达到色彩对比自然，开花整齐有序的效果；于河湖、池塘边等地，搭配其他花卉共植，形成优美艳丽的园林景观。

马蔺是盛花花坛的优良材料，常与其他多年生宿根花卉和一年生时令花卉搭配使用，色彩对比自然，开花整齐有序，美不胜收（李淑梅，2015）；还可用作园路镶边，不仅起到了防治水土流失、保护路基的作用，能够有效提升园路的景观效果。马蔺作为园林绿化乡土植物，因其茎叶的生长点没有外露，均在地下或地表，当叶片死亡或枯萎前剪除，均对马蔺的生长发育不构成影响，被践踏后可以自我恢复，具有优良的耐修剪和耐践踏特性。

1.5.2 马蔺在边坡绿化和荒漠化治理中的应用

因马蔺抗逆性强，且对重金属的胁迫具有一定的耐受性，因此成为荒滩、盐碱地、废弃矿区等生态植被修复和环境治理的理想草本植物之一。同时，马蔺还可与其他耐旱植物构成稳定的草地植物群落，在荒漠化治理中，可起到涵养水分、调节局部自然环境、减缓沙化形成速度的作用。

马蔺因其发达的根系，可在道路边坡、驳岸护坡发挥绿化作用，可有效固定土壤、保水，在高速公路、铁路、水库、矿场、采石场、取土坑等地广泛应用，改善生态环境，滞水保土。在边坡生态治理中，充当生物群落演绎过程中的先锋植物，形成草坪绿地植物群落，最终可与乔木、灌木等混生形成稳定植物群落（向日群和杨晓琴，2017）。

1.5.3 马蔺的药用价值

在孔子的《家语》、屈原的《离骚》、李时珍的《本草纲目》等著作中都有对马蔺的记载，作为优良的水土保持、放牧、观赏和药用植物在历史和自然中都占有一席之地。马蔺全身是宝，花、种子和根均可入药。花晒干服用，味咸，酸、微苦，性凉，可清热解毒，止血利尿，主治喉痹、吐血、小便不通、淋病、疝气、痈疽等症；种子味甘，性平，可清热解毒，止血，有退烧、解毒、驱虫的功效，主治黄疸、泻痢、白带、痈肿、喉痹、痈疽、淋病等症；种皮提制的马蔺子夹素有抑癌作用；根可除湿热、止血、解毒，治喉痹、痈疽、风湿痹痛。作为优良的纤维植物，还可以代替麻生产纸和绳，叶是编制工艺品的原料，根还可以制作刷子。

1.5.4　马蔺的饲用价值

马蔺青鲜状态只在春季萌发后为牛、羊稍食。此后，整个夏季因植株体内含有鸢尾苷、鸢尾素等有毒成分，以及纤维素韧性过大等的缘故，家畜多不采食；秋季打霜后才为山羊、绵羊和牛乐食（陈默君和贾慎修，2002）。人工栽培马蔺年可收获干草达 11 728. 5 $kg \cdot hm^{-2}$，种子 273. 75 $kg \cdot hm^{-2}$，干草利用率较高，为各类牲畜尤其是绵羊喜食，营养丰富。据营养成分的测试分析，内蒙古地区马蔺开花期粗蛋白质含量占干物质的 4. 91%、粗脂肪 6. 65%、粗纤维 42. 49%、无氮浸出物 37. 92%，结实期粗蛋白质含量占干物质的 4. 00%、粗脂肪 41. 5%、粗纤维 33. 36%、无氮浸出物 550. 25%；宁夏银川地区马蔺果后营养期粗蛋白含量占干物质的 2. 56%、粗脂肪 2. 66%、粗纤维 25. 07%、无氮浸出物 61. 70%（陈默君和贾慎修，2002）。

参考文献

白文波，李品芳，2005. 盐胁迫对马蔺生长及 K^+、Na^+吸收与运输的影响［J］. 土壤，37（4）：415-420.

陈默君，贾慎修，2002. 中国饲用植物［M］. 北京：中国农业出版社，1441.

陈雪，王淼，孙丽娜，等，2018. 2 种鸢尾科植物的核型分析［J］. 园艺与种苗，38（2）：12-13，46.

冯夏莲，何承忠，张志毅，等，2006. 植物遗传多样性研究方法概述［J］. 西南林学院学报，26（1）：69-74.

葛传吉，1990. 马蔺染色体的核型分析［J］. 广西植物，10（2）：139-142.

郭静雅，2016. 马蔺液泡膜 H^+-PPase 基因 *IlVP* 的克隆及其耐盐功能分析［D］. 太谷：山西农业大学 .

郭静雅，李杉杉，郭强，等，2015. 马蔺 *IlVP* 基因片段的克隆及序列分析［J］. 基因组学与应用生物学，34（12）：1-6

郭静雅，李杉杉，郭强，等，2016. 马蔺 VP 基因的克隆与植物表达载体构建［J］. 分子植物育种，14（12）：827-834.
郭强，孟林，李杉杉，等，2015. 马蔺 *NHX* 基因的克隆与基因分析［J］. 植物生理学报，51（11）：2006-2012.
郭瑛，高亦珂，2006. 马蔺种子自然萌发特性及其休眠原因初探［J］. 种子，25（7）：70-72.
虎娟，安韶雅，林哲，等，2017. 马蔺 DFR 基因的克隆及生物信息学特征分析［J］. 北方园艺（24）：109-115.
李丽，田小霞，毛培春，等，2016. 马蔺对 Cd 胁迫的响应及其富集能力分析［J］. 草原与草坪，36（1）：14-19.
李苗，宋玉霞，郑国琦，2005. 马蔺种子休眠和萌发的初步研究［J］. 农业科学研究，26（3）：86-89.
李强栋，孟林，毛培春，等，2011. 马蔺不同生长阶段 POD 和 EST 同工酶分析［J］. 草原与草坪，31（6）：7-13.
李强栋，孟林，毛培春，等，2011. 马蔺种质材料过氧化物酶同工酶酶谱特征分析［J］. 草业科学，28（7）：1331-1338.
李强栋，孟林，毛培春，等，2012. 不同居群马蔺种质材料同工酶酶谱特征分析［J］. 草地学报，20（1）：116-124.
李杉杉，郭静雅，郭强，等，2017. 过量表达马蔺 VP 基因增强烟草抗旱耐盐性研究［J］. 草学（2）：21-27，32.
李淑梅，2015. 园林造景地被植物［J］. 现代园艺（4）：117.
刘德福，陈世璜，陈敬文，等，1998. 马蔺的繁殖特性及生态地理分布的研究［J］. 内蒙古农牧学院学报，19（1）：1-6.
刘孟颖，高洋，于世达，等，2007. 马蔺的组织培养及无性系建立的研究［J］. 辽宁农业科学（6）：4-6.
刘清泉，张永侠，王银杰，等，2020. 马蔺 *IlWRKY*28 基因的克隆与表达分析［J］. 西北植物学报，40（9）：1490-1497.
毛培春，孟林，田小霞，2013. 马蔺种质资源 ISSR 分子遗传多样性分析［J］. 华北农学报，28（6）：129-135.
毛培春，田小霞，孟林，2013. 马蔺种质材料苗期耐盐性综合评价［J］. 草业科学，30（1）：35-43.
孟林，毛培春，张国芳，2009. 不同居群马蔺抗旱性评价及生理指标变化分析［J］. 草业学报，18（5）：18-24.
孟林，肖阔，赵茂林，等，2009. 马蔺组织培养快繁技术体系研究［J］. 植物研究，29（1）：193-197.
孟林，张国芳，赵茂林，2003. 水保护坡观赏优良地被植物——马蔺［J］. 农业新技术（3）：38-39.
牟少华，彭镇华，郄光发，等，2008. 马蔺种质资源 AFLP 标记遗传多样性分析［J］. 安徽农业大学学报，35（1）：95-98.
牟少华，孙振元，彭镇华，2005. 利用 cpDNA tmL-tmF 序列研究不同种源马蔺的亲缘关系［J］. 种质资源，6：49-53.
沈云光，王仲朗，管开云，2007. 国产 13 种鸢尾属植物的核型研究［J］. 植物分类学报，45（5）：601-618.
史晓霞，毛培春，张国芳，等，2007. 15 份马蔺材料苗期抗旱性比较［J］. 草地学报，15（4）：352-358.
史晓霞，张国芳，孟林，等，2008. 马蔺叶片解剖结构特征与其抗旱性关系研究［J］. 植物研究，28（5）：584-588.
孙广玉，侯晨，2008. 盐碱土条件下马蔺幼苗渗透调节物质和光合特性对干旱的响应［J］. 水土保持学报，22（2）：202-205.
孙跃春，樊奋成，陈海蛟，等，2005. 不同预处理引起马蔺种子激素的变化［J］. 种子，24（2）：60-62.
田小霞，李丽，毛培春，等，2017，锌胁迫下马蔺种质材料的耐受性与生理响应［J］. 应用与环境生物学报，23（1）：1-6.
田小霞，李丽，毛培春，等，2018. 马蔺苗期耐镉性分析及鉴定指标筛选［J］. 核农学报，32（3）：591-599.
田小霞，毛培春，郭强，等，2019 a. 镉胁迫对马蔺根系活力和矿质营养元素吸收的影响［J］. 西南农业学报，32（9）：2090-2096.
田小霞，毛培春，郭强，等，2019 b. 镉胁迫对马蔺根系形态及部分生理指标的影响［J］. 西北植物学报，39（6）：1105-1113.
王冰，徐岩，郑太坤，等，1998. 马蔺的核型分析［J］. 药用植物栽培，21（5）：217-219.
王桂芹，2002. 不同生态环境马蔺植物体解剖结构比较［J］. 内蒙古民族大学学报（自然科学版），17（2）：127-129.
王育青，秦艳，2015. 马蔺繁殖生物学特性及遗传多样性研究［M］. 北京：中国农业科学技术出版社.
王育青，秦艳，王晓晶，等，2014. 蒙古野生马蔺种质农艺性状遗传多样性研究［J］. 植物遗传资源学报，5（4）：772-778.

王育青，王晓晶，王建光，2010. 马蔺 ISSR-PCR 反应体系的建立与优化［J］. 中国草地学报，32（2）：80-85.
向日群，杨晓琴，2017. 优良观赏地被植物马蔺的繁殖及园林应用［J］. 现代农业科技（17）：167-168.
徐本美，孙运涛，宋宇航，等，2006. 马蔺种子萌发特性的研究［J］. 种子，25（5）：41-42.
徐恒刚，董志勤，单敏，2002. 马蔺在城市绿化中的作用及前景［J］. 内蒙古科技与经济（9），60-61.
徐秀梅，张新华，王汉杰，2003. $Co^{60}-\gamma$ 射线辐射对马蔺种子萌发的影响［J］. 南京林业大学学报，27（1）：55-58.
许玉凤，史国旭，金罡，等，2011. 鸢尾属马蔺（*Iris lactea* Pall. var. chinensis）的研究进展［J］. 种子，30（4）：67-70.
许玉凤，王文元，王雷，等，2011. 盐胁迫对马蔺叶片保护性酶活性和蛋白质表达的影响［J］. 北方园艺（12）：103-105.
许玉凤，张柯，王文元，2008. 9 种鸢尾植物花粉形态的扫描电镜观察［J］. 沈阳农业大学学报，39（6）：733-736.
原海燕，郭智，黄苏珍，2011. Pb 污染对马蔺生长、体内重金属元素积累以及叶绿素超微结构的影响［J］. 生态学报，31（12）：3350-3357.
原海燕，黄钢，佟海英，等，2013. Cd 胁迫下马蔺根和叶中非蛋白巯基肽含量的变化［J］. 生态环境学报，22（7）：1214-1219.
原海燕，黄苏珍，郭智，2010. 4 种鸢尾属植物对铅锌矿区土壤中重金属的富集特征和修复潜力［J］. 生态环境学报，19（7）：1918-1922.
原海燕，佟海英，黄苏珍，2012. 马蔺对铅尾砂土壤酶活性和铅形态的影响［J］. 生态环境学报，21（11）：1885-1890.
原海燕，张永侠，刘清泉，等，2016. 外源 GSH 对马蔺铅吸收动态及积累分布特性影响的研究［J］. 生态环境学报，25（8）：1401-1406.
张开明，佟海英，黄苏珍，等，2007. Cu 胁迫对黄菖蒲和马蔺 Cu 富集及其他营养元素吸收的影响［J］. 植物资源与环境学报，16（1）：18-22.
张敏，黄苏珍，2008. 鸢尾属种质资源的 ISSR 分析［J］. 南京农业大学学报，31（4）：43-48.
张敏，黄苏珍，仇硕，等，2007. 鸢尾属植物遗传多样性的 RAPD 和 ISSR 分析［J］. 植物资源与环境学报，16（2）：6-11.

张明轩，黄素珍，绳仁立，等，2011. NaCl 胁迫对马蔺生长及生理生化指标的影响［J］. 植物资源与环境学报，20（1）：46-52.

张庆宏，王凤霞，2004. 高寒盐碱地马蔺播种试验［J］. 防护林科技（5）：28-29.

张天姝，吴建慧，丁可心，等，2012. Na_2CO_3 胁迫对马蔺幼苗生长量及生理特性的影响［J］. 东北林业大学学报，40（7）：45-48.

张亚楠，2017. 马蔺重金属 ATP 酶基因 *HMA2* 的克隆及表达［D］. 太谷：山西农业大学.

赵桂云，2011. 马蔺生物学特性分析［J］. 吉林农业（6）：238，240.

中国科学院中国植物志编辑委员会，1985. 中国植物志：鸢尾科（16 卷第一分册）［M］. 北京：科学出版社，120-186.

周爱民，马婧林，关佳琦，等，2014. 马蔺（*Iris lactea*）液泡型 H^+-ATP 酶 c 亚基蛋白的原核表达与纯化［J］. 基因组学与应用生物学，33（6）：1324-1328.

GUO Q，TIAN X X，MAO P C，et al.，2020. Overexpression of *Iris lactea* tonoplast Na^+/H^+ antiporter gene *IlNHX* confers improved salt tolerance in tobacco［J］. Biologia Plantarum，64：50-57.

MENG L，LI S S，GUO J Y，et al.，2017. Molecular cloning and functional characterisation of an H^+-pyrophosphatase from *Iris lactea*［J］. Scientific Reports，7：17779.

WANG K，KANG J M，SUN Y，et al.，2009. Genetic diversity of *Iris lactea* var. chinensis germplasm detected by inter-simple sequence repeat（ISSR）［J］. African Journal of Biotechnology，8（19）：4856-4863.

第2章 马蔺叶片形态解剖特征

【内容提要】通过温室模拟干旱胁迫试验，从中国北方不同生境生长的15份野生马蔺种质材料鉴定出3个不同抗旱性群体（强抗旱、中度抗旱和弱抗旱），从中选择具代表性的不同抗旱级别的4份马蔺种质，进行其叶片组织解剖结构特征的观察和比较，以进一步证实马蔺叶片解剖结构特征及其与抗旱性的关系。结果表明，各种质材料间叶片厚度、上下表皮细胞厚度、角质层厚度、气孔密度、栅栏组织厚度、海绵组织厚度、栅栏组织/海绵组织厚度、叶片组织结构紧密度值和叶片组织疏松度值等结构参数指标均与马蔺种质材料抗旱性存在密切的关系。其中，强抗旱种质材料的叶片厚度、上下表皮细胞厚度和角质层厚度大，气孔密度大，栅栏组织和海绵组织较发达，叶片组织紧密度大、疏松度小，栅栏组织/海绵组织厚度比较高；弱抗旱种质材料的叶片厚度、上下表皮细胞厚度和角质层厚度小，气孔密度小，栅栏组织和海绵组织较薄，叶片组织紧密度小、疏松度大，栅栏组织/海绵组织厚度比较低。

植物资源开发与利用的研究，需要多学科的相互配合，其中植物解剖学在资源植物的分类、鉴定，植物资源的发掘、筛选以及利用前景的评价等方面，都能提供重要的科学依据，例如在原料植物中应用，有药用植物真伪的鉴别、纤维植物优劣的筛选和评价、树脂植物与橡胶植物优良品种的筛选以及饲料植物与森林植物的鉴定以及合理充分利用等多方面具有重要贡献，且还可用于食用植物资源（淀粉植物、饮料植物、蜜源植物等）、工业用植物资源（香料植物、鞣料植物等）以及保护与改造环境植物资源（抗污染植物等）（胡玉熹，1993）。其中，维管植物的各类器官中，叶器官受环境影响大，形态变异多样，但是它们的内部结构比较稳定，其结构特征是物种进化和环境适应的综合表达，同时，植物叶片有着较强的可塑性，植物的同科同属之间、同科异属之间、同科同属不同品系之间的叶片解剖结构均存在明显差异，并随着生长环境变化而改变，植物叶片结构及其稳定的遗传性一直以来都是植物解剖学研究的重要器官和切入点（蔡霞和胡正海，2000；Vaz 等，2019；Ornellas 等，2019）。如曾德华等（2023）比较研究了同一环境下海莲（*Bruguiera sexangula*）、正红树（*Rhizophora apiculata*）、木榄（*Bruguiera gymnorhiza*）和榄李（*Lumnitzera racemosa*）4 种红树植物叶片结构解剖特征，表明 4 种红树植物叶片表皮均具有相似结构，但数量特征存在差异，主成分分析表明红树植物适应能力与叶片栅栏组织、上表皮、下角质层和叶片疏松度等因子有关，且叶片均有着特殊解剖结构特征适应盐浸环境，这些特征也可作为分类学依据，对潮汐适盐性植物的识别及其沉积物的形成环境分析具有重要意义。贺沁文等（2022）对桂竹（*Phyllostachys reticulata*）叶片上表皮、下表皮及横切面解剖结构形态指标的分析结果表明，下表皮细胞的形态指标变异系数普遍大于上表皮细胞，上下表皮解剖结构差异明显，短细胞、梭形细胞、气孔器等的解剖结构具有显著特征，建立了横切面结构与表皮结构的对应关系，为刚竹属近缘属间、属下的界定提供参考。徐艳芳等（2022）对 16 个建兰（*Cymbidium ensifolium*）品种的叶片气孔和横切结构进行测定分析，发现建兰的气孔主要集中在下表皮，相关性分析表明气孔面积与气孔其他参数均呈极显著正相关，叶片厚度与上表皮厚度以及叶肉厚度均呈极显著正相关，叶肉厚度与气孔面积是研究建兰非生物胁迫的重要指标，可为筛选优异的建兰种质资源、新品种选育及其非生物胁迫研究提供参考。

在植物生长发育中非生物胁迫因素，对植物叶片的伤害是很严重的，因为叶片直接与空气接触，还是植物进行蒸腾作用和光合作用的器官，叶片也是控制植物与周围环境中的水分和大气交换的开关，其变异格局会受到多重环境因素的影响（岑湘涛 等，2021；Glennon & Cron，2015；Wright 等，2017；Zhong 等，2018）。干旱是影响植物正常生长的主要因素之一（陈平等，2014），植物叶片直接暴露在外界环境中，对外界环境反应最为敏感，其结构特征能够反映植物对水分的利用状况，因此植物叶片、上下表皮、栅栏组织、海绵组织和主脉厚度能够反映植物的抗旱特征（马红英 等，2020）。叶片厚度、栅栏组织厚度、主脉厚度和紧密度等与抗旱性呈正相关关系；海绵组织厚度、疏松度等与抗旱性呈负相关关系（Liu 等，2016）。前人针对非生物胁迫下叶片解剖结构开展了一些研究，如张咏梅（2019）对马蔺、披针叶苔草（*Carex lanceolata*）、紫穗狼尾草（*Pennisetum alopecuroides*）和花叶虉草（*Phalaris arundinacea*）4 种观赏草的叶片解剖结构观察表明，马蔺、披针叶苔草和花叶虉草可适应干旱环境和湿生环境，马蔺具有一定的耐寒性，紫穗狼尾草对干旱和热带高温生境均有较强的适应性。宋鹏等（2019）对6种卫矛属植物叶片表皮和解剖结构进行扫描电镜观察，结果表明6种卫矛属植物叶片的气孔均分布在下表皮，气孔特性在种与种之间存在显著差异，叶片均为异面叶，解剖结构在种与种之间存在显著差异，运用主成分分析法得出各项指标对抗旱性的贡献依次为气孔面积>栅栏组织厚度>叶片厚度>气孔长度>上表皮厚度>气孔宽度>叶片疏松度>下表皮厚度>栅栏组织厚度/海绵组织厚度比>叶片紧密度>气孔开度>海绵组织厚度>气孔密度。宋捷和田青（2022）采用石蜡切片法研究了旱柳（*Salix matsudana*）、紫丁香（*Syringa oblata*）、紫叶李（*Prunus cerasifera*）、木槿（*Hibiscus syriacus*）4种常见园林植物叶片的解剖结构，结果表明测定的10个指标在4种园林植物间有较大差异，其中指标叶片厚度、栅栏组织厚度、叶片结构紧密度、上（下）角质层厚度可作为其抗旱性综合评价的主要指标，4种园林植物的抗旱能力排序为紫叶李>紫丁香>旱柳>木槿。

马蔺是鸢尾科鸢尾属多年生草本宿根植物，在我国广泛分布于东北、华北、西北等地，具抗旱节水、耐盐碱、抗病虫害等特性，且绿期花期长、色泽美，在城市园林绿化美化建设中具有广阔应用前景（孟林 等，2003）。针对马蔺的研究较少，其中有王桂芹等（2002）对于生长在不同环境，如盐生、河滩湿生、路边砾石质地等的马蔺植物营养器官进行比较解剖研究，发现同属、同种的植物因其生态环境的改变，形态结构也随之发生显著变化，形成同种不同生态型的植物。刘德福等（1998）通过对马蔺的生态地理分布和繁殖特性的分析，提出马蔺盐化草甸在内蒙古的分布，随着生境变化，组成群落的种类也不同。徐恒刚（1989）通过连续两年的试验，观察了马蔺幼苗的形态解剖学特征，测定了发芽期、苗期和成熟期的耐盐性，摸清了种子发芽所需的温度和水分条件，确定了适宜的播期和育苗移栽的适宜时间，并通过播前种子处理，初步解决了播种出苗难的问题。刘广军（1996）对野生地被植物马蔺的栽培技术及应用做了进一步的研究。牟少华等（2005）对马蔺花形态进行观察研究，发现花形态的不一致主要分为：花径与花高近似相等型、花径小于花高1/6~1/4型，极个别花径大于花高。

本单位以采自中国北方不同生境条件且通过温室模拟干旱胁迫试验鉴定出的3个不同抗旱性群体的4份马蔺种质为试材，通过电镜扫描对其叶片组织结构参数进行观察及测定比较，探讨野生马蔺种质材料叶片组织结构解剖及其与抗旱性的关系，为野生马蔺种质的开发利用提供科学依据。

2.1 材料与方法

通过温室模拟旱境胁迫试验从中国北方不同生境条件的15份野生马蔺种质材料中筛选与鉴定出相对抗旱、中度抗旱和相对旱敏感3个抗旱性群体（史晓霞 等，2007），从中选择4个代表性材料为试材，其中：ML002相对旱敏感，ML006和ML008相对抗旱，ML010中度抗旱（表2-1）。

表2-1　马蔺种质材料来源

种质材料	采集地生境	采集地	抗旱性级别*
ML002	农田水渠边，砂壤土	新疆吐鲁番市	相对旱敏感
ML006	荒漠草原、公路旁、砂砾质	山西太原市	相对抗旱
ML008	盐化低地草甸，盐渍化草甸土，砂砾质	内蒙古鄂尔多斯西部	相对抗旱
ML010	农田撂荒地，公路旁，壤土	内蒙古临河区	中度抗旱

注：*抗旱性级别划分引自史晓霞等（2007）。

在苗期干旱胁迫处理25 d和对照（正常供水）（CK）植株叶片中部切下5 mm宽的叶段，以4%戊二醛（pH7.2 PBS配制）前固定和1%锇酸（pH7.2磷酸缓冲液PBS配制）后固定，PBS清洗，梯度酒精脱水后，逐级过渡到醋酸异戊酯，临界点干燥，真空喷金，日立S-570扫描电子显微镜观察拍照。观察其表皮特征及气孔器，并计算叶片组织结构紧密度和疏松度（贾洪敏和杨德奎，1995）。

叶片组织结构紧密度（CTR%）= 栅栏组织厚度/叶片厚度×100%

叶片组织疏松度（SR%）= 海绵组织厚度/叶片厚度×100%

2.2 研究结果

2.2.1 马蔺叶片形态特征

从表2-2可以看出，正常水分条件下，供试马蔺种质材料叶片厚度在90.7~384.6 μm，其中相对抗旱的种质材料ML006和ML008的叶片厚度显著高于中度抗旱的种质材料ML010和相对旱敏感的种质材料ML002（$P<$

0.05)，其叶片厚度分别为：285.1 μm、384.6 μm、215.3 μm 和 90.7 μm。

表 2-2　马蔺叶片表皮组织结构参数比较

种质材料	叶片厚度（μm）		上表皮				下表皮				气孔			
			角质层厚度（μm）		表皮厚度（μm）		角质层厚度（μm）		表皮厚度（μm）		气孔长度（μm）		气孔密度（个·mm^{-2}）	
	CK	处理	CK	处理	CK	处理	CK	处理	CK	处理	CK	处理	CK	处理
ML002	90.7^{c}	87.6^{c}	1.7^{c}	1.5^{c}	7.3^{c}	6.9^{c}	0.4^{b}	0.2^{b}	3.5^{c}	3.2^{b}	23.1^{a}	21.3^{b}	7^{c}	5^{c}
ML006	285.1^{a}	237.5^{a}	2.7^{a}	2.5^{a}	16.6^{a}	10.3^{a}	0.7^{a}	0.5^{a}	9.9^{a}	6.6^{a}	25.4^{a}	23.9^{a}	39^{a}	28^{a}
ML008	384.6^{a}	246.3^{a}	3.8^{a}	3.4^{a}	17.0^{a}	13.0^{a}	1.2^{a}	1.0^{a}	11.0^{a}	9.0^{a}	27.5^{a}	24.8^{a}	44^{a}	36^{a}
ML010	215.3^{b}	186.2^{b}	2.3^{b}	2.1^{b}	13.3^{b}	9.3^{b}	0.5^{b}	0.3^{b}	4.5^{b}	3.5^{b}	23.1^{a}	21.8^{b}	19^{b}	13^{b}

注：每列不同小写字母表示处理之间差异显著（$P<0.05$）。

马蔺叶片的上下表皮细胞均为单层细胞，排列紧密，其外均被有角质层（图 2-1）。其中，上表皮厚度在 7.3～17.0 μm，叶片角质层厚度在 1.7～3.8 μm，3 个抗旱性群体种质材料之间差异显著（$P<0.05$）；下表皮厚度在 3.5～11.0 μm，角质层厚度在 0.4～1.2 μm，二者都较上表皮薄。经测验，抗旱性较强的种质材料 ML006 和 ML008 的下表皮厚度和角质层厚度显著大于中度抗旱的种质材料 ML010 和抗旱性较弱的种质材料 ML002（$P<0.05$）。而相对旱敏感的种质材料 ML002 和中度抗旱的种质材料 ML010 的下表皮角质层厚度差异不明显（$P>0.05$）。

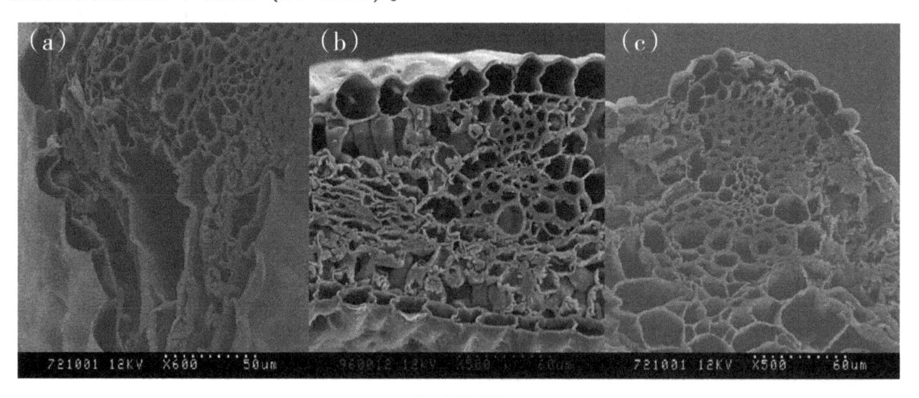

图 2-1　马蔺叶片横切面解剖图

注：(a) 相对旱敏感种质材料叶片横切面（×600）；(b) 中度抗旱种质材料叶片横切面（×500）；(c) 相对抗旱种质材料叶片横切面（×500）（史晓霞 等，2008）。

马蔺上表皮、下表皮气孔数的差异不大，气孔平置，为不定式，卵圆形或长圆形（图 2-2）。气孔器由两个肾形的保卫细胞和副卫细胞构成，气孔器形状相似，气孔长度在 23.1～27.5 μm，各抗旱集团种质材料间差异不大。气孔密度在 7～44 个 · mm^{-2}，3 个抗旱性群体种质材料间差异较大，抗旱性强的种质材料 ML008 和 ML006 的气孔密度分别为 44 个 · mm^{-2} 和 39 个 · mm^{-2}，显著大于中度抗旱的种质材料 ML010 和相对旱敏感的种质材料 ML002（P<0.05）。其中，抗旱性较弱的种质材料 ML002 的气孔密度仅为 7 个 · mm^{-2}。在干旱胁迫条件下，各种质材料的叶片厚度、上下表皮细胞厚度、角质层厚度、气孔大小及密度均呈下降趋势，这说明干旱胁迫下，马蔺叶片细胞及气孔细胞的生长发育受到了一定程度的干扰，叶厚、气孔分布密度高，则抗旱性较强。

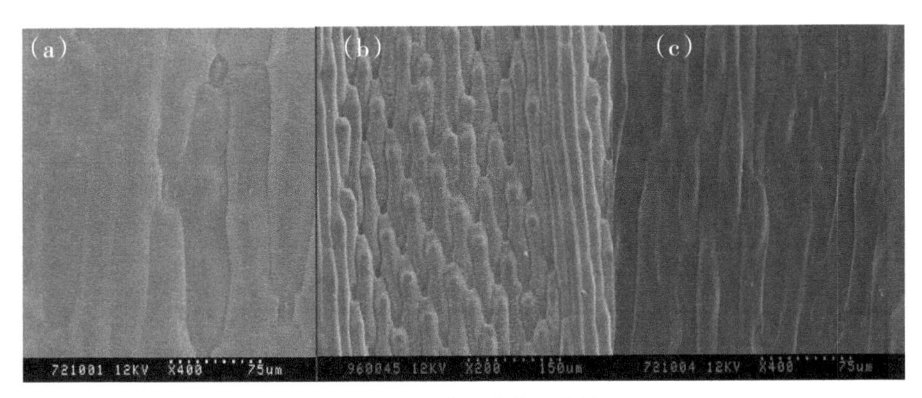

图 2-2　马蔺叶片表面结构

注：(a) 相对旱敏感种质材料叶片表面（×400）；(b) 中度抗旱种质材料叶片表面（×200）(c) 相对抗旱种质材料叶片表面（×400）（史晓霞 等，2008）。

2.2.2　马蔺叶肉组织结构

从马蔺叶片横切面上看，马蔺维管束发达，数目较多，为有限外韧维管束。靠近近轴面的栅栏组织细胞为长柱形，排列整齐而紧密，在正常水分条件下，其厚度在 10.2～73.6 μm，各抗旱性群体之间差异较大，相对抗旱性群体的种质材料 ML006 和 ML008 显著大于中度抗旱性群体的种质材料 ML010 和相对旱敏感性群体的种质材料 ML002（P<0.05）。干旱胁迫后，各材料的栅栏组织厚度均呈下降趋势（表 2-3）。

海绵组织细胞甚为发达，位于栅栏组织与下表皮之间，其形状不甚规则，大体类圆形，排列疏松，多空隙。正常水分条件下，海绵组织厚度在70. 1~242. 9 μm，各抗旱性群体也有较大差异，抗旱性强的种质材料显著大于抗旱性弱的种质材料（$P<0.05$）。其中，相对抗旱的种质材料 ML006 和 ML008 的海绵组织厚度分别为 204. 3 μm 和 242. 9 μm，中度抗旱的种质材料 ML010 的海绵组织厚度为 165. 3 μm，相对旱敏感的种质材料 ML002 仅为70. 1 μm。抗旱性群体之间差异显著（$P<0.05$）。

由表 2-3 可以看出，叶肉组织各部分变化较大，除栅栏组织厚度，海绵组织厚度有明显差异外，CTR 值、SR 值及栅栏组织/海绵组织厚度也呈现出一定的规律性，抗旱性强的种质材料较抗旱性弱的种质材料 CTR 值要大，而 SR 值的变化趋势与 CTR 值相反，可见叶片的 CTR 值大，栅栏组织发达可以作为抗旱的另一个指标。综合上述结果，马蔺种质材料抗旱性从强到弱次序为 ML008>ML006>ML010>ML002。这与马蔺种质抗旱生理评价结果一致（史晓霞 等，2007）。

表 2-3　马蔺叶肉组织结构参数比较

种质材料	栅栏组织厚度（μm）		海绵组织厚度（μm）		栅栏组织/海绵组织厚度比		叶片组织结构紧密度（%）		叶片组织结构疏松度（%）	
	CK	处理	CK	处理	CK	处理	CK	处理	CK	处理
ML002	10.2^{c}	7.6^{c}	70.1^{c}	69.3^{c}	0. 15	0. 11	14. 55	10. 97	77. 26	79. 11
ML006	45.6^{a}	36.4^{a}	204.3^{a}	175.4^{a}	0. 22	0. 21	22. 32	20. 75	71. 66	73. 85
ML008	73.6^{a}	40.1^{a}	242.9^{a}	160.9^{a}	0. 30	0. 25	30. 30	24. 92	63. 16	65. 34
ML010	26.9^{b}	19.4^{b}	165.3^{b}	146.8^{b}	0. 16	0. 13	16. 27	13. 22	76. 76	78. 85

注：每列不同小写字母表示处理之间差异显著（$P<0.05$）。

2. 2. 3　不同抗旱群体解剖结构特征与生境关系

从 3 个马蔺抗旱性群体自然分布的生境条件与其解剖结构特征分析可知，不同抗旱群体的解剖结构特征与其自然分布的生境条件呈现出一定的相关性，即相对抗旱的种质材料 ML006 和 ML008 一般集中分布于盐化低地草甸、砂砾质、相对干旱及荒漠草原等自然环境，其叶片厚度、上下表皮细胞厚度和角质层厚度大，气孔密度大，栅栏组织和海绵组织较发达，叶片组织紧密度大、疏松度小，栅栏组织/海绵组织厚度比较高；而相对旱敏感的种质材料 ML002 多分布于果园和农田周边、土壤水分相对优越、砂壤土等的生境条件，其叶片厚度、上下表皮细胞厚度和角质层厚度小，气孔密度小，栅栏组织和海绵组织较薄，叶片组织紧密度小、疏松度大，栅栏组织/海绵组织厚度比较低；其余属中度抗旱的种质材料 ML010 多分布于农田水渠边，砂壤土等的生境。

2.3 讨论与结论

植被建设的关键就是遴选出水分利用效率高的植物，植物叶片的形态和解剖结构是叶片与环境长期相互作用的结果，能较好地反映植物对不利环境的适应性（吴丽君 等，2015）。研究表明，叶片厚度、上下表皮细胞厚度、角质层厚度、气孔大小及密度、栅栏组织厚度、海绵组织厚度、栅栏组织/海绵组织厚度、叶片组织结构紧密度值和叶片组织疏松度值等几个结构参数指标均与马蔺种质材料抗旱性有密切的关系。通常认为，角质层能够防止植物体内水分的过分蒸腾，具有发达的角质层，是旱生结构的特点之一；且叶片越厚，储水能力相对越强（蒲汉丽，1990）。抗旱性较强的种质材料是由于叶片有表皮毛，把气孔和表皮细胞覆盖形成保护结构，在水分胁迫条件下，这种表皮结构能有效降低水分的蒸腾，减少水分散失（王仁才，1991）。气孔密度大，有利于光合作用而且可以把热量散开，从而避免因热害而使原生质及叶绿体变性。发达的栅栏组织可以增加光合作用，从而弥补了叶片狭小带来的负面效应，光合效率的提高，植物的生长速度和产量就越大，所以光合效能的提高可能也是一种抵抗干旱的非常重要的因素（董英山，1990）；发达的栅栏组织也可在干旱时阻止水分蒸发，在水分适宜时增加植物的蒸腾效率（李正理，1981）。

本研究表明抗旱性强的马蔺种质材料叶片厚度、上下表皮细胞厚度、角质层厚度和气孔大小及密度等均大于抗旱性弱的种质材料，干旱胁迫条件下，各指标均有所下降。马蔺的栅栏组织和海绵组织较为发达，抗旱性强的种质材料明显大于抗旱性弱的种质材料。叶片组织结构紧密度值、叶片组织疏松度值及栅栏组织/海绵组织厚度比也呈现出一定的规律性，抗旱性强的种质材料较抗旱性弱的种质材料叶片组织结构紧密度值要大，而叶片组织疏松度值的变化趋势与叶片组织结构紧密度值相反。干旱胁迫后，各材料的栅栏组织、海绵组织厚度、栅栏组织/海绵组织厚度比及叶片组织结构紧密度值均呈下降趋势。宾思晨（2021）对不同土壤水分条件下 3 种园林植物叶和根的形态结构的研究也表明，在偏干旱的环境中，叶面角质层较厚，气孔主要分布于下表皮，叶面有附属物，栅栏组织发达，海绵组织较弱或无分化，机械组织发达；在偏湿生环境中，叶面的角质层较薄，栅栏组织相对较弱，海绵组织较干旱环境中的相对增厚，机械组织相对较弱。

从马蔺抗旱性群体自然分布的生境条件与其解剖结构特征分析可知，不同抗旱群体的解剖结构特征与其自然分布的生境条件呈现出一定的相关性。相对抗旱的种质材料一般集中分布于盐化低地草甸、砂砾质、相对干旱及荒漠草原等自然环境，其叶片厚度、上下表皮细胞厚度和角质层厚度大，气孔密度大，栅栏组织和海绵组织较发达，叶片组织紧密度大、疏松度小，栅栏组织/海绵组织厚度比较高。而相对旱敏感的种质材料则多分布于果园和农田周边、土壤水分相对优越、砂壤土等的生境条件，其叶片厚度、上下表皮细胞厚度和角质层厚度小，气孔密度小，栅栏组织和海绵组织较薄，叶片组织紧密度小、疏松度大，栅栏组织/海绵组织厚度比较低。

参考文献

宾思晨，2021. 不同土壤水分条件下三种园林植物根叶形态结构的比较［D］. 南宁：广西大学，2021.

蔡霞，胡正海，2000. 中国木兰科植物的叶结构及其油细胞的比较解剖学研究［J］. 植物分类学报，38（3）：218-230，305-307.

岑湘涛，沈伟，牛俊乐，等，2021. 基于植物叶片解剖结构的抗逆性评价研究进展［J］. 北方园艺（18）：140-147.

陈平，孟平，张劲松，等，2014. 两种药用植物生长和水分利用效率对干旱胁迫的响应［J］. 应用生态学报，25（5）：1300-1306.

董英山，郝瑞，林凤起，1990. 西伯利亚杏、普通杏、东北杏抗旱性的研究［J］. 北方园艺（S1）：39-40.

贺沁文，郑敏，张亦嘉，2022. 桂竹叶片解剖结构研究［J］. 西北林学院学报，37（3）：211-216.

胡玉熹，1993. 植物解剖学在植物资源开发利用中的作用［J］. 资源节约和综合利用（2）：17-21.

贾洪敏，杨德奎，1995. 植物学实验教程（上册）［M］. 济南：山东教育出版社：17-20.

李正理，1981. 旱生植物的形态和结构［J］. 生物学通报（4）：9-12.

刘德福，陈世璜，陈敬文，等，1998. 马蔺的繁殖特性及生态地理分布的研究［J］. 内蒙古农牧学院学报，19（1）：1-6.
刘广军，1996. 野生地被植物马蔺的栽培技术及应用［J］. 吉林蔬菜（1）：27.
马红英，吕小旭，计雅男，等，2020. 17 种锦鸡儿属植物叶片解剖结构及抗旱性分析［J］. 水土保持研究，27（1）：340-347.
孟林，张国芳，赵茂林，2003. 水保护坡观赏优良地被植物——马蔺［J］. 农业新技术（3）：38-39.
牟少华，韩蕾，孙振元，等，2005. 鸢尾属植物马蔺（*Iris lactea* var. chinensis）的研究现状与开发利用建议［J］. 莱阳农学院学报，22（2）：125-128.
蒲汉丽，1990. 杏、梨叶片耐旱的解剖学和生理学特征初步研究［J］. 甘肃农业科技（2）：14-16.
史晓霞，毛培春，张国芳，2007. 15 份马蔺材料苗期抗旱性比较［J］. 草地学报，15（4）：352-358.
史晓霞，张国芳，孟林，2008. 马蔺叶片解剖结构特征与其抗旱性关系研究［J］. 植物研究，28（5）：584-588.
宋捷，田青，2022. 4 种园林植物叶片的解剖结构及抗旱性［J］. 兰州大学学报（自然科学版），58（2）：262-269.
宋鹏，丁彦芬，朱贵珍，等，2019. 6 种卫矛属植物叶片解剖结构与抗旱性评价［J］. 河南农业大学学报，53（4）：574-580.
王桂芹，2002. 不同生态环境马蔺植物解剖结构比较［J］. 内蒙古民族大学学报（自然科学版），17（2）：127-129.
王仁才，1991. 猕猴桃良种选育及栽培技术的研究——美味猕猴桃品种抗旱性研究［J］. 湖南农学院学报，17（1）：42-48.
吴丽君，李志辉，杨模华，等，2015. 赤皮青冈幼苗叶片解剖结构对干旱胁迫的响应［J］. 应用生态学报，26（12）：3619-3626.
徐恒刚，1989. 马蔺的生物学特性和栽培技术的研究［J］. 中国草地（6）：23-28.
徐艳芳，贺雅萍，王梦瑶，等，2022. 16 个建兰品种叶片解剖结构研究［J］. 热带作物学报，43（10）：2099-2105.
曾德华，洪文君，杨勇，等，2023. 4 种红树植物叶片结构解剖特征比较［J/OL］. 分子植物育种. https：//kns. cnki. net/kcms/detail//46. 1068. S. 20230131. 1142. 009. html.

张咏梅，白小明，田彦锋，等，2019. 4种观赏草叶片解剖结构的观察及其对环境的适应性分析［J］. 草地学报，27（5）：1377-1383.

GLENNON K L，CRON G V，2015. Climate and leaf shape relationships in four Helichrysum species from the Eastern Mountain Region of South Africa［J］. Evolutionary Ecology，29（5）：657-678.

LIU Q，LI Z H，JI W U，2016. Researchprogress on leaf anatomical structures of plants under drought stress［J］. Agricultural Science and Technology，17（1）：4-7，14.

ORNELLAS T，HEIDEN G，LUNA B N，et al.，2019. Comparative leaf anatomy of Baccharis（Asteraceae）from high - altitude grasslands in Brazil：taxonomic and ecological implications［J］. Botany，97（11）：615-626.

VAZ P P，ALVES F M，ARRUDA R D C D O，2019. Systematic implications of leaf anatomy in the Neotropical Mezilaurus clade（Lauraceae）［J］. Botanical Journal of the Linnean Society，189（2）：186-200.

WRIGHT I J，DONG N，MAIRE V，et al.，2017. Global climatic drivers of leaf size［J］. Science，357（6354）：917-921.

ZHONG M，SHAO X，WU R，et al.，2018. Contrasting altitudinal trends in leaf anatomy between three dominant species in an alpine meadow［J］. Australian Journal of Botany，66（5）：448-458.

第3章　马蔺花器官表型特征及色素分析

【内容提要】 本章重点对中国6个省区不同生境条件下的22份马蔺种质花器官表型性状和花色素含量及其表达差异进行研究，结果表明，22份马蔺种质花色可分为浅蓝色、浅蓝紫色、深蓝紫色和紫罗兰色4大色系。马蔺垂瓣和旗瓣的红度（a^*）和蓝度（b^*）在二维图上均分布在第Ⅳ象限，4大色系的马蔺垂瓣和旗瓣明度（L^*）与a^*呈负相关，与b^*呈正相关，与彩度（c^*）呈负相关关系。不同颜色马蔺花器官表型特征不同，紫罗兰色花朵较大、花葶较高、垂瓣花斑较小，浅蓝色花朵较小、花葶较低、垂瓣花斑较大，说明花瓣颜色越深，花瓣越大，而垂瓣花斑则越小；不同颜色马蔺花瓣中色素含量差异显著，浅蓝色花瓣中类胡萝卜素含量显著高于紫罗兰色，而紫罗兰色花瓣中的类黄酮含量和花色苷含量显著高于浅蓝色。随花瓣颜色加深，类胡萝卜素含量降低，类黄酮和花色苷含量相应增加。类黄酮和花色苷含量越高，垂（旗）瓣L^*和b^*越低，a^*、c^*和色相角（h^o）越高，表明类黄酮和花色苷含量对马蔺花呈色具有重要作用，为马蔺优异新种质的创制奠定重要基础。

花色是观赏植物最重要的观赏性状之一，也是品种分类的重要依据（Hashimoto 等，2000）。据前人研究报道，目前在菊花（*Chrysanthemum* × *morifolium*）、月季（*Rosa chinensis*）、丽格海棠（*Rieger begonias*）和黄牡丹（*Paeonia delavayi* var. lutea）等观赏植物的花色素成分及含量测定、花瓣呈色机理、花色分子育种等方面开展了相关的试验研究（洪艳 等，2012；Cunja 等，2014；Mark 等，2017；王静 等，2022），充分证实了植物花色的形成受到色素种类和含量、花瓣表皮细胞结构、液泡 pH 值、金属离子螯合作用等内部因素（Qi 等，2013；Yang 等，2020）及光照温度等外部环境因素（David，2000；Ma 等，2023）的影响；其中类黄酮和类胡萝卜素是影响植物呈色的重要物质，花色苷是重要的类黄酮化合物，花色苷的差异是各种颜色产生的重要原因（刘国元，2021）。

通常将马蔺花色描述为淡蓝色、蓝紫色或深蓝紫色（赵毓棠，1980；王育青，2010），但有关马蔺花色素组分及含量的研究尚未见报道。故本团队成员（李楠 等，2023）通过系统聚类和相关性分析等方法，重点对中国6个省（区、市）不同生境条件下22份马蔺种质材料的花色、垂瓣花斑和花葶等表型性状进行测定描述，结合色素比较分析，揭示了马蔺花色与色素含量之间的关系，明确影响花色形成的主要物质，以期为阐明马蔺花色呈色机理奠定基础，为马蔺新种质创制提供科学依据。

3.1 材料与方法

3.1.1 材料

本研究将收集到的中国6个省（区、市）不同生境条件下22份马蔺种质资源种子（表3-1），于2018年室内育苗后单株定植移栽到位于北京市昌平区小汤山镇的国家精准农业研究示范园草种质资源圃（40°9′16″N，116°24′32″E），生长环境养护管理一致。

表3-1 马蔺种质材料种源及原生境信息

编号	种质材料	种源地	生境	经纬度（N，E）	海拔（m）
1	ML001	北京海淀区四季青镇	果园田边，壤土	39°56′32″ 116°16′44″	57
2	ML004	吉林永吉县北大湖镇	羊草、马蔺和杂类草等组成的轻度盐碱化低地草甸	43°31′12″ 126°20′24″	399
3	ML005	内蒙古赤峰阿鲁科尔沁旗	羊草+绣线菊草甸草原，砂壤土	42°10′12″ 118°31′12″	926
4	ML006	山西太原市	荒漠草原，公路旁，砂砾质	37°31′12″ 112°19′00″	760
5	ML007	内蒙古赤峰市克什克腾旗	草甸草原，砂壤土	43°15′54″ 117°32′45″	1 100
6	ML008	内蒙古鄂尔多斯西部	盐化低地草甸，盐渍化草甸土，砂砾质	39°48′00″ 109°49′48″	1 480
7	ML009	甘肃甘南藏族自治州合作市	高寒草甸，亚高山草甸土	34°59′10″ 102°54′41″	2 936

（续表）

编号	种质材料	种源地	生境	经纬度（N，E）	海拔（m）
8	ML010	内蒙古临河区白脑包镇中心村	农田撂荒地、公路旁，壤土	41°0′50″ 107°18′34″	1 020
9	ML011	内蒙古临河区八一镇丰收村	公路边盐碱荒地，盐碱土	40°48′56″ 107°29′24″	1 038
10	ML012	内蒙古临河区隆胜镇新明村	黎科植物与马蔺等组成的盐化低地草甸	40°53′09″ 107°34′18″	1 034
11	ML013	内蒙古临河区城关镇万来村	多年生禾草与马蔺等组成的盐生草甸	40°47′43″ 107°26′18″	1 037
12	ML014	内蒙古临河区双河镇丰河村	盐化低地草甸，砂砾质	40°42′15″ 107°25′09″	1 040
13	ML015	新疆伊犁州昭苏县	盐碱化较强的盐化低地草甸，砂砾质	43°08′23″ 81°07′39″	1 846
14	ML016	内蒙古临河曙光镇永强村	盐化低地草甸，砂砾质	40°46′14″ 107°25′20″	1 039
15	ML017	新疆伊犁州昭苏军马场	盐化低地草甸	43°55′20″ 81°19′39″	1 800
16	ML018	内蒙古呼和浩特市大青山	干旱荒漠草原，公路边，砂壤土	40°52′38″ 111°35′27″	1 160
17	ML019	新疆伊犁州伊犁河边	盐化低地草甸	43°51′8″ 81°24′7″	530
18	ML020	新疆伊犁州巩留县七乡伊犁河南岸	盐化低地草甸	43°36′49″ 81°50′39″	703
19	ML023	新疆伊犁州奶牛场	重度盐化低地草甸，盐碱土	44°07′48″ 81°17′11″	603
20	ML029	内蒙古科尔沁左翼中旗保康镇	轻度盐化低地草甸	44°07′48″ 123°21′12″	144
21	ML032	内蒙古通辽市科尔沁左翼后旗阿古拉	草甸草原，砂壤土	43°18′26″ 122°38′6″	262
22	ML035	新疆伊宁县胡地亚于孜镇阔旦塔木村	中度盐碱化低地草甸，盐化灰钙土	43°45′15″ 83°10′30″	1 071

3.1.2 方法

（1）花部性状的观测

对22份马蔺种质资源的花部表型性状进行测定和描述（表3-2），重复3次。

表 3-2　马蔺花部表型性状及描述

编号	性状	表型性状描述
1	垂瓣长	垂瓣顶端到底端的距离
2	垂瓣宽	垂瓣最宽处的距离
3	旗瓣长	旗瓣顶端到底端的距离
4	旗瓣宽	旗瓣最宽处的距离
5	花径	3 个垂瓣最低点构成的平面上距离最远两点之间的距离
6	花高	垂瓣最低点到旗瓣最高点之间的垂直距离
7	花葶高度	地面至花梗下端的垂直距离
8	垂瓣花斑大小	垂瓣花斑长与垂瓣长的比值
9	花色	RHSCC 比色卡结合色差仪测色

为了更精准地体现整朵花的花色，分别对同一朵花的旗瓣和垂瓣进行测色。在室内自然光照下（无阳光直射），分别将旗瓣和垂瓣置于白色 A_4 纸上，使用英国皇家园艺比色卡（RHS Color Chart）与其正面对比，用比色卡上最接近花色的代码表示其颜色，确定所属色系范围和编号，初步确定旗瓣和垂瓣的花色；再采用分光色差仪（NF555 型，日本电色工业株式会社）在 C/2°光源下按 CIELAB 表色系统测定旗瓣和垂瓣显色位置的明度（L^*）、红度（a^*）和蓝度（b^*），并计算彩度（c^*）和色相角（$h°$），重复 9 次取平均值。计算公式：$c^* = (a^{*2}+b^{*2})^{1/2}$；$h°=\arctan(b^*/a^*)$。

（2）色素含量的测定

每份马蔺种质材料选择 10 个单株，每个单株采集 10 朵花，随后立即放入冰盒。每份去除雄蕊后，选择前 2/3 部位混合称取 0.1 g，置于 2 mL 离心管，经液氮速冻后，放入-80 ℃冰箱保存备用。

花瓣类胡萝卜素的提取和含量测定参考高俊凤（2000）的方法，取花瓣 0.1 g，置于 10 mL 的试管内，加入 10 mL 95%乙醇（NR-分析纯），避光浸提 48 h 直到花瓣变白，取浸提液在分光光度计上分别记录波长为 665 nm、649 nm 和 470 nm 的吸光值（A_{665}，A_{649}，A_{470}）；类胡萝卜素含量计算公式为：类胡萝卜素含量（mg/g FW）=（$C\times V$）/（FW×1 000）

式中：C 为类胡萝卜色素浓度（$mg\cdot g^{-1}$）$=\dfrac{1\,000\times A_{470}-2.05\times Ca-114.8\times Cb}{245}$；chla 浓度 $Ca=13.95\times A_{665}-6.88\times A_{649}$；chlb 浓度 $Cb=24.96\times A_{649}-7.32\times A_{665}$；$V$ 为提取液体积（mL）；FW 为样品鲜重（g）。

花瓣总类黄酮的提取和含量测定采用亚硝酸钠-硝酸铝显色法，取花瓣

0.1 g，加入2 mL 60%乙醇溶液充分研磨，60 ℃振荡2 h后，于10 000 g常温离心10 min，取上清液；分别吸取540 μL上清液和蒸馏水于2个2 mL离心管，各加30 μL 5% $NaNO_2$混匀；静置6 min后分别加30 μL 10% $AlNO_3$混匀，放置5 min；再加400μL 5% NaOH，室温静置15 min后于分光光度计测定510 nm处的吸光值。类黄酮含量按如下公式计算：

$\Delta A_{类黄酮}=A_{测定}-A_{空白}$

类黄酮含量= [(ΔA-0.000 7) $\times V_{样总}$] / (5.02×FW)

式中，$\Delta A_{类黄酮}$、$A_{测定}$、$A_{空白}$分别为类黄酮、测定组和空白组的吸光值，$V_{样总}$为加入提取液体积（mL），FW为样品鲜质量（g）。

花瓣花色苷的提取和含量测定采用pH示差法测定，取花瓣0.1 g，加入1 mL含1%HCl的甲醇溶液充分研磨，使用金属振荡仪振荡4 h后，于8 000 g常温离心10 min，取上清液；每个样品分别取100 μL上清液于2 mL离心管中，分别加入pH=1.0的KCl-HCl缓冲液和pH=4.5的醋酸钠-醋酸缓冲液900 μL，充分摇匀，40 ℃水浴20 min，在分光光度计中分别测定波长530 nm和700 nm处的吸光值（A_{530}，A_{700}）。

花色苷含量按如下公式计算：

$\Delta A_{花色苷}=(A_{530,\ pH=1.0}-A_{700,\ pH=1.0})-(A_{530,\ pH=4.5}-A_{700,\ pH=4.5})$

花色苷质量分数=($\Delta A\times V\times M\times F\times 10^3$) / ($\varepsilon\times d\times$FW)

式中，$\Delta A_{花色苷}$为花色苷吸光值，V为提取液体积（mL），M为花色苷的相对分子质量（$g\cdot mol^{-1}$），F为稀释倍数，ε为花色苷的摩尔消光系数（$L\cdot mol^{-1}\cdot cm^{-1}$），$d$为比色皿光径（cm），FW为样品鲜质量（g）。

3.2 研究结果

3.2.1 马蔺花色表型特征

利用CIE Lab测色体系，测得22份马蔺种质材料的旗瓣和垂瓣测色参数L^*、a^*和b^*值（表3-3）并对其标准化处理，采用SPSS软件进行组间联接法的系统聚类分析，当欧式距离为5.5时，可将22份马蔺种质材料花色划分为4大色系（图3-1），即浅蓝色、浅蓝紫色、深蓝紫色和紫罗兰色。其中深蓝紫色的种质材料有8份，占比达36.26%，其次为浅蓝紫色的7份，占比31.82%，再次为紫罗兰色的5份，数量最少的是浅蓝色系，仅有2份。

表 3-3　22 份马蔺种质材料花色测定值

色系	种质材料	旗瓣						垂瓣					
		RHSCC	L^*	a^*	b^*	c^*	$h°$	RHSCC	L^*	a^*	b^*	c^*	$h°$
浅蓝色	ML001	92C	62.16±0.77^{a}	8.06±0.33^{l}	−20.62±0.66^{a}	22.15±0.72^{k}	−68.67±0.39^{n}	92C	66.72±0.33^{a}	0.25±0.03^{k}	−6.70±0.36^{a}	6.71±0.36^{j}	−87.87±0.22^{e}
	ML006	92B	56.02±0.53^{b}	12.29±0.85^{k}	−27.25±0.64^{b}	29.98±0.68^{j}	−65.81±1.56^{m}	91A	64.23±0.79^{ab}	3.08±0.78^{hij}	−13.13±1.41^{b}	13.54±1.55^{i}	−78.22±1.83^{de}
浅蓝紫色	ML004	94B	42.28±0.52^{ef}	19.22±0.43^{i}	−36.99±0.54^{e}	41.69±0.66^{g}	−62.56±0.27^{l}	92A	53.13±0.56^{e}	6.54±0.73^{fg}	−19.37±1.14^{d}	20.48±1.30^{g}	−71.76±1.14^{cde}
	ML005	91A	47.82±1.61^{c}	17.07±0.71^{j}	−32.82±1.02^{cd}	37.00±1.22^{i}	−62.59±0.37^{l}	91A	60.10±1.29^{c}	6.72±0.82^{fg}	−18.59±1.50^{d}	19.79±1.67^{gh}	−70.59±1.15^{bcde}
	ML015	92A	44.67±0.91^{d}	17.02±0.49^{j}	−31.97±0.92^{c}	36.24±0.95^{i}	−61.93±0.68^{kl}	92A	58.92±1.25^{c}	1.71±0.79^{ij}	−10.85±0.74^{b}	11.19±0.79^{i}	−42.70±22.61^{a}
	ML017	91A	50.00±0.69^{c}	21.40±0.75^{h}	−37.46±0.73^{e}	43.15±1.00^{fg}	−60.33±0.43^{ijk}	91A	63.68±0.93^{b}	8.41±1.25^{f}	−18.66±1.79^{d}	20.55±2.08^{g}	−47.93±17.08^{abc}
	ML020	91A	45.18±0.97^{d}	22.48±0.66^{gh}	−38.74±0.65^{ef}	44.79±0.88^{ef}	−59.92±0.36^{hij}	91B	60.60±0.90^{c}	6.73±1.06^{fg}	−17.66±1.75^{cd}	18.95±1.98^{gh}	−70.02±1.68^{bcde}
	ML023	92A	44.87±0.95^{d}	22.43±0.90^{gh}	−40.68±0.68^{fghi}	46.47±1.02^{e}	−61.23±0.58^{jkl}	92A	61.43±0.89^{bc}	4.52±1.14^{ghi}	−14.50±1.76^{bc}	15.31±1.99^{hi}	−55.36±17.85^{abcd}
	ML032	91A	49.98±0.76^{c}	18.91±0.52^{i}	−34.47±0.75^{d}	39.32±0.87^{h}	−61.26±0.38^{jkl}	91A	59.30±1.02^{c}	5.03±0.33^{gh}	−11.24±0.70^{b}	12.33±0.75^{i}	−65.73±0.95^{abcde}
深蓝紫色	ML007	92A	44.07±0.62^{de}	27.14±0.52^{d}	−40.85±0.52^{ghi}	49.05±0.72^{d}	−56.42±0.19^{g}	91A	55.91±1.27^{d}	15.86±1.12^{e}	−30.71±1.57^{ef}	34.58±1.90^{f}	−62.88±0.52^{abcd}
	ML008	88B	36.02±0.67^{hi}	34.92±0.59^{c}	−44.13±0.25^{kl}	56.29±0.51^{b}	−51.67±0.38^{e}	88B	47.60±1.18^{g}	21.31±1.81^{d}	−37.73±1.23^{g}	43.44±1.91^{de}	−60.92±1.41^{abcd}
	ML009	82B	40.19±0.74^{fg}	38.00±0.58^{b}	−34.54±0.58^{d}	51.36±0.73^{d}	−42.27±0.43^{a}	87B	48.71±0.52^{fg}	30.53±0.95^{c}	−36.55±0.89^{g}	47.65±1.19^{d}	−50.16±0.64^{abc}
	ML016	88B	35.37±0.38^{i}	34.31±0.46^{c}	−41.55±0.60^{ghij}	53.90±0.60^{c}	−50.44±0.48^{e}	88C	40.48±1.49^{i}	9.19±0.39^{f}	−20.08±0.66^{d}	22.11±0.64^{g}	−65.33±1.09^{abcde}
	ML018	92A	36.04±1.52^{hi}	25.25±0.62^{ef}	−42.58±0.82^{ijk}	49.50±1.02^{d}	−59.35±0.22^{hi}	92A	61.83±0.75^{bc}	19.83±1.82^{d}	−34.21±1.74^{fg}	39.63±2.34^{e}	−60.70±1.73^{abcd}
	ML019	92A	41.88±0.43^{ef}	24.27±0.44^{fg}	−39.71±0.29^{fg}	46.55±0.45^{e}	−58.59±0.33^{h}	92B	50.84±1.16^{ef}	12.92±0.84^{e}	−27.92±0.78^{e}	30.80±1.04^{f}	−65.36±0.85^{abcde}
	ML029	92A	39.28±0.41^{g}	22.88±0.36^{gh}	−40.24±0.48^{fgh}	46.29±0.59^{e}	−60.39±0.13^{ijk}	91A	40.48±1.49^{i}	19.83±1.82^{d}	−34.21±1.74^{fg}	39.63±2.34^{e}	−60.70±1.73^{abcd}
	ML035	93C	38.10±0.52^{gh}	26.62±0.74^{de}	−43.16±0.68^{jk}	50.72±0.94^{d}	−58.39±0.41^{h}	91A	44.72±0.97^{h}	22.25±1.22^{d}	−37.63±1.55^{g}	43.72±1.95^{de}	−59.53±0.38^{abcd}

（续表）

色系	种质材料	旗瓣						垂瓣					
		RHSCC	L^*	a^*	b^*	c^*	h°	RHSCC	L^*	a^*	b^*	c^*	h°
紫罗兰色	ML010	88B	31.92 ± 0.36^{j}	34.03 ± 0.59^{c}	-45.72 ± 0.66^{l}	57.00 ± 0.87^{b}	-53.35 ± 0.17^{f}	88B	38.47 ± 0.88^{i}	29.20 ± 1.33^{c}	-45.38 ± 1.04^{h}	53.99 ± 1.59^{c}	-57.38 ± 0.62^{abcd}
	ML011	87A	28.93 ± 0.43^{k}	38.39 ± 0.76^{b}	-43.98 ± 0.58^{kl}	61.05 ± 1.04^{a}	-48.91 ± 0.21^{d}	88B	27.80 ± 0.64^{j}	38.37 ± 0.89^{b}	-49.78 ± 0.56^{i}	62.86 ± 0.98^{b}	-52.41 ± 0.36^{abc}
	ML012	88B	31.15 ± 0.25^{j}	42.71 ± 0.35^{a}	-45.93 ± 0.26^{l}	62.72 ± 0.41^{a}	-47.09 ± 0.13^{c}	88B	27.64 ± 0.70^{j}	38.94 ± 0.66^{b}	-50.35 ± 0.80^{i}	63.67 ± 0.87^{b}	-52.27 ± 0.52^{abc}
	ML013	87A	31.26 ± 0.19^{j}	43.20 ± 0.44^{a}	-41.97 ± 0.66^{hij}	61.60 ± 0.53^{a}	-44.16 ± 0.61^{b}	88B	44.01 ± 0.28^{h}	29.78 ± 0.51^{c}	-42.87 ± 0.57^{h}	52.22 ± 0.58^{c}	-55.22 ± 0.54^{abcd}
	ML014	87A	26.68 ± 0.40^{l}	44.32 ± 1.05^{a}	-45.41 ± 0.48^{l}	51.39 ± 0.75^{d}	-45.74 ± 0.81^{c}	86A	23.38 ± 0.67^{k}	48.61 ± 0.96^{a}	-50.31 ± 0.87^{i}	69.96 ± 1.23^{a}	-46.00 ± 0.32^{ab}

注：表中数据为平均值±标准误。同列不同小写字母代表不同色系多重比较 Duncan's 检验在 0.05 显著性水平下的差异显著。

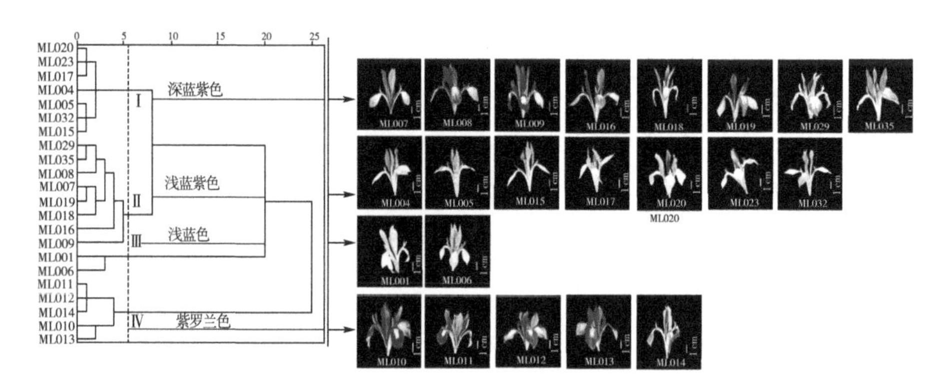

图 3-1　基于 L^*、a^* 和 b^* 值的 22 份马蔺种质花瓣花色表型聚类分析

通过 CIE L^*、a^* 和 b^* 颜色体系得到 22 份马蔺种质资源（4 大色系）花色参数分布范围（图 3-2）。马蔺种质垂瓣和旗瓣颜色的 L^* 值和 b^* 值随颜色加深而逐渐下降，而 a^* 随颜色加深呈上升趋势。各色系的垂瓣和旗瓣 L^* 值均在 20~70，a^* 值在 0~50 变化，b^* 值在−5~−55 波动。

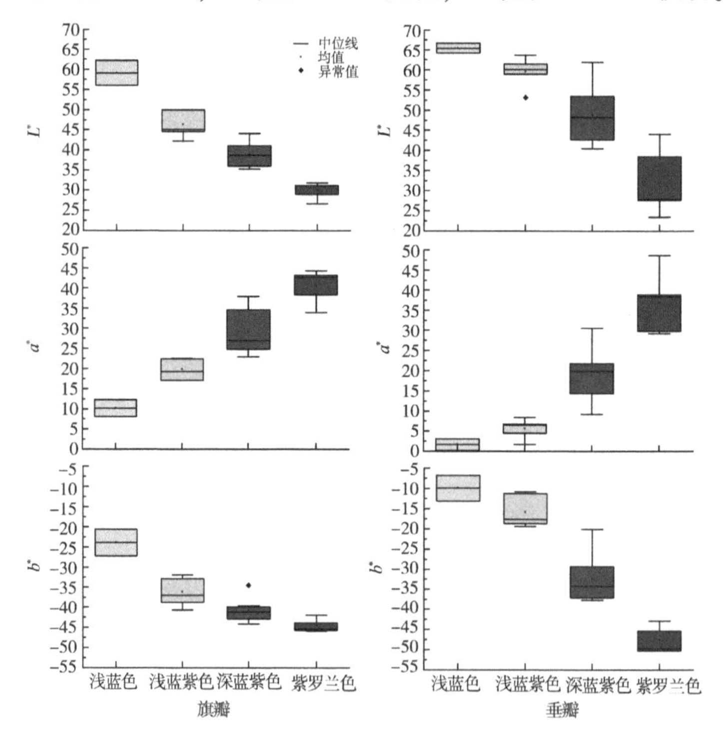

图 3-2　马蔺种质 4 大色系的花色 L^*、a^* 和 b^* 值箱式图

4 大色系中，浅蓝色系的花色 L^* 最高，其次为浅蓝紫色系和深蓝紫色系，明度最低的是紫罗兰色系，说明花色越浅，L^* 值越高，4 大色系间无重叠。a^* 值从高到低依次为紫罗兰色系、深蓝紫色系、浅蓝紫色系和浅蓝色系，说明花色越深红度越大，其中浅蓝色系和浅蓝紫色系分布集中，深蓝紫色系和紫罗兰色系分布范围大；而 b^* 值最高的是浅蓝色系，从高到低依次为浅蓝紫色系、深蓝紫色系和紫罗兰色系，其中紫罗兰色系分布最集中，4 个色系均分布在负值范围内。

由图 3-3 可知，马蔺旗瓣和垂瓣花色均集中分布在第Ⅳ象限，在第Ⅰ、Ⅱ、Ⅲ象限没有分布，4 个色系的分布规律均大致呈条带状。其中，旗瓣浅蓝紫色系和深蓝紫色系存在些许重叠。a^* 和 L^* 呈负相关，即随红度的增

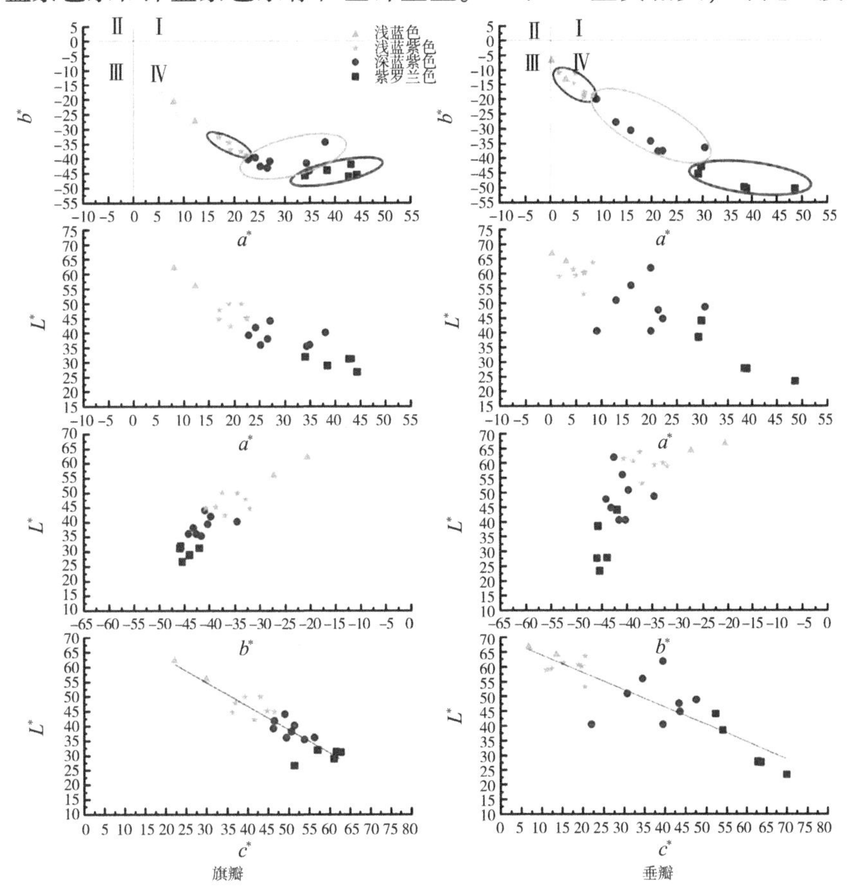

图 3-3　马蔺种质资源花色表型分布图

加，浅蓝色、浅蓝紫色、深蓝紫色和紫罗兰色的明度逐渐减小。4 个色系的 b^* 和 L^* 之间呈正相关，即随 b^* 值的增加，L^* 值逐渐增加。4 个色系的 c^* 值与 L^* 值间呈负相关关系。旗瓣和垂瓣的 L^* 值均随 c^* 值增大而减少。其中，旗瓣 L^* 值随 c^* 值增大而减少，且斜率较大，拟合线性方程为：$L^* = -0.80c^* + 78.60$（$R^2 = 0.83$）；垂瓣的趋势类似于旗瓣，但 c^* 和 L^* 斜率更小，拟合线性方程：$L^* = -0.59c^* + 69.78$（$R^2 = 0.76$）。

3.2.2 马蔺花器官表型性状

花器官不仅影响其观赏价值，还有助于吸引昆虫授粉。通过对马蔺种质资源花器官表型性状进行调查（表 3-4），结果表明，4 个色系的马蔺种质资源花器官表型性状存在显著差异（$P<0.05$）。

表 3-4 各色系花器官性状表型性状

色系	垂瓣长（cm）	垂瓣宽（cm）	旗瓣长（cm）	旗瓣宽（cm）	花径（cm）	垂瓣花斑大小	花高（cm）	花葶高（cm）
浅蓝色	$4.60±0.11^c$	$0.88±0.06^b$	$4.85±0.13^c$	$0.80±0.03^{ab}$	$4.35±0.54^c$	$0.32±0.02^a$	$5.35±0.06^c$	$21.10±0.60^b$
浅蓝紫色	$5.16±0.08^b$	$0.95±0.03^b$	$5.13±0.09^{bc}$	$0.72±0.03^b$	$6.35±0.17^a$	$0.33±0.02^a$	$5.70±0.05^b$	$26.96±0.71^a$
深蓝紫色	$5.76±0.14^a$	$1.26±0.05^a$	$5.45±0.13^{ab}$	$0.89±0.05^{ab}$	$5.68±0.16^b$	$0.29±0.01^{ab}$	$5.91±0.06^b$	$27.14±0.58^a$
紫罗兰色	$5.98±0.21^a$	$1.27±0.09^a$	$5.68±0.17^a$	$0.97±0.09^a$	$5.09±0.15^b$	$0.26±0.02^b$	$6.31±0.09^a$	$29.10±0.74^a$

注：表中数据为平均值 ± 标准误。同列不同小写字母代表不同色系多重比较 Duncan's 检验在 0.05 显著性水平下的差异显著。

马蔺种质资源花色越深，花朵越大。紫罗兰色系和深蓝紫色的垂瓣长度和宽度均显著高于蓝紫色系和浅蓝色系，紫罗兰色系的垂瓣长度和宽度的平均值分别为 5.98 cm 和 1.27 cm，较浅蓝色系显著增加了 30%和 44.32%（$P<0.05$）；紫罗兰色系和深蓝紫色的旗瓣长度显著高于蓝紫色系和浅蓝色系；浅蓝紫色系的旗瓣宽度显著低于其他色系，其中紫罗兰色系的旗瓣长度和宽度最大，分别为 5.68 cm 和 0.97 cm，较浅蓝色系的增加了 17.11%和 21.25%；紫罗兰色系平均花径为 5.09 cm，与深蓝紫色的花径相差不显著（$P>0.05$），与浅蓝色系的呈显著差异（$P<0.05$），为浅蓝色系的 1.17 倍。可见，花色与垂旗瓣长度和宽度及花径基本呈正相关规律。

随花色的加深，花葶高度呈上升趋势，紫罗兰色系的平均花葶高度达 29.10 cm，较浅蓝色系的增加了 8 cm，且与浅蓝色系的花葶高度呈显著差异（$P<0.05$）。垂瓣花斑随颜色的增加而逐渐变小，其中，紫罗兰色系的平

均垂瓣花斑大小显著低于其他色系，仅为0.26，为浅蓝色系的81.25%。

3.2.3　马蔺花瓣色素含量

对22份马蔺种质资源盛花期花瓣的类胡萝卜素、类黄酮和花色苷等色素含量的测定分析结果（图3-4）显示，类胡萝卜素含量整体处于较低水平，仅在0~0.006 5 mg·g^{-1}FW，且含量从高到低顺序为浅蓝色>浅蓝紫色>深蓝紫色>紫罗兰色，其中浅蓝色系的平均类胡萝卜素含量较高，达0.004 9 mg·g^{-1}FW，其他3个色系的类胡萝卜素含量均低于0.001 5 mg·g^{-1}FW。特别是在紫罗兰色系中没有检测到类胡萝卜素含量（图3-4a）。类黄酮含量在0.513 3~1.343 8 mg·g^{-1}FW，其中紫罗兰色系中的含量最高且与浅蓝紫色系和浅蓝色系中的呈显著差异（$P<0.05$），而与深蓝紫色系中的类黄酮含量差异不显著（$P>0.05$）。浅蓝色系中的类黄酮含量较低，仅为0.660 5 mg·g^{-1}FW，较紫罗兰色系中的类黄酮含量平均降低44.59%（图3-4b）。花色苷作为一类重要的类黄酮物质，对花色的呈现非常重要。马蔺花瓣花色苷含量的变化趋势与类黄酮含量的变化趋势相似（图3-4c），花色苷含量从大到小的顺序为紫罗兰色>深蓝紫色>浅蓝紫色>浅蓝色，其中紫罗兰色中的花色苷含量显著高于其他色系（$P<0.05$），平均高达0.433 3 mg·g^{-1}FW，其次是深蓝紫色系和浅蓝紫色系，含量在0.223 5~0.326 7 mg·g^{-1}FW，而浅蓝色系中的花色苷含量仅为0.173 7 mg·g^{-1}FW。

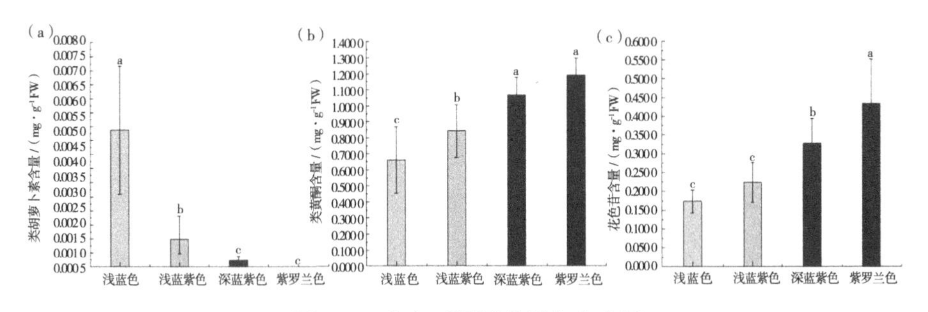

图3-4　各色系马蔺花瓣色素含量

3.2.4　马蔺垂旗瓣颜色参数与类黄酮及花色苷的关系

由表3-5可知，马蔺种质资源垂旗瓣颜色参数与花瓣中的色素含量关系密切，随着类胡萝卜素含量降低，类黄酮含量特别是其中的花色苷含量逐渐升高，垂旗瓣的明度L^*降低、红度a^*升高、蓝度b^*降低、彩度c^*升

高和色相角 $h°$ 升高。垂旗瓣 L^* 与类胡萝卜素含量呈显著正相关（$P<0.05$）、与类黄酮和花色苷含量均呈极显著负相关（$P<0.01$）；垂旗瓣 a^* 与类胡萝卜素含量呈显著负相关、与类黄酮和花色苷含量均呈极显著正相关（$P<0.01$）；垂旗瓣 b^* 与类胡萝卜素含量呈正相关、与类黄酮和花色苷含量呈负相关；垂旗瓣 c^* 与类胡萝卜素含量呈显著负相关（$P<0.05$）、与类黄酮含量呈显著正相关（$P<0.05$）、与花色苷含量呈极显著正相关（$P<0.01$）；垂旗瓣 $h°$ 与类胡萝卜素呈负相关、与类黄酮和花色苷含量呈正相关。

表 3-5　马蔺种质资源 CIE Lab 参数与类黄酮和花色苷含量的皮尔逊相关性分析

指标	部位	CIE Lab 颜色参数				
		L^*	a^*	b^*	c^*	$h°$
类胡萝卜素	旗瓣	0.476*	-0.472*	0.375	-0.445*	-0.491*
	垂瓣	0.442*	-0.454*	0.493*	-0.478*	-0.240
类黄酮	旗瓣	-0.657**	0.567**	-0.557**	0.536*	0.523*
	垂瓣	-0.569**	0.546**	-0.503*	0.527*	0.539**
花色苷	旗瓣	-0.698**	0.791**	-0.546**	0.624**	0.766**
	垂瓣	-0.754**	0.725**	-0.648**	0.687**	0.392

注：* 表示在 $P\leqslant0.05$ 水平上显著相关；** 表示在 $P\leqslant0.01$ 水平上显著相关。

3.3　讨论与结论

3.3.1　基于马蔺花色表型的分类研究

关于植物花色测定的方法主要有目测法、比色卡比色和色差仪测色（白新祥 等，2006；李欣 等，2010）。目测法不受空间场地限制但由于颜色的分类标准不同以及测色人员的视觉差异，很难准确对花色特别是交叉色系进行判定（Wang 等，2004）。比色卡比色法是园林植物测色研究应用最广泛的方法，但测色环境的背景颜色和光照要求相对比较严格（McGuire，1992；Donald，1998）。色差仪测色法具有精度高、环境因素影响小、颜色数据化等优点，被广泛应用于观赏植物的花色测定中（Voss，1992；Uddin 等，2004；郭鑫 等，2022）。因此，在目测法基础上，再使用 RHSCC 比色卡结合色差仪相结合的花色测定方法，更能精确对观赏植物花色性状进行测试分析和评价。Zhu 等（2012）利用 RHSCC 比色卡和色差仪相结合方法对 35 个热带睡莲（*Nymphaea*）品种的花色进行了描述，并根据花色参数将其分为蓝色花系、紫红色花系、黄色花系和白色花系。Han 等（2023）利用 CR-400 色差仪将 8 个苹果（*Malus pumila*）品种花色分为 4 个色系，即深红色(“皇室”和“完美紫色”)、玫瑰红色（“凯尔西”和“闪闪”)、粉红色(“草莓芭菲”和“粉红尖顶”）和白色（“宝石莓”和“雪飘”)。Tatsuzawa（2023）采用 RHSCC 比色卡法，将不同品种风铃草（*Campanula medium*）的花冠边缘和边缘以外的花色分为蓝紫色、紫罗兰色、酱紫色、紫色、红紫色和白色 6 种类型。本研究分别利用比色卡和色差仪对 22 份马蔺种质材料花的旗瓣和垂瓣色彩参数进行了测量分析，将参试的马蔺种质材料花瓣颜色划分为浅蓝色、浅蓝紫色、深蓝紫色和紫罗兰色系 4 大类色系，这一分类体系很好地将前期人们描述的马蔺花色进行了更为细致准确的划分（王育青，2010）。

CIE Lab 测色系统中 L^* 值是衡量花色的明暗程度，a^* 和 b^* 是决定花色的因子，且 a^* 与 b^* 的变化会影响 L^* 的变化（林晨晔，2015）。Li 等（2016）通过对 41 份草莓（*Fragaria × ananassa*）品种的花瓣颜色进行研究，发现随着草莓花色由白色向红色变化，颜色参数 L^* 值逐渐减小，a^* 值逐渐增大。Lu 等（2021）研究发现不同花色的盆栽多花菊 L^* 与 a^* 呈显著负相关（$R^2=0.853$；$r=-0.9236$），L^* 与 b^* 呈弱正相关（$R^2=0.2239$；$r=0.4732$）。本研究发现，马蔺垂瓣和旗瓣的 L^* 与 a^* 呈负相关关系，而与 b^* 呈正相关关系，即随着 a^* 值的升高，花瓣的亮度越来越低；随着 b^* 值的升高，花瓣的亮度随之增加；马蔺垂瓣和旗瓣的 L^* 与 c^* 呈负相关关系，表明明度随彩度的增加而降低。这与康宇乾等（2022）发现三角梅（*Bougainvillea spectabilis*）苞片 L^* 与 c^* 呈负相关关系的研究结果一致。Lei 等（2017）研究发现不同色系的马蹄莲（*Zantedeschia hybrida*）L^* 和 c^* 之间存在不同的关系，其中，橙色和黄色系的 L^* 和 c^* 呈显著正相关，而黑色、紫红色和粉色系的线性回归不显著。这可能是由于不同物质所积累的色素差异及细胞结构的不同造成的。

3.3.2　不同色系马蔺花器官表型特征

目前在鸢尾属植物中，对马蔺种质资源从花器官表型性状角度来进行的研究成果寥寥无几，研究发现马蔺花茎光滑，具苞片，内含 2~4 朵花；花形奇特，花被上有较深色的条纹；花被片6枚，交互辐射着生，内外两轮排列，花冠状；外轮花呈倒披针形，上部向外反折，无附属物，长5.5~6.75 cm，宽0.85~1.2 cm，内轮花狭倒披针形，长5~5.8 cm，宽0.55~0.75 cm；雄蕊长3~3.4 cm，花药略长于花丝，花药黄色，花丝白色；花柱分枝扁平，花瓣状，中肋明显，长约3.5 cm，顶端二裂（马小春，2010；余小芳 等，2016；李东升 等，2022）。本研究结果表明，马蔺不同花色的花器官性状存在显著差异（$P<0.05$），即花色越深，垂瓣和旗瓣的长度和宽度越大、花径越大、花葶越高、花斑越小。例如，紫罗兰色系马蔺花垂瓣和旗瓣长度为5.98 cm和5.68 cm、宽度为1.27 cm和0.97 cm、垂瓣花斑为0.26，而浅蓝色系的花垂旗瓣长度仅为4.60 cm和4.85 cm、宽度为0.88 cm和0.80 cm、垂瓣花斑为0.32，二色系间存在显著差异（$P<0.05$）。

3.3.3 马蔺花色素含量与花色的关系

植物花色素主要有类胡萝卜素、类黄酮和甜菜色素（安田齐，1989；Rudall，2020）。花色苷是一种重要的类黄酮物质，在植物花色表达上发挥着重要作用（Tanaka 等，2009）。Dan 和 Patrick（2013）研究发现青 Cu 色和粉色浆果中的花青素含量低于100 $mg \cdot g^{-1}$，而高度色素化的黑浆果中花青素含量超过5 500 $mg \cdot g^{-1}$，花色苷含量随花色加深而增加。本研究结果表明，参试的22份马蔺种质花瓣极少含有类胡萝卜素，且随着花色的加深呈下降趋势；类黄酮和花色苷的含量均随花色的加深而逐渐增加，表明类黄酮和花色苷是决定马蔺花瓣主要的呈色物质，且垂瓣和旗瓣中色素含量的不同是引起马蔺花色彩表型特征变化的重要因素。

本试验结果表明，类黄酮含量与L^*、b^*呈极显著负相关，说明花色会随着类黄酮含量的增加而变暗变蓝，而与a^*呈极显著正相关关系，说明花色会随着类黄酮含量的增加而变红、彩度变大；花色苷含量与色彩参数之间存在极显著相关性。已有研究发现随着木芙蓉（*Hibiscus mutabilis*）花瓣中的类黄酮含量的提高，亮度随之降低，红度升高（郑智，2009）。月季花瓣总黄酮含量均与花瓣正反面的L^*呈显著负相关关系，相关系数分别为-0.160和-0.205（王峰 等，2017）。Junka 等（2011）发现万代兰（Vanda）的L^*和a^*与花色苷含量存在极强相关性，随着花色苷的积累，L^*逐渐降低，a^*逐渐增加。Zhou 等（2022）研究表明，非洲菊（*Gerbera jamesonii*）花色苷含量与L^*值和b^*值呈极显著负相关，与a^*值呈极显著正相关，与本研究结果较为一致。另外，本团队还初步对马蔺花瓣中的花青素靶向代谢组研究表明，马蔺盛花期紫罗兰色花与浅蓝色花中存在32种差异代谢物，其中飞燕草素-3-O-葡萄糖苷更是在紫罗兰色花瓣中显著上调，可能是呈色的关键代谢物（结果未发表）。

综上所述，通过对中国6个省区不同生境条件下的22份马蔺种质材料花器官表型特征及色素含量的分析结果显示，不同色系马蔺花的表型特征及色素含量存在差异，即花瓣颜色越深，花瓣越大，而垂瓣花斑越小；随着花色的加深，类胡萝卜素含量逐渐下降，花色苷和类黄酮含量逐渐上升，且花色苷和类黄酮含量与测色参数间存在一定相关性，结果将为深入研究马蔺种质资源花色多样性和花色形成机制奠定重要基础，为马蔺新种质创制和新品种选育提供理论依据。

参考文献

安田齐，1989. 花色的生理生物化学［M］. 傅玉兰译. 北京：中国林业出版社.

白新祥，胡可，戴思兰，2006. 不同测色方法在观赏植物花色测定上的比较［C］. 北京：中国园艺学会观赏园艺专业委员会年会.

高俊凤，2000. 植物生理学实验技术［M］. 西安：世界图书出版公司，101-103.

郭鑫，成仿云，钟原，等，2022. 紫斑牡丹花色表型数量分类研究［J］. 园艺学报，49（1）：86-99.

洪艳，白新祥，孙卫，等，2012. 菊花品种花色表型数量分类研究［J］. 园艺学报，39（7）：1330-1340.

康宇乾，杨挺，李雪青，等，2022. 不同三角梅品种苞片色彩表型及色素组成分析［J］. 植物科学学报，40（5）：714-723.

李东升，2022. 不同栽植和管护措施对马蔺生长和开花的影响［J］. 青海农林科技，125（1）：84-87.

李楠，田小霞，毛培春，等. 2023. 马蔺花器官表型特征及色素分析［J/OL］. 植物研究. https：//link. cnki. net/urlid/23. 1480. S. 20231113. 0956.002.

李欣，沈向，张鲜鲜，等，2010. 观赏海棠叶、果、花色彩的数字化描述［J］. 园艺学报，37（11）：1811-1817.

林晨晔，2015. 基于感性工学的定量化色彩趋势研究［J］. 包装工程

(18): 70-73.
刘国元，方威，余春梅，等，2021. 花青素调控植物花色的研究进展 [J]. 安徽农业科学，49 (3): 1-4，9.
马小春，2010. 马蔺的生物学特性研究 [D]. 呼和浩特：内蒙古大学.
王峰，杨树华，刘新艳，等，2017. 月季种质资源花色多样性及其与花青苷的关系 [J]. 园艺学报，44 (6): 1125-1134.
王静，徐雷锋，王令，等，2022. 百合花色表型数量分类研究 [J]. 园艺学报，49 (3): 571-580.
王育青，2010. 马蔺繁殖生物学特性及遗传多样性研究 [D]. 北京：中国农业科学院.
余小芳，蒋喻林，刘宇婧，等，2016. 基于形态学的 8 种鸢尾属植物分支分类学分析 [J]. 四川农业大学学报，34 (4): 440-444.
赵毓棠，1980. 马兰的学名考证 [J]. 东北林学院植物研究室汇刊，4 (4): 75-79.
郑智，2009. 木芙蓉花色形成的表型研究 [D]. 长沙：湖南农业大学.
CUNJA V, MIKULIC - PETKOVSEK M, STAMPAR F, et al., 2014. Compound identification of selected rose species and cultivars: an insight to petal and leaf phenolic profiles [J]. Journal of the American Society for Horticultural Science, 139 (2): 157-166.
DAN M, PATRICK J C, 2013. Fruit anthocyanin profile and berry color of Muscadine grape cultivars and Muscadinia germplasm [J]. HortScience, 48 (10): 1235-1240.
DAVID W, 2000. Regulation of flower pigmentation and growth: multiple signaling pathways control anthocyanin synthesisin expanding petals [J]. Physiologia Plantarum, 110: 152-157.
DONALD H S, 1998. A comparison of the three editions of Royal Horticoltural Society Colour Chart [J]. HortScience, 33 (1): 13-17.
HAN M L, Zhao Y H, Meng J X, 2023. Analysis of physicochemical and antioxidant properties of *Malus* spp. petals reveals factors involved in flower color change and market value [J]. Scientia Horticulturae, 310: 111688.
HASHIMOTO F, Tanaka M, Maeda H, et al., 2000. Characterization of cyanic flower color of Delphinium cultivars [J]. Journal of the Japanese

Society for Horticultural Science, 69 (4): 428-434.

JUNKA N, KANLAYANARAT S, BUANONG M, et al., 2011. Analysis of anthocyanins and the expression patterns of genes involved in biosynthesis in two vanda hybrids [J]. International Journal of Agriculture and Biology, 13 (6): 873-880.

LEI T, SONG Y, JIN X H, et al., 2017. Effects of pigment constituents and their distribution on spathe coloration of Zantedeschia hybrida [J]. HortScience, 52 (12): 1840-1848.

LI X, WANG Z G, ZHANG W, et al., 2016. Flower pigment inheritance and anthocyanin characterization of hybrids from pink-flowered and white-flowered strawberry [J]. Scientia Horticulturae, 200: 143-150.

LU C F, LI Y F, WANG J Y, et al., 2021. Flower color classification and correlation between color space values with pigments in potted multiflora chrysanthemum [J]. Scientia Horticulturae, 283 (4): 110082.

MA X H, ZHOU Q, HU Q D, et al., 2023. Effects of different irradiance conditions on photosynthetic activity, photosystem Ⅱ, rubisco enzyme activity, chloroplast ultrastructure, and chloroplast-related gene expression in *Clematis tientaiensis* leaves [J]. Horticulture, 9 (1): 1.

MARK H B, BRYAN A C, LANFANG H L, et al., 2017. Anthocyanins, total phenolics, ORAC and moisture content of wild and cultivated dark-fruited Aronia species [J]. Scientia Horticulturae, 224: 332-342.

MCGUIRE R G, 1992. Reporting of objective color measurements [J]. HortScience, 27 (12): 1254-1255.

QI Y Y, LOU Q, LI H B, et al., 2013. Anatomical and biochemical studies of bicolored flower development in *Muscari latifoliem* [J]. Protoplasma, 250 (6): 1273-1281.

TATSUZAWA F, 2023. Flower colors and anthocyanins in the cultivars of*Campanula medium* L. (Campanulaceae) [J]. Phytochemistry Letters, 53: 13-21.

Uddin A J, Hashimoto F, Shimizu K, et al., 2004. Monosaccharides and chitosan sensing in bud growth and petal pigmentation in*Eustoma grandiflorum* (Raf.) Shinn [J]. Scientia Horticulturae, 100 (1): 127-138.

VOSS D H, 1992. Relating colorimeter measurement of plant color to the Royal Horticultural Society Colour Chart [J]. HortScience, 27: 1256-1260

WANG L S, HASHIMOTO F, SHIRAISHI A, et al., 2004. Chemical taxonomy of the Xibei tree peony from China by floral pigmentation [J]. Journal of Plant Research, 117 (1): 47-55.

YANG Y, LI B, FENG C, et al., 2020. Chemical mechanism of flower color microvariation in *Paeonia* with yellow flowers [J]. Horticultural Plant Journal, 6 (3): 179-190.

ZHOU Y W, YIN M, ABBAS F, et al., 2022. Classification and association analysis of Gerbera (*Gerbera hybrida*) flower color traits [J]. Frontiers in Plant Science, 12: 779288-779288.

ZHU M L, ZHENG X C, SHU Q Y, et al., 2012. Relationship between the composition of flavonoids and flower colors variation in tropical water lily (Nymphaea) cultivars [J]. PloS One, 7 (4): e34335.

第4章　马蔺种质资源同工酶特性分析

【内容提要】 采用聚丙烯酰胺不连续凝胶电泳法，完成了11份马蔺种质材料不同生长阶段嫩叶同工酶分析，结果显示11份马蔺嫩叶同工酶在营养生长和生殖生长阶段均有相对稳定性，适用于马蔺同工酶分析样品提取，马蔺不同生长阶段嫩叶同工酶依据迁移率不同，在不同迁移率出现酶带缺失现象及酶活性方面发生变化。生殖生长阶段POD同工酶活性比营养生长阶段强，酶谱表现较清晰；营养生长阶段EST同工酶活性较强，酶谱表现较清晰；营养生长阶段的嫩叶适宜用于马蔺EST同工酶分析，生殖生长阶段嫩叶适宜用于POD同工酶分析。同时还完成了23份马蔺种质材料的叶片POD和EST同工酶酶谱特征分析，结果显示23份不同居群马蔺种质材料，依据迁移率值不同，参与检测的2个酶系统（POD和EST）共有40个谱带，基本谱带8条，特征谱带15条，说明不同居群间马蔺种质间存在一定同源性，部分居群的马蔺种质因适应环境表现出结构或功能差异，检测到遗传变异。

同工酶是一种催化活性相同而分子结构及理化性质不同的酶，在不同物种和同一物种不同时期、同一时期不同器官、同一器官不同组织中均具有特异性；它既是生理生化指标，又是可靠的遗传物质表达产物（洪森荣 等，2018）。各种同工酶经电泳后，用特异性组织化学染色法，在凝胶上形成特定电泳图谱，经直接或使用相关统计法相互比较，从而获取相应的信息，得到相应的可靠结论（葛颂，1994；谢宗铭 等，1999；樊守金 等，1999；史广东，2009；李强栋，2011）。因此植物同工酶谱特性分析，对物种品种的鉴定、起源、进化分类和遗传育种等方面具有重要意义。

POD和EST是两种最常被用来分析的同工酶。POD广泛存在于植物体内，参与呼吸、光合作用等生理活动，为生长发育提供了基因表达的灵敏指标，是一种重要的遗传标记（刘承源 等，2016）。EST则与植物体内各种酶类的水解息息相关，存在于植物的各个组织器官及不同生长时期，并且变化很小、酶谱稳定（孙广玉，2006；邹春静，2003）。同工酶受基因控制，在进化中具有一定的保守性，在一定程度上反映生物的系统发生。对 POD 同工酶进行分析已经在阐明植物种间、种群间的遗传多样性、遗传结构、基因流动、种间杂交现象、植物体纯度检验和植物体逆境胁迫机制等方面取得了大量研究成果。EST 同工酶同样被广泛应用于探讨植物亲缘关系及品种鉴定（胡能书 等，1985；卢萍 等，1999；史广东，2009；李强栋，2011；孟林 等，2020）。因此，从同工酶角度探讨马蔺种质资源的生化遗传结构，揭示不同居群马蔺种质资源之间的遗传差异与亲缘关系，可为其生产推广和育种选择利用提供科学依据。

4.1 材料与方法

4.1.1 试验材料

以采自中国北方 5 省（区、市）不同生境分布的 23 份马蔺为试验材料，材料编号、生境、来源和地理信息详见表 4-1。将收集的不同居群马蔺种质材料，在北京市农林科学院草业花卉研究所日光温室通过种子繁殖进行幼苗培育之后移栽于北京小汤山的国家精准农业研究示范基地草资源试验研究圃，株行距 70 cm×70 cm。

表 4-1 马蔺种质资源及其生境

序号	编号	生境	采集地	经纬度（N，E）	海拔（m）
1	BJCY-ML001	果园田边，壤土	北京海淀区四季青镇	39°56′32″，116°16′44″	57
2	BJCY-ML004	羊草、马蔺、杂类草等组成的轻度盐化低地草甸	吉林永吉县北大湖镇	43°31′12″，126°20′24″	399
3	BJCY-ML005	羊草、绣线菊草甸草原，砂壤土	内蒙古赤峰阿鲁科尔沁旗	42°10′12″，118°31′12″	926
4	BJCY-ML006	荒漠草原、公路旁，砂砾质	山西太原市	37°31′12″，112°19′00″	760
5	BJCY-ML008	盐化低地草甸，盐渍化草甸土，砂砾质	内蒙古鄂尔多斯西部	39°48′00″，109°49′48″	1 480
6	BJCY-ML011	公路边盐碱荒地，盐碱土	内蒙古临河八一镇丰收村	40°48′56″，107°29′24″	1 038

（续表）

序号	编号	生境	采集地	经纬度（N，E）	海拔（m）
7	BJCY-ML012	藜科植物、马蔺等组成的盐化低地草甸	内蒙古临河隆胜镇新明村	40°53′09″，107°34′18″	1 034
8	BJCY-ML013	多年生禾草、马蔺等组成的盐生草甸	内蒙古临河城关镇万来村	40°47′43″，107°26′18″	1 037
9	BJCY-ML014	盐化低地草甸，砂砾质	内蒙古临河双河镇丰河村	40°42′15″，107°25′09″	1 040
10	BJCY-ML015	盐碱化较强的盐化低地草甸，砂砾质	新疆伊犁州昭苏县	43°08′23″，81°07′39″	1 846
11	BJCY-ML018	干旱荒漠草原带，公路边，砂壤土	内蒙古呼和浩特市大青山	40°52′38″，111°35′27″	1 160
12	BJCY-ML020	盐化低地草甸	新疆伊犁州巩留县七乡伊犁河南岸	43°36′49″，81°50′39″	703
13	BJCY-ML021	轻度盐化低地草甸	新疆伊犁州特克斯县四乡	43°07′18″，81°43′35″	1 270
14	BJCY-ML022	低地沼泽化草甸，盐碱土	新疆伊犁州昭苏马场	43°08′29″，80°52′53″	2 015
15	BJCY-ML023	重度盐化低地草甸，盐碱土	新疆伊犁州奶牛场	43°53′02″，81°17′11″	603
16	BJCY-ML024	中度盐化低地草甸，盐碱土	新疆伊犁州察布查尔县羊场	43°53′24″，81°00′20″	562
17	BJCY-ML026	盐碱化较强的盐化低地草甸，砂砾质	新疆伊犁州昭苏马场	43°06′27″，80°58′25″	1 813
18	BJCY-ML027	轻度盐化低地草甸，水系边	新疆伊犁州特克斯河附近	43°11′40″，81°50′37″	1 192
19	BJCY-ML028	中度盐化低地草甸，暗栗钙土	吉林长岭南京甸	44°13′46″，123°57′31″	178
20	BJCY-ML029	轻度盐化低地草甸	内蒙古科尔沁左翼中旗保康镇	44°07′48″，123°21′12″	144
21	BJCY-ML031	中度盐碱化低地草甸，暗栗钙土	内蒙古科尔沁左翼后旗努古斯台镇	43°13′46″，122°14′01″	193
22	BJCY-ML033	锦鸡儿、镰芒针茅组成的山地荒漠草原带，水沟边	新疆乌鲁木齐市东山石人沟村	43°48′14″，87°51′20″	1 259
23	BJCY-ML035	中度盐碱化低地草甸，盐化灰钙土	新疆伊宁县胡地亚于孜镇阔旦塔木村	43°45′15″，83°10′30″	1 071

4.1.2 试验方法

（1）酶液提取

马蔺幼苗生长到4~5片叶时随机采样，剪取从外向内数第3片健康功能叶尖1 g，洗净后剪碎放入预冷的研钵。在冰浴中研磨，研磨过程中陆续加入2 mL预冷的缓冲液（POD：0.065 mol·L^{-1} Tris–柠檬酸 pH 8.2；EST：1 mol·L^{-1} Tris–HCl pH 8.3），研磨至匀浆，冲洗倒入5 mL离心管中，在10 000 r·min^{-1} 4 ℃冷冻离心机中离心5 min，取上清液加入等体积10%甘油，分装于0.3 mL离心管中，保存于–20 ℃冰箱以备点样（Rios，2002；陈立强，2010）。

（2）凝胶制备

试验中主要仪器、主要试剂、试剂配制及电泳、染色方法参照何忠效电泳体系，部分进行微调（何忠效，1999）。同工酶凝胶配制比例如下（表4–2）：分离胶，聚丙烯酰胺浓度为7.5%，交联度C为2.6%；浓缩胶，聚丙烯酰胺浓度为4%，交联度C为2.6%。POD同工酶凝胶制备，使用0.65 mol·L^{-1}分离胶和0.125 mol·L^{-1}浓缩胶Tris–HCl系统配胶比例；EST同工酶凝胶制备，同POD同工酶凝胶制备方法，即0.65 mol·L^{-1}分离胶和0.125 mol·L^{-1}浓缩胶Tris–HCl系统配胶，另外，依体积比加入1.247% EDTA–Na溶液。

表4–2 凝胶比例（POD和EST）

贮液种类	7.5%分离胶配比		4%浓缩胶配比	
	POD	EST	POD	EST
30% Acry–0.8% Bis	9.64	9.6	1.95	1.95
1 mol·L^{-1} Tris–HCl	25.4（pH 8.8）	24.4（pH 8.8）	1.95（pH 6.8）	1.95（pH 6.8）
1.247% EDTA–Na	—	1.6	—	0.3
蒸馏水	4.56	4	10.96	10.65
10%过硫酸铵	0.4	0.4	0.15	0.15
TEMED	0.04	0.04	0.015	0.015

注：分离胶每板使用40 mL，浓缩胶每板使用15 mL。

（3）电泳及染色

用微量进样器分别吸取0.02 mL（POD）、0.06 mL（EST）同工酶液，依次点入样品槽，缓慢加入电极缓冲液，滴入2%溴酚蓝溶液为前沿指示剂，混匀，接通电源电泳，之后取下胶板进行组织化学染色，POD同工酶采用改良联苯胺法检测；EST同工酶采用萘酯-偶氮色素法检测。

（4）谱带分析

胶板不同染色深度表示了酶活性强弱，将酶活性划分为4个等级，从4至1依次为强、较强、弱、最弱（胡能书，1985）。依胶板上谱带的分布计算电泳迁移率（R_f=酶带迁移距离/前沿指示剂距离），同时绘制电泳酶谱模式图。

将谱带分布转化为0，1二态性数值（若有酶带记为1，否则为0）（Fuentes等，1999）。利用NTSYS-pc2.1软件分别计算POD和EST谱带的遗传相似系数（Genetic similarity coefficient，GS），其计算公式为：GS = 2a/(2a+b+c)，式中a为两个物种群共有的多态条带，b为X物种群特有条带数，c为Y物种群特有条带数（熊全沫，1986）。通过艾华水（2005）的方法，计算得出平均遗传相似性系数及平均遗传距离，再用UPGMA方法进行聚类分析。

4.2 研究结果

4.2.1 马蔺种质材料POD和EST同工酶电泳体系

（1）酶液提取缓冲液筛选

采集样品过程使用小冰箱，内置冰袋保持较低温度，保证样品的新鲜。为避免样品采集过程中酶活力的降低，新鲜采集的样品不宜冷冻储存，将样品存放在4 ℃冰箱中并立即处理。

电泳时选择合适的缓冲系统，即缓冲系统的pH和离子组成。保证样品的溶解度、稳定性、生物活性以及电泳的速度和分辨率。对于常规PAGE，由于酶蛋白分离时需保持溶解状态，且酶蛋白的分离要依据其电荷密度，因此pH重要性表现在，第一，使酶蛋白的电荷密度差别大以利于分离；第二，使酶蛋白荷电多且带同性电荷以加速分离。由于近半数蛋白质等电点在pH=4.0~6.5，因此常使用pH=8.0~9.5缓冲体系的阳极电泳。

不同离子浓度Tris对马蔺POD和EST同工酶提取效果不同，使用不同提样缓冲液对凝胶的影响主要在两个方面：第一，离子强度低，酶蛋白迁移速度快，电泳带较宽，相反，酶蛋白迁移速度慢，电泳带较细，选择合适的离子浓度可使电泳所形成的谱带染色后较为规整，且不易导致酶蛋白变性或烧胶；第二，在染色液浓度一定情况下，样品染色深度及泳道扩散程度不同，影响胶板上谱带清晰、规整及后期数据处理。在凝胶以及电极缓冲液中，浓缩胶和分离胶用 Tris－HCl 缓冲液，选用以下 3 种提取缓冲液：0.065 mol·L^{-1} Tris-柠檬酸 pH 8.2，1 mol·L^{-1} Tris-HCl pH8.3，0.1 mol·L^{-1} Tris-HCl pH7.5（内含 1 mmol·L^{-1} 维生素 C，2 mmol·L^{-1} EDTA－Na，30 mmol·L^{-1}β-巯基乙醇），分别检测 POD 和 EST 同工酶。通过电泳结果比较分析可知，POD 同工酶选用 0.065 mol·L^{-1} Tris-柠檬酸 pH8.2 提取缓冲液，EST 同工酶选用 1mol·L^{-1}Tris-HCl pH8.3 提取缓冲液（图 4-1）。

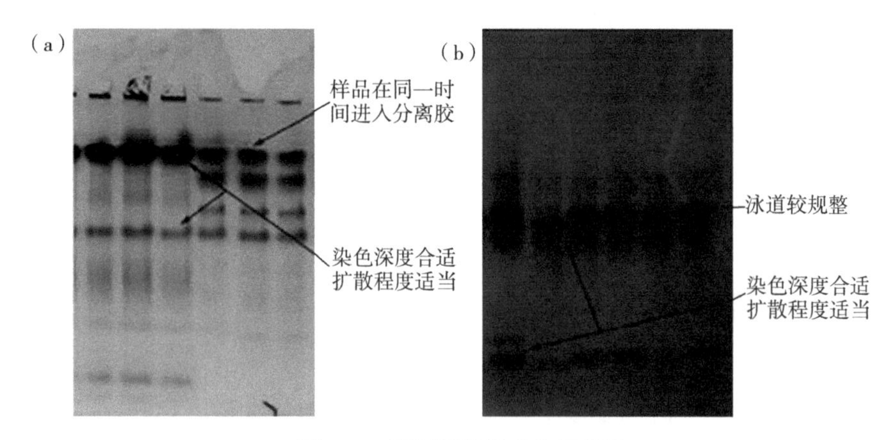

图 4-1　不同提取缓冲液凝胶图

注：0.065 mol·L^{-1} Tris-柠檬酸 pH 8.2（a，POD）；1 mol·L^{-1} Tris-HCl pH 8.3（b，EST）。

（2）浓缩胶和分离胶最佳浓度

分子筛效应（Molecular sieving effect）与电泳分辨率、电泳速度密切相关，而凝胶浓度决定凝胶孔径大小，因此不同植物样品选择相适应的凝胶浓度。

聚丙烯酰胺凝胶的有效孔径取决于其总浓度（T%），合适的浓缩胶及分离胶作用主要表现在，第一，由于凝胶具有高黏度和高的摩擦阻力，可以防止对流，同时能将酶蛋白扩散减到最小，影响大分子颗粒的迁移过程，即分子筛效应；第二，凝胶浓度影响胶板质地硬度，合适的硬度适宜后期剥胶及保存；第三，合适的浓缩胶浓度促使各个样品在同一时间进入分离胶。

一般可根据样品酶蛋白的分子量范围选择合适的凝胶浓度，参照郭尧君

(2005)介绍的蛋白质分子量范围与凝胶浓度关系，选择分离胶浓度为7.5%的标准均匀胶进行试验，然后根据电泳分离效果的好坏及区带的迁移距离调整合适的凝胶浓度。对于不同居群马蔺种质材料，POD和EST浓缩胶与分离胶浓度分别采用4%与7.5%，酶蛋白迁移速度适中，凝胶区带宽窄合适，不易导致酶蛋白变性或烧胶。

(3)进样量与染色方法

由于进样量多少会影响试验染色结果的清晰度和酶谱分析结果，根据样品酶活力和蛋白质含量测定结果确定进样量。据经验(朱昊，2008)，POD和EST同工酶确定了不同梯度进样量，依次为，0.02 mL、0.04 mL、0.05 mL、0.06 mL来确定适合马蔺同工酶电泳试验进样量。POD同工酶染色方法很多，根据供氢体，联苯胺是POD最好的供氢体(何忠效，1999)。EST同工酶染色方法一般常用醋酸-α-萘酯或醋酸-β-为底物，监牢蓝为染料的萘酯-偶氮素染色法。

通过试验结果，POD同工酶进样量为0.02 mL，使用改良联苯胺法染色，经自来水漂洗后酶带呈棕褐色；EST同工酶进样量为0.06 mL，同时加入醋酸-α-萘酯和醋酸-β-萘酯做底物的萘酯-偶氮素法对凝胶染色，酶带染成褐、红和紫褐3种颜色，电泳结果重复性好，凝胶染色清晰。

(4)马蔺POD和EST同工酶电泳体系

通过预试验，综合得出适合马蔺同工酶电泳试验体系。酶液提取样品以马蔺幼苗长至4~5片真叶时为佳，取从外向内数第3片功能叶为主。样品提取液分别选用0.065 mol·L^{-1} Tris-柠檬酸pH8.2提取缓冲液(POD)与1 mol·L^{-1} Tris-HCl pH8.3提取缓冲液(EST)为佳。马蔺同工酶电泳试验凝胶制备中，当浓缩胶和分离胶浓度分别为4%和7.5%时，电泳时间控制在4~6 h，胶板温度适宜以及凝胶染色后背景色少，酶谱清晰。对POD同工酶采用改良联苯胺法染色，EST同工酶采用萘酯-偶氮色素法检测能得到较清晰的酶谱。

4.2.2　不同生长阶段马蔺嫩叶同工酶分析

(1)酶谱特征

通过酶电泳试验，研究了11份(表4-1中的1~11号，即BJCY-ML001，BJCY-ML004~BJCY-ML006，BJCY-ML008，BJCY-ML011~BJCY-ML015，BJCY-ML018)马蔺种质材料在营养生长阶段和生殖生长阶段的POD和EST同工酶(图4-2至图4-5)。结果表明，依迁移率值不同，供试材料 POD 和 EST 共显示出了 22 个不同酶带，即 POD-A～POD-M 和 EST-A～EST-I。依照前人经验（熊全沫，1986），将酶带划分为快慢两个区，其中 POD-A～POD-H 和 EST-A～EST-H 为慢区（SS），POD-H～POD-M 和 EST-I 为快区（FF），其 R_f 介于 0.041～0.875（表 4-3，表 4-4）。其中 POD-A、D、F、J 和 EST-A、D、E、I 为马蔺的基本谱带，而 POD-E、G 和 EST-B、G 等 4 条谱带仅出现在 BJCY-ML004、BJCY-ML005 和 BJCY-ML015 号马蔺种质材料中，其 R_f 分别为 0.196、0.227、0.583、0.713，为材料所具有的特征谱带。基本谱带是不同居群间种质材料具有相同起源基因的证明，而 4 条特征酶带表明植物在特定的生态地理环境中发生了不同的趋异分化，基本谱带及特征谱带可作为植物在不同生长阶段组织、器官系统发育的特异性指标，以及鉴定品种和物种分类的指标（李霞，2009）。

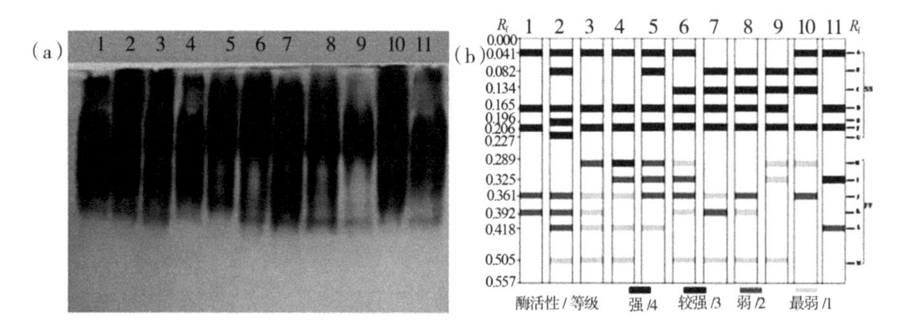

图 4-2　马蔺种质材料营养生长阶段 POD 同工酶酶谱（a）及模式图（b）

注：图中数字 1 表示 BJCY-ML001，2～4 表示 BJCY-ML004～ BJCY-ML006，5 表示 BJCY-ML008，6～10 表示 BJCY-ML011～ BJCY-ML015，11 表示 BJCY-ML018。

(2) 不同生长阶段 POD 同工酶分析

如图 4-2b 和图 4-3b 所示，随着植株从营养生长阶段到生殖生长阶段，POD 同工酶带总数仍然为 79 条，酶带在不同迁移率处发生缺失及酶活性有变化。其中材料 BJCY-ML004 号 POD-B、E、G、J、K 酶带，BJCY-ML008 号 POD-J 酶带，BJCY-ML015 号 POD-A、J 酶带在生长推进过程中发生缺失现象，而部分材料较营养生长阶段有新酶带出现，如 BJCY-ML004 号的 POD-F 酶带，BJCY-ML005 号的 POD-C 酶带，BJCY-ML011 号 POD-B 酶带，BJCY-ML023 号 POD-A 酶带，BJCY-ML014 号的 POD-J、K 酶带，BJCY-ML015 号 POD-D、L 酶带。酶活性变化也相当丰富，如 BJCY-ML001

号材料 POD-F、J、K 酶带，BJCY-ML004 号 POD-A、L 酶带，BJCY-ML006 号 POD-F 酶带，BJCY-ML008 号 POD-B 酶带，BJCY-ML013 号 POD-B、C、D 等酶带的酶活性随着生长阶段推进而降低；BJCY-ML005 号的 POD-J、K，BJCY-ML006 号 POD-J，BJCY-ML011 号 POD-H、K，BJCY-ML014 号 POD-H、I 等酶带的酶活性增强。说明 POD 酶活性同样随着植物生长阶段的不同发生变化，在生殖生长阶段 POD 同工酶谱的酶活性较营养生长阶段更强，酶谱表现也较清晰（图 4-2a，图 4-3a）。

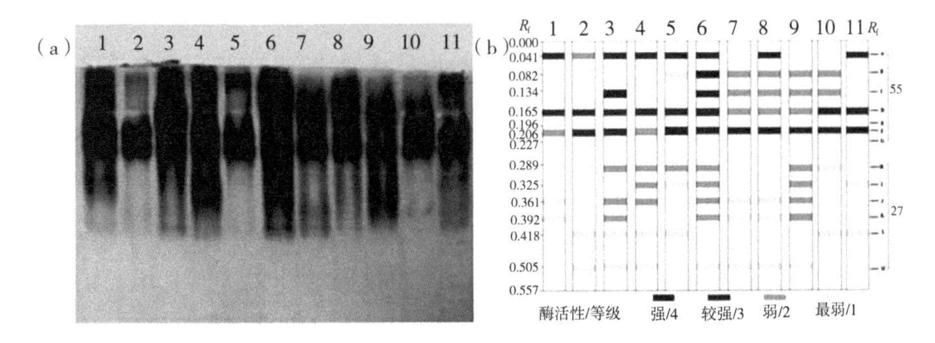

图 4-3　马蔺种质材料生殖生长阶段 POD 同工酶酶谱（a）及模式图（b）

注：图中数字 1 表示 BJCY-ML001，2~4 表示 BJCY-ML004~ BJCY-ML006，5 表示 BJCY-ML008，6~10 表示 BJCY-ML011~ BJCY-ML015，11 表示 BJCY-ML018。

表 4-3　马蔺种质材料营养生长阶段 POD 同工酶带数及迁移率

酶谱分区	酶带	迁移率	材料序号	
			营养生长阶段	生殖生长阶段
SS：R_f=0.041~0.227	A	0.041	1~6，10~11	1~6，8，11
	B	0.082	2，5，7~10	5~10
	C	0.134	6~10	3，6~10
	D	0.165	1~9，11	1~11
	E	0.196	2	—
	F	0.206	1，3~11	1~11
	G	0.227	2	—

（续表）

酶谱分区	酶带	迁移率	材料序号	
			营养生长阶段	生殖生长阶段
FF：R_f=0.289~0.515	H	0.289	3~6，9~10	3~6，9~10
	I	0.325	4~6，9，11	4~6，9，11
	J	0.361	1~8，10	1，3~4，6~9
	K	0.392	1~3，6~8	1，3，6~9
	L	0.418	2~5，11	2~5，10~11
	M	0.505	2~4，6~9	2~4，6~9

注：表中数字 1 表示 BJCY-ML001，2~4 表示 BJCY-ML004~ BJCY-ML006，5 表示 BJCY-ML008，6~10 表示 BJCY-ML011~ BJCY-ML015，11 表示 BJCY-ML018。

（3）不同生长阶段 EST 同工酶分析

依照图 4-4b 和图 4-5b 的结果显示，随着植株从营养到生殖生长阶段，EST 同工酶带总数由 65 条减少到 61 条，酶带数变化不大。其中，BJCY-ML001 号 EST-F，BJCY-ML004 号 EST-H，BJCY-ML006 号 EST-F，BJCY-ML008 号 EST-F、H 酶带在生长过程中发生缺失现象；材料 BJCY-ML008 号出现 EST-C 酶带。相比较营养生长阶段，生殖生长阶段的 EST 同工酶基本谱带没有发生缺失或增加现象，仅在酶活性方面有变化。如，BJCY-ML001、BJCY-ML004，BJCY-ML005 马蔺种质材料的 EST-A 酶带由 2 级降为 1 级，BJCY-ML006，BJCY-ML008，BJCY-ML011~BJCY-ML014 材料的 EST-A 酶带由 3 级降为 2 级，BJCY-ML001，BJCY-ML004~ BJCY-ML006

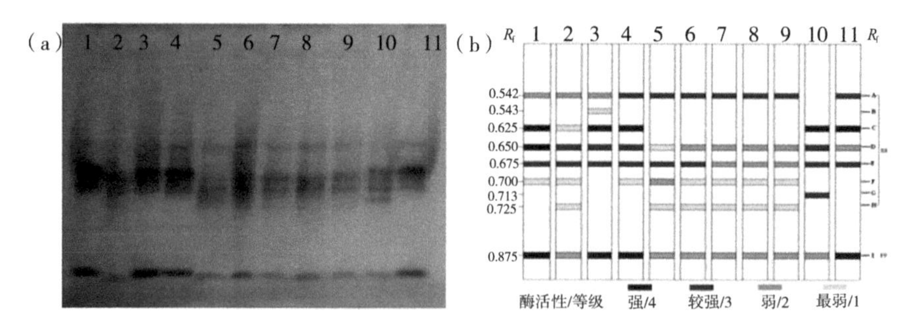

图 4-4　马蔺种质材料营养生长阶段 EST 同工酶酶谱（a）及模式图（b）

注：图中数字 1 表示 BJCY-ML001，2~4 表示 BJCY-ML004~ BJCY-ML006，5 表示 BJCY-ML008，6~10 表示 BJCY-ML011~ BJCY- ML015，11 表示 BJCY-ML018。

的 EST-C 酶带较营养生长阶段降了一级；BJCY-ML004 的 EST-C 与 BJCY-ML011、BJCY-ML0012 的 EST-D 酶带由 2 级变为 3 级。其中，特征谱带 BJ-CY-ML005EST-B 和 BJCY-ML015EST-G 酶带的酶活性降低。表明马蔺在不同生长阶段 EST 同工酶存在变化，营养生长阶段 EST 同工酶谱的酶活性较生殖生长阶段更强，酶谱表现也更清晰（图 4-4a，图 4-5a）。

表 4-4　马蔺种质材料不同生长阶段 EST 同工酶带数及迁移率

酶谱分区	酶带	迁移率	材料序号	
			营养生长阶段	生殖生长阶段
SS：R_f=0.542~0.725	A	0.542	1~9，11	1~9，11
	B	0.583	3	3
	C	0.625	1~4，10，11	1~5，10，11
	D	0.650	1~11	1~11
	E	0.675	1~11	1~11
	F	0.700	1，2，4~9	2，6~9
	G	0.713	10	10
	H	0.725	2，5~9	6~8
FF：R_f=0.833~0.875	I	0.875	1~11	1~11

注：表中数字 1 表示 BJCY-ML001，2~4 表示 BJCY-ML004~ BJCY-ML006，5 表示 BJCY-ML008，6~10 表示 BJCY-ML011~ BJCY-ML015，11 表示 BJCY-ML018。

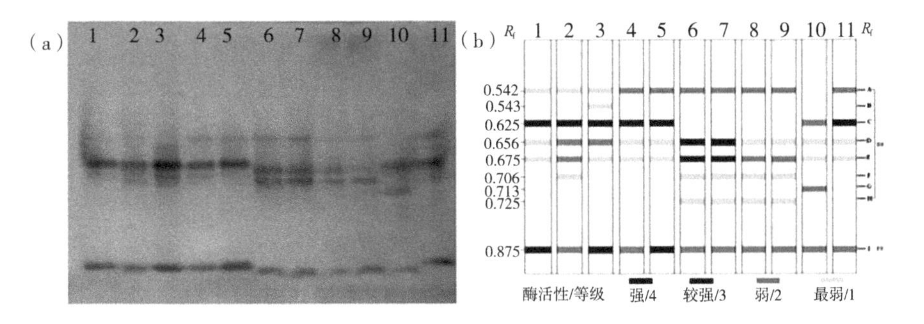

图 4-5　马蔺种质材料生殖生长阶段 EST 同工酶酶谱（a）及模式图（b）

注：图中数字 1 表示 BJCY-ML001，2~4 表示 BJCY-ML004~ BJCY-ML006，5 表示 BJCY-ML008，6~10 表示 BJCY-ML011~ BJCY-ML015，11 表示 BJCY-ML018。

4.2.3 不同居群马蔺种质资源同工酶酶谱特征

(1) POD 同工酶酶谱特征

不同居群马蔺种质材料 POD 同工酶酶谱特征及其酶活性变化情况（图 4-6，表 4-5），依谱带迁移率，POD 酶带数为 30 条，各种质材料出现 5~9 条酶带不等，酶带数最少的是 BJCY-ML001、BJCY-ML018、BJCY-ML021、BJCY-ML029（5 条），最多的是 BJCY-ML004 和 BJCY- ML024（9 条），其余材料酶带数为 6~8 条。确定了快区（FF，R_f = 0.289~0.515）和慢区（SS，R_f=0.041~0.227），其中，POD-A~POD-K 酶带在慢区，POD-L~

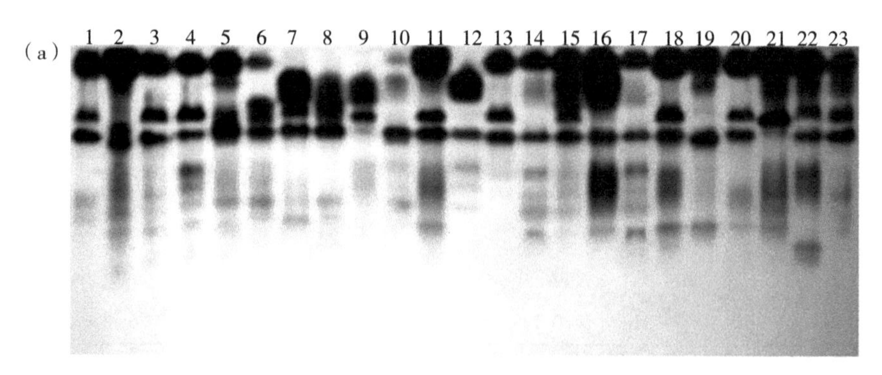

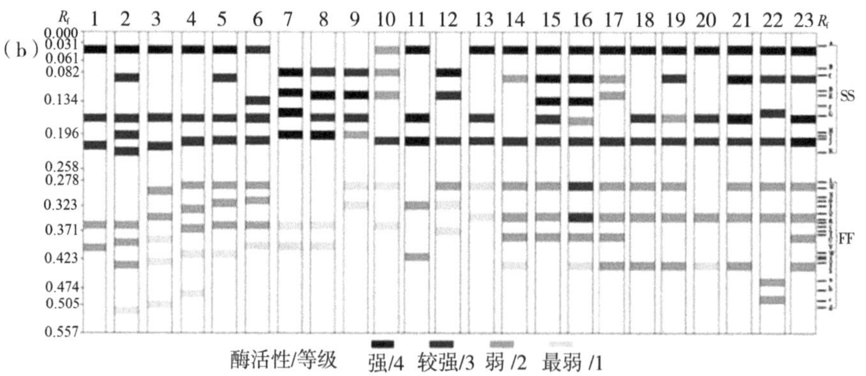

图 4-6 马蔺 POD 同工酶酶谱（a）和模式图（b）

注：图中数字 1 表示 BJCY-ML001，2~4 表示 BJCY-ML004~ BJCY-ML006，5 表示 BJCY-ML008，6~10 表示 BJCY-ML011~ BJCY-ML015，11 表示 BJCY-ML018，12~16 表示 BJCY-ML020~BJCY-ML024，17~20 表示 BJCY-ML026~ BJCY-ML029，21 表示 BJCY-ML031，22 表示 BJCY-ML033，23 表示 BJCY-ML035。

POD-Z 和 POD-a～POD-d 酶带在快区。在慢区，除 BJCY-ML012～ BJCY-ML014 和 BJCY-ML020 之外，其余种质材料均检测出 POD-A，占全部材料 82.6%。慢区 POD-G、J 和快区 POD-L，检测出相对应共有带的材料占全部材料的 70%，为马蔺基本谱带。在慢区 POD-K 和快区 POD-d，BJCY-ML004 检测出了特征谱带，酶活性等级为 4 和 1 级；在快区 POD-M、U、Y 和 c 带，BJCY-ML005 检测出了特征谱带，POD-M 酶活性等级为 2 级、POD-U、Y、c 酶活性等级为 1；在 POD-P 和 POD-S，BJCY-ML006 检测出了特征谱带，酶活性等级为 2；在快区 POD-N、X、T 和 a，材料 BJCY-ML011、BJCY-ML018、BJCY-ML020、BJCY-ML033 分别检测出了特征谱带，酶活性等级为 2、2、2、1。说明植株在适应环境过程中内部生理生化发生变化，不同植株具遗传差异性。

表 4-5 马蔺 POD 同工酶酶谱 R_f 值

酶谱分区	酶带	迁移率	材料序号	酶谱分区	酶带	迁移率	材料序号
SS: R_f=0.041～0.227	A	0.041	1～6, 10, 11, 13～23	FF: R_f=0.289～0.515	N	0.314	6
	B	0.082	7～10, 12		O	0.325	5, 9, 11, 12
	C	0.092	2, 5, 14～17, 19, 21～23		P	0.332	4
					Q	0.345	3, 13～23
	D	0.124	7～10, 12, 17		R	0.361	1, 2, 5～8, 10
	E	0.134	6, 15, 16		S	0.368	4
	F	0.154	7, 22		T	0.371	12
	G	0.165	1, 3～6, 8, 9, 11, 13, 15, 16, 18～21, 23		U	0.387	3
					V	0.392	2, 6～8, 14～17, 23
	H	0.196	2, 7～9		W	0.402	1, 4, 5
	I	0.206	4～6		X	0.418	11
	J	0.216	1, 3, 10～23		Y	0.428	3
	K	0.227	2		Z	0.433	2, 14, 16～21, 23
					a	0.464	22
FF: R_f=0.289～0.515	L	0.289	4～6, 9, 10, 12～19, 21～23		b	0.485	4, 22
					c	0.505	3
	M	0.299	3		d	0.515	2

注：表中数字 1 表示 BJCY-ML001，2～4 表示 BJCY-ML004～ BJCY-ML006，5 表示 BJCY-ML008，6～10 表示 BJCY-ML011～ BJCY-ML015，11 表示 BJCY-ML018，12～16 表示 BJCY-ML020～ BJCY-ML024，17～20 表示 BJCY-ML026～ BJCY-ML029，21 表示 BJCY-ML031，22 表示 BJCY-ML033，23 表示 BJCY-ML035。

（2）EST 同工酶酶谱特征

不同居群马蔺种质间在谱带特征、迁移率和酶活性上有明显不同，即使在同一材料酶活性也有一定差异（图 4-7a）。酶谱染色越深则表明酶含量越高，酶活性就强。23 份马蔺种质的 EST 谱带数变化幅度较小，为 4～8 条，酶带数最少的是 BJCY－ML024 为 4 条，最多的是 BJCY－ML021、BJCY－ML027 为 8 条，其余大部分材料酶带数为 5 条、6 条，各占试验材料总数的 22%、61%，酶活性比较丰富（表 4-6，图 4-7）。

表 4-6　马蔺 EST 同工酶酶谱 R_f 值

酶谱分区	酶带	迁移率	材料序号
SS：R_f=0.542～0.725	A	0.542	1～9，11，13，18～23
	B	0.583	3，13，18
	C	0.625	1～4，10，11，13～18，20～23
	D	0.650	1～23
	E	0.675	1～23
	F	0.700	1，2，4～9，12，13，15，18～23
	G	0.713	10，14，17
	H	0.725	2，5～9，12，15，19
FF：R_f=0.833～0.875	I	0.833	13，18
	J	0.875	1～23

注：表中数字 1 表示 BJCY－ML001，2～4 表示 BJCY－ML004～ BJCY－ML006，5 表示 BJCY－ML008，6～10 表示 BJCY-ML011～ BJCY-ML015，11 表示 BJCY-ML018，12～16 表示 BJCY-ML020～BJCY-ML024，17～20 表示 BJCY－ML026～ BJCY－ML029，21 表示 BJCY－ML031，22 表示 BJCY－ML033，23 表示 BJCY-ML035。

据研究报道（熊全沫，1986），由酶谱迁移率确定 2 个 EST 同工酶酶谱分布区，即快区（FF，R_f = 0.833～0.875）和慢区（SS，R_f = 0.542～0.725），其中 EST-A～EST-H 酶带在慢区，EST-I、J 在快区。在 SS 区的 A 带，除 BJCY-ML015、BJCY-ML022～BJCY-ML024、BJCY-ML026 外，其余均检测出 A 带的种质材料占全部材料 74%。EST-D、E、J 位点，检测出的酶带亦为马蔺种质 EST 同工酶的基本谱带，表明材料间存在一定的遗传相似性和亲缘关系。BJCY－ML005 在 SS 区 EST－B；BJCY－ML015、BJCY－ML022、BJCY-ML026 在 SS 区的 EST-G；BJCY-ML021、BJCY-ML027 在 SS

区EST-B和FF区EST-I检测出的酶带应为其各自的特征谱带（图4-7b）。

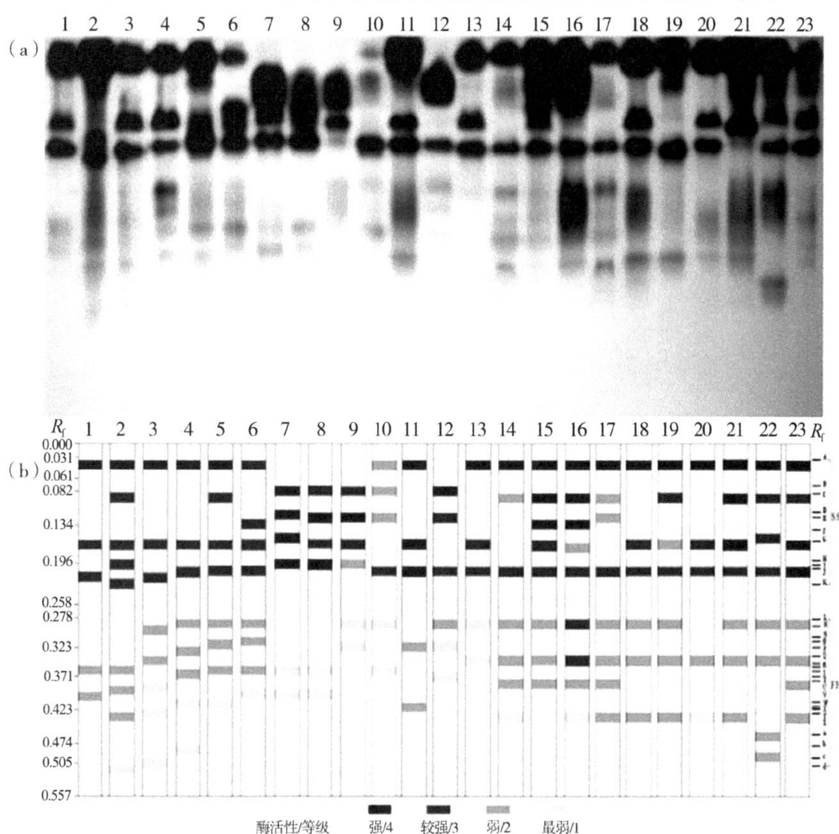

图4-7 马蔺EST同工酶酶谱（a）和模式图（b）

注：图中数字1表示BJCY-ML001，2~4表示BJCY-ML004~ BJCY-ML006，5表示BJCY-ML008，6~10表示BJCY-ML011~ BJCY-ML015，11表示BJCY-ML018，12~16表示BJCY-ML020~BJCY-ML024，17~20表示BJCY-ML026~ BJCY-ML029，21表示BJCY-ML031，22表示BJCY-ML033，23表示BJCY-ML035。

（3）遗传相似性

将23份马蔺材料的POD及EST同工酶谱特征转化为二元属性数据，计算得到相似性系数（GS＝0.372 6～0.983 9），平均GS＝0.794 3，变幅为0.611 3，表明其遗传多样性丰富，亲缘关系远近不同。内蒙古临河的BJCY-ML013和吉林长岭的BJCY-ML028号之间的GS最小，亲缘关系较远。新疆伊犁的BJCY-ML022、BJCY-ML026和BJCY-ML021、BJCY-ML027，两者GS最大，亲缘关系较近。其余材料GS在0.532 5~0.967 8（表4-7）。

表 4-7　马蔺种质材料同工酶遗传相似系数矩阵

	1	2	3	4	5	6	7	8	9	10	11	12	13	14	15	16	17	18	19	20	21	22	23
1	1.000 0																						
2	0.832 5	1.000 0																					
3	0.803 8	0.674 9	1.000 0																				
4	0.887 1	0.751 9	0.723 1	1.000 0																			
5	0.836 0	0.816 4	0.639 8	0.819 9	1.000 0																		
6	0.803 8	0.816 4	0.639 8	0.787 6	0.903 3	1.000 0																	
7	0.771 5	0.816 4	0.607 6	0.690 9	0.806 5	0.838 7	1.000 0																
8	0.803 8	0.848 7	0.639 8	0.723 1	0.838 7	0.871 0	0.967 7	1.000 0															
9	0.771 5	0.784 2	0.639 8	0.755 4	0.871 0	0.838 7	0.532 5	0.935 5	1.000 0														
10	0.783 0	0.656 0	0.702 4	0.702 4	0.643 7	0.643 7	0.676 0	0.676 0	0.676 0	1.000 0													
11	0.890 1	0.755 4	0.841 7	0.809 4	0.750 8	0.718 5	0.686 2	0.718 5	0.750 8	0.787 1	1.000 0												
12	0.718 5	0.674 7	0.579 2	0.670 1	0.793 3	0.761 0	0.825 5	0.825 5	0.890 1	0.735 5	0.687 1	1.000 0											
13	0.864 1	0.738 7	0.847 9	0.815 7	0.744 3	0.744 3	0.679 8	0.712 0	0.744 3	0.727 1	0.820 1	0.694 8	1.000 0										
14	0.734 6	0.704 3	0.718 5	0.686 3	0.627 6	0.627 6	0.595 4	0.595 4	0.595 4	0.887 1	0.787 1	0.654 9	0.743 2	1.000 0									
15	0.803 8	0.816 4	0.704 3	0.755 4	0.787 6	0.819 9	0.723 1	0.755 4	0.755 4	0.734 6	0.750 8	0.793 3	0.808 8	0.815 3	1.000 0								
16	0.771 0	0.734 6	0.754 9	0.722 6	0.654 9	0.887 1	0.590 3	0.622 6	0.622 6	0.799 3	0.815 4	0.656 0	0.768 9	0.912 2	0.883 9	1.000 0							
17	0.718 5	0.688 2	0.702 4	0.670 1	0.611 5	0.838 7	0.838 7	0.611 5	0.611 5	0.903 3	0.754 9	0.671 0	0.727 1	**0.983 9**	0.799 2	0.896 1	1.000 0						
18	0.847 9	0.754 9	0.831 8	0.799 5	0.728 1	0.871 0	0.806 5	0.695 9	0.728 1	0.711 0	0.804 0	0.678 7	**0.983 9**	0.759 3	0.792 7	0.785 0	0.743 2	1.000 0					
19	0.819 9	0.832 5	0.720 5	0.771 5	0.887 1	0.854 9	0.790 3	**0.372 6**	0.404 9	0.660 1	0.766 9	0.809 4	0.824 9	0.740 5	0.868 3	0.767 8	0.724 4	0.841 0	1.000 0				
20	0.935 5	0.832 5	0.836 0	0.854 9	0.771 5	0.771 5	0.739 3	0.771 5	0.771 5	0.750 8	0.890 1	0.718 5	0.896 3	0.799 2	0.836 0	0.835 5	0.783 0	0.912 4	0.884 4	1.000 0			
21	0.903 3	0.832 5	0.803 8	0.854 9	0.803 8	0.771 5	0.707 0	0.739 3	0.771 5	0.750 8	0.857 8	0.718 5	0.896 3	0.831 4	0.868 3	0.867 8	0.815 3	0.912 4	0.916 7	0.967 8	1.000 0		
22	0.854 9	0.751 9	0.755 4	0.838 7	0.755 4	0.723 1	0.723 1	0.690 9	0.723 1	0.734 6	0.809 4	0.702 4	0.847 9	0.783 0	0.819 9	0.787 1	0.766 9	0.831 8	0.836 0	0.887 1	0.919 4	1.000 0	
23	0.887 1	0.848 7	0.787 6	0.838 7	0.787 6	0.787 5	0.723 1	0.755 4	0.755 4	0.734 6	0.841 7	0.702 4	0.880 2	0.847 5	0.884 4	0.883 9	0.831 4	0.896 3	0.900 5	0.965 1	0.983 9	0.953 3	1.000 0

（4）聚类分析

以相似系数 λ=0.79 为判定标准，将 23 份不同居群马蔺种质划分为 5 大类（图 4-8）。第Ⅰ类为 BJCY-ML014 和 BJCY-ML020 号，两者在 λ=0.89 处聚为一类。BJCY-ML012 和 BJCY-ML013，首先在 λ=0.97 处聚类，再与 BJCY-ML004 在 λ=0.79 处聚为第Ⅱ类。第Ⅲ类包括材料为 BJCY-ML015、BJCY-ML022、BJCY-ML026 和 BJCY-ML024。第Ⅳ类聚类材料为 BJCY-ML008、BJCY-ML011、BJCY-ML028 和 BJCY-ML023。其余种质材料聚为第Ⅴ类，包括 BJCY-ML014、BJCY-ML029、BJCY-ML031、BJCY-ML035、BJCY-ML033、BJCY-ML021、BJCY-ML027、BJCY-ML018、BJCY-ML006 和 BJCY-ML005，其中 BJCY-ML031 和 BJCY-ML035 分别在 λ=0.98 处聚为一类。

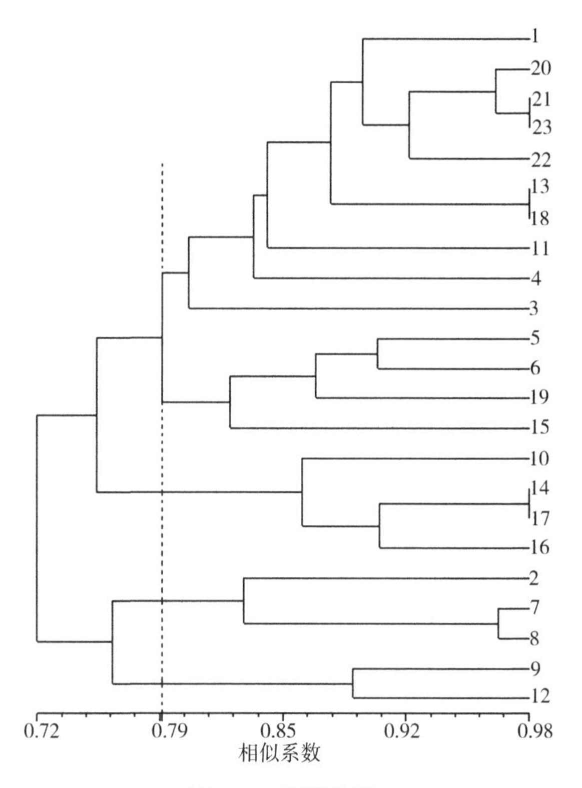

图 4-8　聚类分析

注：图中数字 1 表示 BJCY-ML001，2～4 表示 BJCY-ML004～BJCY-ML006，5 表示 BJCY-ML008，6～10 表示 BJCY-ML011～BJCY-ML015，11 表示 BJCY-ML018，12～16 表示 BJCY-ML020～BJCY-ML024，17～20 表示 BJCY-ML026～BJCY-ML029，21 表示 BJCY-ML031，22 表示 BJCY-ML033，23 表示 BJCY-ML035。

4.3 讨论与结论

①马蔺同工酶电泳体系是，分别用 0.065 mol · L^{-1} Tris-柠檬酸 pH8.2 提取缓冲液（POD）与 1 mol · L^{-1} Tris-HCl pH8.3 提取缓冲液（EST）提取酶液。当采用 4%浓缩胶及 7.5%分离胶、4 ℃电泳环境下，整个电泳时间控制在 4~6 h，POD 同工酶凝胶用改良联苯胺法染色，EST 同工酶凝胶用萘酯-偶氮色素法染色。

②对 11 份马蔺 2 个生长发育阶段同工酶谱分析，发现嫩叶同工酶在营养生长和生殖生长阶段有相对稳定性，适用于马蔺同工酶分析样品提取。马蔺不同生长阶段嫩叶同工酶依迁移率不同，酶谱显示出了 22 个不同酶带，即 POD-A~POD-M 和 EST-A~EST-I。酶谱分布在快、慢 2 个区，其中 POD-A~POD-H 和 EST-A~EST-H 为慢区（SS），POD-H~POD-M 和 EST-I 为快区（FF），R_f 介于 0.041~0.875。其中 POD-A、D、F、J 和 EST-A、D、E、I 为马蔺的基本谱带；POD-E、G 和 EST-B、G 等 4 条谱带仅出现在 BJCY-ML004、BJCY-ML005 和 BJCY-ML015 马蔺种质材料中，为材料所具有的特征谱带。

马蔺植株从营养到生殖生长阶段，POD 同工酶带总数仍然为 79 条，EST 同工酶带总数由 65 条减少到 61 条，在不同迁移率出现酶带缺失现象及酶活性方面发生变化。与营养生长阶段相比较，生殖生长阶段 POD 同工酶酶谱的酶活性比营养生长阶段强，酶谱表现也较清晰；与生殖生长阶段相比较，马蔺营养生长阶段 EST 同工酶酶谱的酶活性较强，酶谱表现也较清晰；营养生长阶段的嫩叶适合用于马蔺 EST 同工酶分析，生殖生长阶段嫩叶适宜选用 POD 同工酶分析（李强栋 等，2011）。

在植物的不同发育阶段和不同器官组织中同工酶都具有特异性表现，其合成受到一系列基因的调控，常作为遗传信息的指标来研究植物的生长发育和器官分化（Mowrey，1990；帅素容，1998）。说明不同种类植物体同工酶都表现出有组织特异性和发育阶段特异性，在细胞分化和个体发育中同工酶出现与功能有关，可以利用同工酶电泳酶谱信息数据为马蔺遗传多样性提供生化水平分析的理论依据，同时利用 POD 和 EST 同工酶酶谱特征分析作为一项鉴定指标，为马蔺遗传多样性鉴定和遗传变异等研究提供依据，在杂种优势的预测，抗逆性育种和种子纯度鉴定中具有重要的实际意义。

③中国北方 5 省区 23 份不同居群马蔺种质材料，依据迁移率值不同，

参与检测的2个酶系统（POD和EST）共有40个谱带，基本谱带8条，特征谱带15条，说明不同居群间马蔺种质间存在一定同源性，部分居群的马蔺种质因适应环境表现出结构或功能差异，检测到遗传变异。其中来自内蒙古临河的BJCY-ML013和吉林长岭的BJCY-ML028之间遗传相似系数最小（0.372 6），亲缘关系较远，生境差异较大，前者为多年生禾草、马蔺等组成的盐生草甸，后者为中度盐化低地草甸，暗栗钙土。而新疆伊犁的BJCY-ML022、BJCY-ML026和BJCY-ML021、BJCY-ML027之间遗传相似系数最大（0.983 9），亲缘关系较近，生境条件为盐化低地草甸，仅盐化程度不同。

不同居群23份马蔺种质材料划分为5大类群，相似生境或生态地理位置的不同居群种质材料基本可聚为同一大类。第Ⅰ类分布于内蒙古临河、新疆昭苏，生境为盐化低地草甸，砂砾质；第Ⅱ类分布于吉林西部、内蒙古临河等地，生境为多年生禾草、藜科植物、马蔺和杂类草组成的盐化低地草甸；第Ⅲ类分布于新疆，生境为盐化较强的低地草甸或沼泽化草甸，砂砾质及盐碱土；第Ⅳ类分布于内蒙古及新疆等地，生境为盐化低地草甸，盐碱土或砂砾质土壤；第Ⅴ类分布范围较广，北京、内蒙古、山西、吉林及新疆等地，生境多数为轻度盐化低地草甸，少数草甸草原、荒漠草原，砂壤土、砂砾质、暗栗钙土及水沟边。

通过对23份马蔺材料POD和EST同工酶电泳，共检测出40条谱带，其中有8条共有谱带及15条特征谱带，EST同工酶酶谱分析观察到EST-D、E、J带为23份马蔺材料所共有，而POD同工酶酶谱中的POD-A、G、J、L带仅为少数马蔺具有，占供试材料的70%以上，基本谱带说明23份材料具有遗传上的同源性，一方面可作为马蔺不同发育阶段酶谱的识别标志，另一方面，说明不同生态地理位置生长的马蔺具有亲缘关系，受地理分化较小；而特征谱带及不同位点的酶谱、酶活性等说明材料种间存在明显的差异，表明它们的异染色质之间存在多态性。试验结果与丁毅（1995）对大麦EST酶谱分析中研究结果有相似之处，其试验中观察到慢带区R_f为0.31和快带区R_f为0.86的两条酶带为一般大麦所共有，为大麦的基本谱带，而有的酶谱类型并没有出现在其他大麦种质材料中，在排除人为误差之后将酶谱同生态地理环境相联系即可作为遗传变异的研究对象。植物受到不同生境影响，遗传分子水平发生变异，从而导致同工酶水平发生相应的变异，而通过酶谱能识别控制这些谱带所表达的基因，客观上说明了不同生态地理位置马蔺种质材料的遗传关系（李强栋 等，2011）。

根据分类结果，相似生态环境或者地理位置的马蔺种质基本聚为一类，第Ⅰ类种质材料主要分布于内蒙古临河、新疆昭苏，生境为盐化低地草甸，砂砾质，第Ⅱ类分布于吉林西部、内蒙古临河等地，生境为多年生禾草、藜科植物、马蔺和杂类草组成的盐化低地草甸，第Ⅳ类分布于内蒙古及新疆等地，生境主要为重度或中度盐化低地草甸，盐碱土，其次为公路边盐碱荒地，暗栗钙土或砂砾质，这三类表现出相似生境来源的马蔺种质聚为一类；第Ⅲ类分布于新疆，生境主要为盐化较强的低地草甸，砂砾质，其次为沼泽化草甸，盐碱土，表现出地理来源相同的马蔺种质能聚为一类；第Ⅴ类种质分布生境多样，主要分布于北京、内蒙古、山西、吉林及新疆等地，生境多数为轻度盐化低地草甸，少数草甸草原、荒漠草原，砂壤土、砂砾质、暗栗钙土及水沟边。

结合相似系数，第Ⅱ类中来自内蒙古临河的 BJCY-ML013 同第Ⅳ类中吉林长岭的 BJCY-ML028 号之间的 GS 最小，两者亲缘关系较远，生境差异较大，而第Ⅲ类中来自新疆伊犁的 BJCY-ML022、BJCY-ML026 和第Ⅴ类中的 BJCY-ML021、BJCY-ML027，两组种质 GS 最大，亲缘关系较近，生境差异较近。聚类的结果与牟少华（2008）通过 AFLP 标记遗传多样性分析 10 个马蔺种群聚类分析结果有相似，其指出，马蔺群体间的亲缘关系远近与其所处的地理位置有很大的关系，尤其与纬度因子关系更加密切。说明相似生境或地理来源的马蔺种质基本可以聚为同一大类，部分种质的亲缘关系与所处的生境或地理位置虽存在一定关系，但相关关系不是绝对完全一致。

对于不同居群马蔺种质材料遗传多样性研究，有待于采集更多不同生态地理位置马蔺种质材料，从形态、生化和分子等多个层面上采用相应的标记方法综合系统地进行分析，应尽量保持马蔺生态型或地理来源的多样性，这样才能在种质资源利用上最大限度保护其遗传多样性（李强栋 等，2012）。

参考文献

艾华水，黄路生，2005. 利用 Excel 电子数据表计算遗传相似系数的方法［J］. 生物信息学（3）：116-120.

陈立强，师尚礼，满元荣，2010. 陇东野生紫花苜蓿的同工酶分析［J］. 草原与草坪，30（1）：24-27.

丁毅，宋运淳，除先觉，1995. 大麦酯酶同工酶酶谱的聚类分析与遗传研究［J］. 武汉大学学报（自然科学版），41（6）：729-734.

樊守金，赵遵田，1999. 中国苋属植物酯酶同工酶研究［J］. 植物研究，19（2）：148-152.
葛颂，1994. 酶电泳资料和系统与进化植物学研究综述［J］. 武汉植物研究，12（1）：80-84.
郭尧君，2005. 蛋白质电泳实验技术（2版）［M］. 北京：科学出版社：42-84.
何忠效，张树政，1999. 电泳［M］. 北京：科学出版社：280-287.
洪森荣，张铭心，叶思雨，等，2018. 高山马铃薯种质资源遗传多样性的同工酶分析［J］. 浙江农业学报，30（9）：1445-1453.
胡能书，万贤国，1985. 同工酶技术及其应用［M］. 长沙：湖南科学技术出版社.
李强栋，2011. 不同居群马蔺种质材料同工酶酶谱特征分析［D］. 兰州：甘肃农业大学.
李强栋，孟林，毛培春，等，2011. 马蔺不同生长阶段嫩叶 POD 和 EST 同工酶分析［J］. 草原与草坪，31（6）：7-13.
李强栋，孟林，毛培春，等，2011. 马蔺种质材料过氧化物酶同工酶酶谱特征分析［J］. 草业科学，28（7）：1331-1338.
李强栋，孟林，毛培春，等，2012. 不同居群马蔺种质材料同工酶酶谱特征分析［J］. 草地学报，20（1）：116-124.
李霞，牟萌，李书华，等，2009. 雌雄芦笋过氧化物酶及酯酶同工酶的比较研究［J］. 江西农业学报，21（11）：30-32.
刘承源，王辉，邱文昌，等，2016. 基于过氧化物同工酶分析月季种质资源的亲缘关系及杂种真实性［J］. 广西植物，36（1）：114-120.
卢萍，刘军，邬惠梅，1999. 一种新的酯酶同工酶染色方法［J］. 内蒙古师范大学学报（自然科学汉文版），28（4）：327-328.
孟林，毛培春，郭强，等，2020. 偃麦草属种质资源研究［M］. 北京：科学出版社.
牟少华，彭镇华，郄光发，等，2008. 马蔺种质资源 AFLP 标记遗传多样性分析［J］. 安徽农业大学学报，35（1）：95-98.
史广东，2009. 偃麦草属植物形态结构解剖及同工酶特征分析［D］. 兰州：甘肃农业大学.
帅素容，张新全，毛凯，等，1998. 德国白三叶品种与中国西部白三叶地方品种同工酶比较研究［J］. 草业科学（2）：9-13.

孙广玉，蔡淑燕，胡彦波，等，2006. 盐碱地马蔺光合生理特性的研究［J］. 植物研究，26（1）：75-78.

谢宗铭，陈福隆，1999. 生化指纹在向日葵育种上的应用Ⅰ. 同工酶的研究及应用［J］. 作物杂志（2）：1-41.

熊全沫，1986. 同功酶电泳数据的分析及其在种群遗传上的应用［J］. 遗传，8（1）：1-5.

朱昊，2008. 新疆野生偃麦草遗传多样性研究［D］. 乌鲁木齐：新疆农业大学.

邹春静，盛晓峰，韩文卿，2003. 同工酶分析技术及其在植物研究中的作用［J］. 生态学杂志，22（6）：63-69.

FUENTES J L，ESCOBAR F，ALVAREZ A，1999. Analyses of genetic diversity in Cuban rice varieties using isozyme，RAPD and AFLP markers［J］. Euphytica，109：107-115.

MOWREY B D，WERNER D J，BYRNE D H，1990. Isozyme survey of various species of Prunus in the subgenus Amygdalus［J］. Scientia Horticulturae，44：251-260.

RIOS C，SANZ S，SAAVEDRA C，2002. Allozyme variation in populations of scallops，*Pecten Jacobaeus*（L.）and *P. maximus*（L.）（Bivalvia：Pectinidae），across the Almeria-Oran front［J］. Journal of Experimental Marine Biology and Ecology，267：223-244.

第5章 马蔺种质资源抗旱性评价

【内容提要】采用温室模拟旱境胁迫-复水方法，对采自中国北方不同生境条件下的15份野生马蔺种质资源苗期生长形态和生理生化指标进行测定与分析，综合评价其抗旱性能，并采用欧氏距离聚类分析，将15份马蔺种质资源抗旱性划分为3个抗旱级别，强抗旱包括BJCY-ML008、BJCY-ML007、BJCY-ML015、BJCY-ML009和BJCY-ML006；中度抗旱包括BJCY-ML014、BJCY-ML012、BJCY-ML011、BJCY-ML013、BJCY-ML010、BJCY-ML005、BJCY-ML004和BJCY-ML003；弱抗旱包括BJCY-ML002和BJCY-ML001。在连续干旱胁迫下，3个抗旱级别马蔺种质材料叶片REC、Pro和MDA含量均呈逐渐增加趋势，增幅表现为强抗旱<中度抗旱<弱抗旱，叶绿素SPAD值和RWC含量呈逐渐下降趋势，降幅表现为强抗旱<中度抗旱<弱抗旱，复水5 d后，上述测试生理指标均有不同程度的恢复。

马蔺是鸢尾科鸢尾属多年生草本宿根植物，在我国东北、华北、西北等地区广泛分布，抗旱性和耐盐碱性强，其根系入土深，须根稠密而发达，呈伞状分布，具有很强的缚土保水能力。同时马蔺叶片色泽青绿柔软，返青早、绿期长，花淡雅美丽，是优良的观叶赏花地被植物。作为园林植物，它需水少，耐践踏，修剪频率少，病虫害少，养护成本大大降低，具有巨大的开发前景（陈默君和贾慎修，2002）。近年来，马蔺作为绿化观赏地被植物备受国内外专家学者的青睐，但研究主要集中在形态学、分类学、繁殖特性与生态地理分布、核型与孢粉学、栽培技术和组织培养等方面（刘德福 等，1998；王桂芹，2002；孟林 等，2003；牟少华 等，2005；刘孟颖 等，2007）。马蔺种质资源抗旱性是决定其在园林建植实施中是否成功的关键，非常有必要对其抗旱性进行系统鉴定评价。

本章重点对采自中国北方地区不同生境条件下的15份野生马蔺种质资

源抗旱性进行鉴定评价（史晓霞 等，2007），优选适宜中国北方干旱环境条件的马蔺种质，并探讨不同抗旱级别野生马蔺种质资源抗旱生理和生长指标的变化规律，揭示其抗旱生理适应机制（孟林 等，2009），为抗旱马蔺新种质创制和抗旱新品种培育提供重要理论依据。

5.1 材料与方法

5.1.1 幼苗培养

以采自中国北方不同生境条件下的15份野生马蔺种质资源为试验材料（表5-1）。参照孙彦等（2001）试验采用的温室苗期模拟旱境胁迫-复水法，在花盆（内径21cm，高31cm）中装入5.5 kg的草炭土（过筛土：草炭=2：1）培养基质，土壤有机质含量1.82%、速效氮170.69 mg·kg^{-1}、速效磷42.94 mg·kg^{-1}、速效钾119.5 mg·kg^{-1}、pH值6.98。当幼苗生长至2~3片真叶时定苗，每盆选留长势均匀的幼苗25株。待生长到4~5片真叶时进行干旱胁迫处理，3次重复，以正常浇水（土壤含水量保持在38.38%±2.23%）为对照。干旱胁迫前一次性浇水，盆中土壤含水量保持在48.25%±3.33%，连续干旱胁迫25 d，待土壤含水量降至7.14%±1.66%时复水。

表5-1 马蔺种质材料及来源

种质材料	采集地生境	采集地区	经纬度（N，E）	海拔（m）
BJCY-ML001	果园田边，壤土	北京四季青镇	39°56′32″，116°16′44″	57
BJCY-ML002	农田水渠边，砂壤土	新疆吐鲁番市	—	—
BJCY-ML003	低地草甸，沙生植物园旁边，砂壤土	新疆吐鲁番市	—	—
BJCY-ML004	羊草、马蔺与杂类草等组成的轻度盐碱化低地草甸	吉林省吉林市永吉县	43°31′12″ 126°20′24″	399
BJCY-ML005	羊草、绣线菊草甸草原，砂壤土	内蒙古赤峰阿鲁科尔沁旗	42°10′12″，118°31′12″	926
BJCY-ML006	荒漠草原，公路旁、砂砾质	山西省太原市	37°31′12″，112°19′00″	760

（续表）

种质材料	采集地生境	采集地区	经纬度（N，E）	海拔（m）
BJCY-ML007	盐化低地草甸，砂壤土	内蒙古赤峰市克什克腾旗	43°15′54″ 117°32′45″	1 100
BJCY-ML008	盐化低地草甸，盐渍化草甸土，砂砾质	内蒙古鄂尔多斯西部	39°48′00″，109°49′48″	1 480
BJCY-ML009	高寒草甸，亚高山草甸土	甘肃省合作市	34°59′10″ 102°54′41″	2 936
BJCY-ML010	农田撂荒地，公路旁，壤土	内蒙古临河区白脑包镇中心村	41°0′50″ 107°18′34″	1 020
BJCY-ML011	公路边盐碱荒地，盐碱土	内蒙古临河区八一镇丰收村	40°48′56″，107°29′24″	1 038
BJCY-ML012	藜科植物与马蔺等组成的盐化低地草甸	内蒙古临河区隆胜镇新明村	40°53′09″，107°34′18″	1 034
BJCY-ML013	多年生禾草与马蔺等组成的盐生草甸	内蒙古临河城关镇万来村	40°47′43″，107°26′18″	1 037
BJCY-ML014	盐化低地草甸，砂砾质	内蒙古临河双河镇丰河村	40°42′15″，107°25′09″	1 040
BJCY-ML015	盐碱化较强的盐化低地草甸，砂砾质	新疆伊犁州昭苏县	43°08′23″，81°07′39″	1 846

5.1.2　生理和生长指标测定

分别于胁迫 0 d、5 d、10 d、15 d、20 d、25 d 及复水后第 5 d 采集植株叶片样品测定。采用烘干法（华孟和王坚，1993）测定土壤含水量，采用饱和称重法（邹琦，2000）测定马蔺叶片 RWC，采用电导法（邹琦，2000）测定叶片 REC，采用硫代巴比妥酸法（邹琦，2000）测定叶片 MDA 含量，采用茚三酮法（邹琦，2000）测定叶片 Pro 含量，通过 SPAD-520 型叶绿素仪测定叶片叶绿素 SPAD 值以呈现其叶绿素含量（Chl）大小，均为 3 次重复。

植株 RGR：处理前随机选幼苗各 5 株，测定其绝对高度，以后每隔 5 d 测一次，重复 3 次。计算植株相对生长率=处理日均生长率/对照日均生长率×100%，日均生长率（$cm \cdot d^{-1}$）=（后一次绝对株高-前一次绝对株高）/处理日数。

5.1.3 抗旱性评价及等级聚类分析

通过对不同居群的 15 份马蔺种质材料干旱胁迫 25 d 时苗期叶片的 RWC、REC、MDA、Pro、叶绿素 SPAD 值、RGR 等各项生理和生长指标的测定分析，并将干旱胁迫 25 d 时上述 6 个指标测定值通过 SPSS11.0 数理统计分析软件进行欧氏最大距离聚类和方差分析。

5.2 研究结果

5.2.1 干旱胁迫对马蔺种质植株 RGR 的影响

随着干旱胁迫进程的延长，RGR 呈逐渐下降趋势。当干旱胁迫到第 25 d，各种质材料的 RGR 差异显著（$P<0.05$）。其中以 BJCY-ML001 和 BJCY-ML002 变化最大，降至 4.37% 和 4.33%。而 BJCY-ML006、BJCY-ML007、BJCY-ML008、BJCY-ML009、BJCY-ML015 均在 23%以上。复水 5 d后，RGR 均有不同程度的恢复，其中 BJCY-ML006、BJCY-ML007、BJCY-ML008、BJCY-ML009、BJCY-ML011、BJCY-ML015 均在 32% ~ 38%，恢复生长较好，而 BJCY-ML001、BJCY-ML002 恢复生长较差，分别为 8.05%和 7.50%（表 5-2）。

表 5-2 干旱胁迫处理下植株 RGR 的变化 单位:%

种质材料	干旱胁迫天数（d）						复水后
	0	5	10	15	20	25	
BJCY-ML001	100.00	38.49	19.66	11.48	8.53	4.37^{h}	8.07
BJCY-ML002	100.00	22.88	16.39	7.83	5.50	4.33^{h}	7.50
BJCY-ML003	100.00	43.70	24.83	21.63	19.53	10.83^{g}	19.73
BJCY-ML004	100.00	35.28	29.87	23.03	16.57	10.81^{g}	23.45
BJCY-ML005	100.00	35.48	33.48	24.47	22.40	10.93^{g}	23.18
BJCY-ML006	100.00	34.44	32.67	30.57	29.10	23.98^{c}	32.15
BJCY-ML007	100.00	42.37	40.57	37.43	35.00	29.22^{a}	37.32
BJCY-ML008	100.00	45.49	42.89	29.01	27.97	23.84^{cd}	35.34

（续表）

种质材料	干旱胁迫天数（d）						复水后
	0	5	10	15	20	25	
BJCY-ML009	100.00	35.70	33.27	31.43	29.47	23.74[d]	34.05
BJCY-ML010	100.00	37.80	33.22	26.60	24.10	17.45[ef]	25.05
BJCY-ML011	100.00	36.50	34.80	29.37	26.13	17.41[f]	32.21
BJCY-ML012	100.00	34.37	31.60	28.70	27.87	17.58[e]	31.49
BJCY-ML013	100.00	38.63	34.20	28.60	25.33	17.42[ef]	31.86
BJCY-ML014	100.00	34.33	31.80	27.60	26.90	17.54[ef]	30.87
BJCY-ML015	100.00	42.93	38.73	35.43	33.27	28.64[b]	36.36

注：表中不同小写字母之间差异显著（$P<0.05$），下同。

5.2.2 干旱胁迫对马蔺种质植株 RWC 的影响

随着干旱胁迫时间的延长和程度的加重，RWC 呈逐渐下降趋势。当干旱胁迫到第 25 d，各种质材料差异显著（$P<0.05$），其中，BJCY-ML001 下降最多，由干旱胁迫前的 83.50%下降到 27.18%，而 BJCY-ML006、BJCY-ML007、BJCY-ML008、BJCY-ML009、BJCY-ML015 的 RWC 下降趋势相对平缓，均在 72%以上。复水 5 d 后，RWC 均有不同程度的恢复，其中以 BJCY-ML007 和 BJCY-ML008 恢复得最好，BJCY-ML001 最差，但均未恢复到干旱胁迫前的水平（表 5-3）。表明 BJCY-ML007 和 BJCY-ML008 的植物组织或细胞受损轻于 BJCY-ML001。

表 5-3　干旱胁迫处理下叶片 RWC 的变化　　单位：%

种质材料	干旱胁迫天数（d）						复水后
	0	5	10	15	20	25	
BJCY-ML001	83.50	82.92	82.78	81.48	69.85	27.18[g]	79.17
BJCY-ML002	80.99	79.94	79.33	79.77	52.28	28.12[f]	79.63
BJCY-ML003	84.15	80.73	80.23	78.94	67.13	34.67[e]	83.58
BJCY-ML004	84.00	83.17	82.84	80.38	71.86	34.52[e]	81.58
BJCY-ML005	83.55	80.91	81.19	79.55	57.95	34.94[e]	79.53
BJCY-ML006	85.78	84.41	83.75	82.48	78.34	73.02[b]	78.70

（续表）

种质材料	干旱胁迫天数（d）						复水后
	0	5	10	15	20	25	
BJCY-ML007	84.47	84.25	82.75	81.92	80.51	77.82[a]	84.21
BJCY-ML008	83.97	83.58	82.24	80.79	77.77	72.50[c]	84.16
BJCY-ML009	85.28	84.84	83.53	79.95	79.52	72.33[c]	80.30
BJCY-ML010	86.87	86.48	81.38	80.48	74.41	47.54[d]	84.02
BJCY-ML011	89.38	88.09	84.05	83.52	75.49	47.97[d]	82.26
BJCY-ML012	86.57	85.31	80.92	79.98	79.89	47.81[d]	83.42
BJCY-ML013	84.56	83.63	81.06	80.64	76.88	47.65[d]	82.79
BJCY-ML014	86.65	84.95	83.19	81.49	77.14	47.93[d]	83.58
BJCY-ML015	86.33	85.34	83.17	82.36	81.23	77.62[a]	80.92

5.2.3 干旱胁迫对马蔺种质植株叶片叶绿素SPAD值的影响

随着干旱胁迫时间的延长，各种质材料植株叶片的叶绿素SPAD值均呈下降趋势。当干旱胁迫到第25 d，各种质材料间差异显著（P<0.05）。其中，BJCY-ML001下降最多，由干旱胁迫前的56.00下降到1.33，叶绿素持有量最少，抗旱性最弱；而BJCY-ML006、BJCY-ML007、BJCY-ML008、BJCY-ML009、BJCY-ML015在干旱胁迫后，叶绿素SPAD值均在35以上，抗旱性较强（表5-4）。复水第5 d后，各种质材料的叶绿素SPAD值均有不同程度的恢复，但均未达到胁迫前的水平。

表5-4 干旱胁迫处理下叶绿素SPAD值的变化

种质材料	干旱胁迫天数（d）						复水后
	0	5	10	15	20	25	
BJCY-ML001	56.00	54.04	50.68	49.43	44.47	1.33[h]	48.84
BJCY-ML002	45.87	42.86	42.55	41.47	22.10	2.87[g]	42.33
BJCY-ML003	45.61	44.41	42.57	38.42	36.87	10.07[f]	43.43
BJCY-ML004	54.67	49.03	46.83	44.35	39.95	10.03[f]	43.33
BJCY-ML005	47.47	46.36	44.33	42.25	40.96	10.08[f]	43.13

（续表）

种质材料	干旱胁迫天数（d）						复水后
	0	5	10	15	20	25	
BJCY-ML006	49.77	48.97	48.45	43.42	41.23	35.20[bc]	48.70
BJCY-ML007	49.44	46.25	44.59	43.44	42.34	38.99[a]	47.35
BJCY-ML008	49.22	48.13	45.46	45.19	42.05	35.25[b]	48.27
BJCY-ML009	55.41	52.29	51.05	49.63	46.66	35.15[c]	49.10
BJCY-ML010	47.95	44.87	42.63	39.66	32.15	14.49[e]	43.28
BJCY-ML011	48.51	47.78	42.94	42.36	40.95	14.56[d]	47.95
BJCY-ML012	50.92	48.82	47.49	43.49	41.39	14.58[d]	47.65
BJCY-ML013	47.47	46.37	42.65	41.93	39.75	14.53[de]	46.41
BJCY-ML014	50.49	48.13	46.95	42.79	41.05	14.59[d]	48.03
BJCY-ML015	53.33	50.36	49.25	47.25	46.05	35.24[b]	48.95

5.2.4　干旱胁迫对马蔺种质植株叶片 MDA 含量的影响

随干旱胁迫进程的延长，MDA 含量呈整体上升趋势（表 5-5），其中，BJCY-ML001 和 BJCY-ML002 增加最多，分别为 34.22 $\mu mol \cdot g^{-1}$ 和 34.16 $\mu mol \cdot g^{-1}$，增加最少的是 BJCY-ML006、BJCY-ML007、BJCY-ML008、BJCY-ML009、BJCY-ML015，在 13.73～16.26 $\mu mol \cdot g^{-1}$。表明 BJCY-ML001 和 BJCY-ML002 受到的伤害最大，而 BJCY-ML006、BJCY-ML007、BJCY-ML008、BJCY-ML009、BJCY-ML015 较少。当干旱胁迫到第 25 d 时，各种质材料间差异显著（$P<0.05$）。

表 5-5　干旱胁迫处理下 MDA 含量的变化　　单位：$\mu mol \cdot g^{-1}$

种质材料	干旱胁迫天数（d）						复水后
	0	5	10	15	20	25	
BJCY-ML001	3.93	4.10	5.52	5.88	9.55	34.22[a]	4.19
BJCY-ML002	5.24	5.59	5.88	6.42	13.68	34.16[a]	5.33
BJCY-ML003	3.86	6.89	7.03	7.45	11.97	33.26[b]	3.96
BJCY-ML004	4.24	4.95	6.08	6.30	10.08	23.63[d]	4.28

（续表）

种质材料	干旱胁迫天数（d）						复水后
	0	5	10	15	20	25	
BJCY-ML005	3.98	4.35	5.82	6.05	9.94	23.48[f]	4.11
BJCY-ML006	3.12	3.64	4.00	4.34	6.65	16.23[g]	4.76
BJCY-ML007	3.11	3.53	3.88	4.08	6.54	13.78[h]	5.24
BJCY-ML008	3.50	3.89	4.16	4.55	7.03	13.73[h]	4.28
BJCY-ML009	3.23	3.77	4.04	4.40	7.93	16.26[g]	4.08
BJCY-ML010	5.15	6.36	6.96	7.34	12.21	33.21[bc]	4.73
BJCY-ML011	3.96	4.45	4.85	5.34	9.75	23.57[d]	4.21
BJCY-ML012	3.75	4.40	4.53	4.84	9.13	23.51[ef]	4.12
BJCY-ML013	4.48	5.05	5.99	6.64	11.78	33.18[c]	4.30
BJCY-ML014	3.86	4.34	4.75	4.98	9.31	23.57[de]	4.16
BJCY-ML015	3.18	3.63	3.96	4.25	7.33	16.21[g]	4.03

5.2.5 干旱胁迫对马蔺种质植株叶片 REC 的影响

在干旱胁迫影响下，供试材料的质膜相对透性发生了改变，叶片细胞膜受到伤害，而引起细胞膜透性增大，REC 呈上升趋势。且膜透性变化愈大，表示受伤愈重，抗旱性愈弱。从表 5-6 中可以看出，当干旱胁迫到第 25 d 时，REC 变化幅度最大的是 BJCY-ML002，比胁迫前提高了 29.53%，变化最小的是 BJCY-ML008，比胁迫前提高了 10.96%。说明 BJCY-ML008 膜系统受干旱损伤的影响最小，抗旱性最强。复水 5 d 后，供试材料呈现不同程度的恢复，但均未达到胁迫前的水平。

表 5-6 干旱胁迫处理下叶片 REC 的变化 单位:%

种质材料	干旱胁迫天数（d）						复水后
	0	5	10	15	20	25	
BJCY-ML001	3.64	3.96	4.79	5.24	6.28	32.20[b]	5.32
BJCY-ML002	2.79	3.65	3.83	4.73	9.20	32.32[a]	4.37
BJCY-ML003	1.20	1.71	4.54	5.56	9.70	19.26[ef]	6.74
BJCY-ML004	1.73	3.14	4.24	5.41	6.79	22.87[c]	6.64

（续表）

种质材料	干旱胁迫天数（d）						复水后
	0	5	10	15	20	25	
BJCY-ML005	3.09	3.37	4.33	5.81	10.31	19.22[f]	5.39
BJCY-ML006	1.08	1.72	2.94	5.23	7.75	16.08[g]	4.21
BJCY-ML007	1.13	2.53	4.78	6.15	7.87	12.31[h]	8.97
BJCY-ML008	1.32	2.24	3.32	4.88	7.09	12.28[h]	6.05
BJCY-ML009	1.02	2.14	3.16	4.77	10.92	16.13[g]	4.32
BJCY-ML010	2.95	3.38	4.00	5.57	9.18	32.25[ab]	5.87
BJCY-ML011	1.38	2.90	4.66	5.15	10.48	19.31[e]	4.98
BJCY-ML012	1.43	2.40	4.82	5.24	9.04	19.21[f]	5.32
BJCY-ML013	1.53	2.79	4.72	7.12	12.63	22.82[cd]	4.87
BJCY-ML014	1.25	2.04	4.24	5.01	9.75	16.06[g]	4.32
BJCY-ML015	1.90	3.01	5.56	7.03	14.41	22.78[d]	5.30

5.2.6　干旱胁迫对马蔺种质植株叶片 Pro 含量的影响

随着干旱胁迫进程的延长，供试种质材料的 Pro 含量均随之增加。在干旱胁迫的前 20 d，大部分材料 Pro 含量增加不明显。当干旱到第 25 d 时，Pro 含量急剧上升。其中以 BJCY-ML001 和 BJCY-ML002 增加最多，分别达到 7 814.96 μg · g^{-1}和 7 851.91 μg · g^{-1}，BJCY-ML003、BJCY-ML004、BJCY-ML005、BJCY-ML010 和 BJCY-ML013 的 Pro 含量也均在 6 445.75 μg · g^{-1}以上，而 BJCY-ML007、BJCY-ML009 和 BJCY-ML015 的积累速度与恢复速度较慢，仅分别为 73.90 μg · g^{-1}、146.77 μg · g^{-1}和 100.59 μg · g^{-1}。可见，BJCY-ML007、BJCY-ML009 和 BJCY-ML015 的抗旱性较强。复水第 5 d 后，干旱胁迫解除，各供试材料均有不同程度的恢复，使得 Pro 含量下降（表 5-7）。

表 5-7　干旱胁迫处理下 Pro 含量的变化　　单位：μg · g^{-1}

种质材料	干旱胁迫天数（d）						复水后
	0	5	10	15	20	25	
BJCY-ML001	30.45	39.00	39.00	60.56	1 505.03	7 814.96[a]	532.91

（续表）

种质材料	干旱胁迫天数（d）						复水后
	0	5	10	15	20	25	
BJCY-ML002	59.53	136.51	144.72	252.49	3 562.95	7 851.91[a]	587.60
BJCY-ML003	43.11	71.16	100.59	261.73	3 226.64	6 769.06[c]	520.38
BJCY-ML004	32.84	47.90	48.24	57.48	474.19	7 323.31[b]	86.22
BJCY-ML005	20.19	43.79	46.19	52.69	1 854.35	6 445.75[c]	87.24
BJCY-ML006	25.66	40.37	43.11	47.21	67.74	2 412.02[d]	63.64
BJCY-ML007	26.69	40.71	47.56	50.29	60.56	73.90[g]	42.08
BJCY-ML008	28.74	43.79	45.16	48.24	59.87	1 170.09[e]	66.72
BJCY-ML009	20.53	26.34	36.95	41.06	57.48	146.77[f]	33.87
BJCY-ML010	25.66	27.71	41.06	58.50	117.01	6 453.96[c]	57.48
BJCY-ML011	23.61	25.66	31.82	41.40	53.37	2 931.38[d]	188.86
BJCY-ML012	22.58	28.74	37.98	48.24	60.56	2 491.06[d]	63.64
BJCY-ML013	24.63	30.79	39.00	45.16	82.11	6 570.97[c]	48.24
BJCY-ML014	25.66	33.87	40.03	48.24	63.64	2 090.76[d]	48.24
BJCY-ML015	27.71	37.98	51.32	55.43	60.56	100.59[f]	52.35

5.2.7 抗旱性综合评价

对不同居群的 15 份马蔺种质材料干旱胁迫 25 d 时苗期叶片的 RWC、REC、MDA、Pro、叶绿素 SPAD 值、RGR 6 个指标的测定值，采用欧氏距离综合聚类法进一步分析，可将 15 份马蔺种质材料的抗旱性划分为 3 个抗旱级别，强抗旱包括 BJCY-ML008、BJCY-ML007、BJCY-ML015、BJCY-ML009 和 BJCY-ML006；中度抗旱包括 BJCY-ML014、BJCY-ML012、BJCY-ML011、BJCY-ML013、BJCY-ML010、BJCY-ML005、BJCY-ML004 和 BJCY-ML003；弱抗旱包括 BJCY-ML002 和 BJCY-ML001（图 5-1）。

5.2.8 相关性分析

供试马蔺种质材料抗旱生理指标间采用 Pearson 相关系数分析（表 5-8）。结果表明：RWC 与叶绿素 SPAD 值呈极显著正相关（$P<0.01$），与

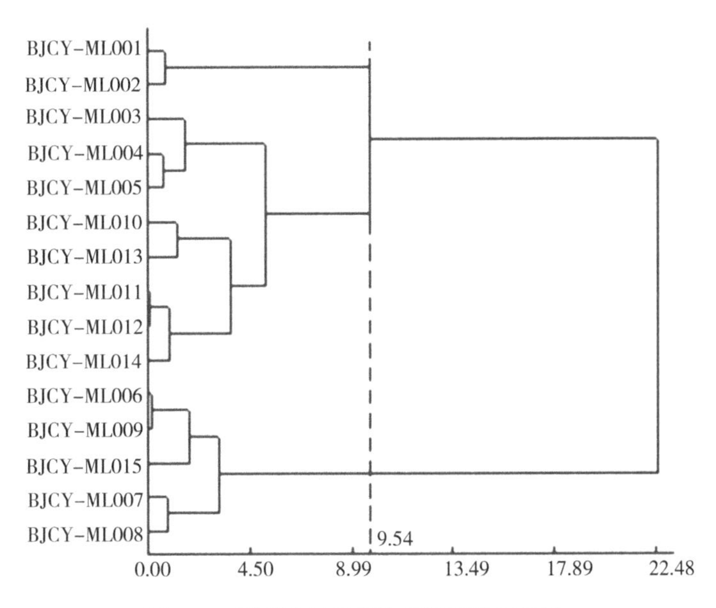

图 5-1 马蔺种质材料抗旱性聚类树状图

MDA 含量呈显著负相关（P<0.05），与 REC 和 Pro 含量呈极显著负相关（P<0.01）；叶绿素 SPAD 值与 REC、MDA 和 Pro 含量呈极显著负相关（P<0.01）；REC 与 MDA 和 Pro 含量呈极显著正相关（P<0.01）；MDA 与 Pro 含量呈极显著正相关（P<0.01）。在干旱胁迫下，植物的 RWC 和叶绿素 SPAD 值越高，其保水能力越强，即抗脱水能力强，细胞受损较轻，而 REC、MDA 和 Pro 含量则越小。

表 5-8 马蔺种质材料抗旱指标间相关分析

	RWC	SPAD 值	REC	MDA	Pro
RWC	1				
SPAD 值	0.965**	1			
REC	-0.966**	-0.959**	1		
MDA	-0.905*	-0.969**	0.957**	1	
Pro	-0.986**	-0.992**	0.959**	0.945**	1

注：** 相关极显著（0.01 水平），* 相关显著（0.05 水平）。

5.2.9 3个抗旱级别马蔺种质生理指标变化趋势分析

（1）REC的变化

由图5-2可知，连续干旱胁迫0 d、5 d、10 d、15 d、20 d时，强抗旱、中度抗旱和弱抗旱马蔺种质叶片的REC间没有明显差异，分别由0 d时的1.29%、1.82%和3.21%缓慢增加到20 d时的9.61%、9.74%和7.74%。而当胁迫持续到第25 d时，强抗旱的种质材料与中度抗旱和弱抗旱的种质材料REC间存在显著差别（$P<0.05$）。当干旱胁迫由20 d增加到25 d时，强抗旱的REC由9.61%增加到15.92%，仅增加了65.66%，而弱抗旱的REC由7.74%猛增到32.26%，增加了316.80%，中度抗旱的REC由9.74%增加到21.38%，增加了119.51%。复水后3个抗旱级别的REC均下降恢复到4.85%~5.77%，相当于干旱胁迫15 d时的水平，且没有显著差异。

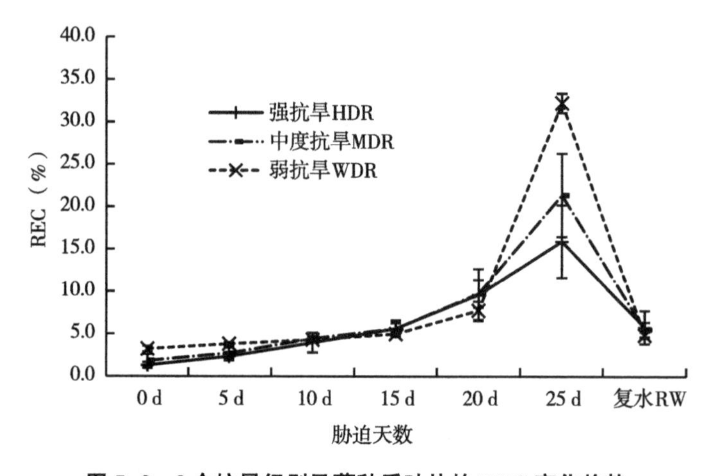

图5-2　3个抗旱级别马蔺种质叶片的REC变化趋势

（2）Pro含量的变化

由图5-3可知，干旱胁迫到第0 d、5 d、10 d、15 d时，强抗旱、中度抗旱和弱抗旱马蔺种质叶片的Pro含量虽呈增加趋势但增幅不明显，且差异不显著（$P>0.05$），分别仅由胁迫5 d时的37.84 μg·g^{-1}、38.70 μg·g^{-1}、87.76 μg·g^{-1}增加到胁迫15 d时的48.45 μg·g^{-1}、76.68 μg·g^{-1}、156.52 μg·g^{-1}，增幅仅为28.03%、98.14%、78.35%。但胁迫到第20 d时，Pro含量显著增加，且存在明显差异，弱抗旱的叶片Pro含量骤增至2 533.90 μg·g^{-1}，胁迫到25 d时增至7 833.42 μg·g^{-1}，分别为胁迫前的

56.32倍和174.11倍。而胁迫到20 d和25 d时，强抗旱材料的Pro含量分别增加到61.24 μg · g^{-1}和780.67 μg · g^{-1}，为其胁迫前的2.37倍和30.18倍，增幅相对较缓。

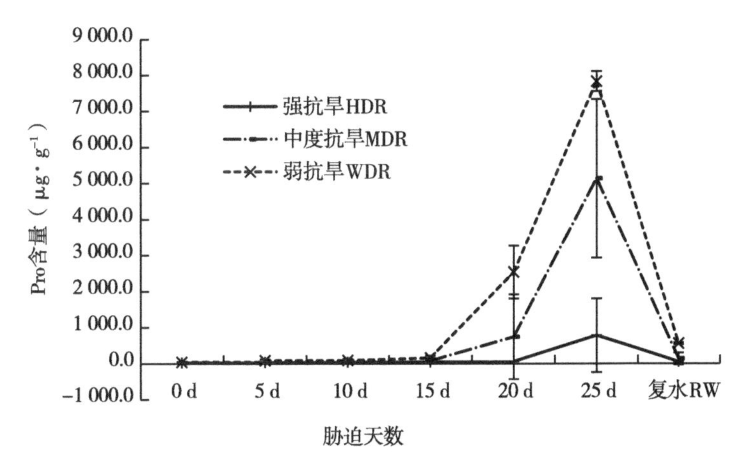

图5-3　3个抗旱级别马蔺种质叶片Pro的变化趋势

（3）MDA含量的变化

随干旱胁迫进程的延长，MDA含量呈上升趋势（图5-4）。其中在连续干旱胁迫前15 d，3个抗旱级别种质的MDA含量虽有不同程度的增加，但增幅不明显；胁迫到第20 d和25 d时，强抗旱种质的MDA由胁迫前的3.23 μmol · g^{-1}分别增至7.09 μmol · g^{-1}和15.24 μmol · g^{-1}，增加了119.50%和371.82%，而弱抗旱性种质的MDA由胁迫前的4.58 μmol · g^{-1}分别骤增至11.61 μmol · g^{-1}和34.19 μmol · g^{-1}，增加了153.50%和646.51%，中度抗旱种质MDA的变化居于二者之间。复水后3个抗旱级别种质叶片的MDA含量趋于恢复一致，没有差异（$P>0.05$）。

（4）叶绿素SPAD值的变化

连续干旱胁迫下，叶绿素SPAD值均呈下降趋势，胁迫到0 d、5 d、10 d、15 d时，强抗旱、中度抗旱和弱抗旱马蔺种质叶片的叶绿素SPAD值仅由胁迫0 d时的51.43、49.14、50.93下降到胁迫15 d时45.78、41.91、45.45，同一胁迫时间的叶绿素SPAD值间没有显著差异（$P>0.05$）。但持续胁迫到第20 d时，差异显著，强抗旱的叶绿素SPAD值（43.67）明显高于弱抗旱的（33.28）（图5-5）（$P<0.05$）。持续胁迫到25 d时，强抗旱种质的叶绿素SPAD值由胁迫前的51.43下降到35.79，而弱抗旱种质的叶绿

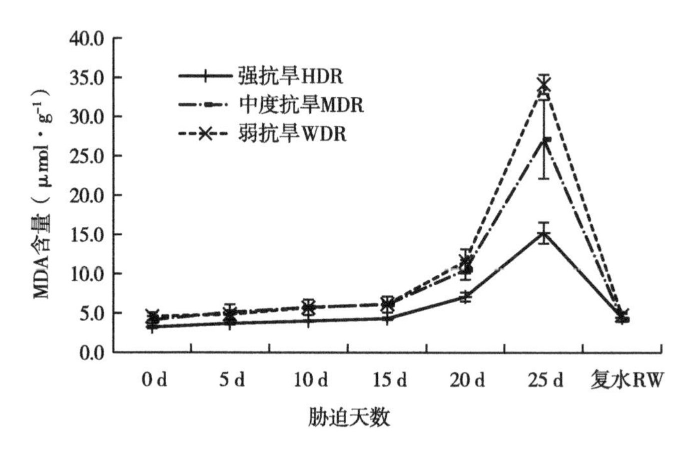

图 5-4　3 个抗旱级别马蔺种质叶片的 MDA 含量变化趋势

素 SPAD 值由胁迫前的 50.92 急剧下降到 2.10，中度抗旱的由 49.14 下降到 12.87。可见，强抗旱的种质材料叶绿素 SPAD 值显著高于弱抗旱。复水 5 d 后干旱胁迫解除，3 个不同抗旱级别种质的叶绿素 SPAD 值均得以恢复，叶绿素 SPAD 值在 45 左右。

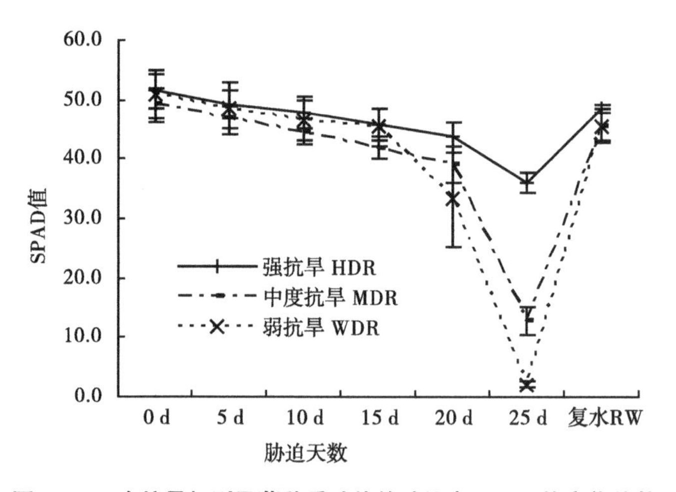

图 5-5　3 个抗旱级别马蔺种质叶片的叶绿素 SPAD 值变化趋势

（5）RWC 的变化

随干旱胁迫时间的延长和程度的加重，RWC 逐渐下降。干旱胁迫 0 d、5 d、10 d、15 d 时，3 个抗旱级别的 RWC 随着胁迫时间的延长呈现下降趋势，但同一胁迫时间的 RWC 间没有明显差异（P>0.05）。当干旱胁迫持续到第 20 d 时，强抗旱种质的 RWC 与中度抗旱、弱抗旱种质的 RWC 存在显著差异（$P<0.05$），强抗旱种质的 RWC 由胁迫前 82.25%下降到 79.47%，而弱抗旱的由 85.17%下降到 61.07%。持续胁迫到 25 d 时，二者分别下降到 74.66%和 27.65%（图 5-6），充分说明强抗旱种质 RWC 的下降速度较弱抗旱的相对要缓慢，更能忍耐干旱的胁迫。

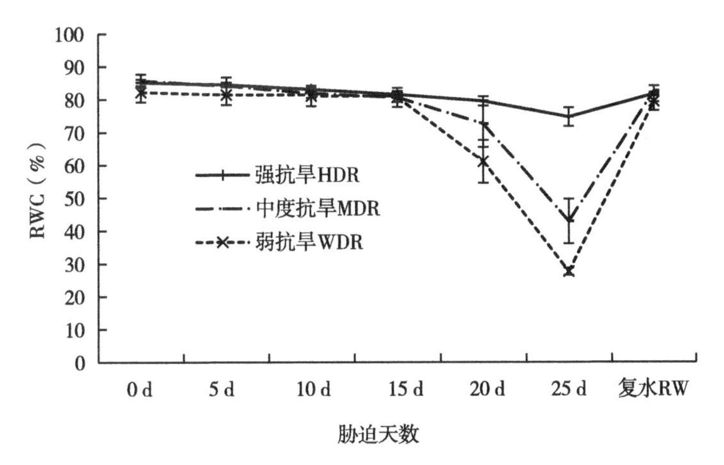

图 5-6　3 个抗旱级别马蔺种质叶片的 RWC 变化趋势

5.3　讨论与结论

5.3.1　干旱胁迫下马蔺种质资源生理和生长特性

从干旱条件下水分损失和膜透性的关系分析，在干旱胁迫影响下，植物的 REC 发生了改变，叶片细胞膜受到伤害，而引起细胞膜透性增大。膜透性变化越大，REC 上升越快，而 RWC 则下降越严重，表示受伤越重，抗旱性愈弱。可见，膜透性和 RWC 间有必然的因果关系，膜透性增大是叶片失水的生理反应（王忠，2000）。膜透性变化越小，对水分亏缺的抵抗性越好，抗旱性也越好。综合水分因素，可进一步证实膜系统受损程度与叶片保水能力和抗旱性呈显著负相关。张力君等（2000）研究认为老芒麦（*Elymus siniricus*）和毛偃麦草（*Elytrigia trichophora*）在干旱胁迫进程中膜透性急剧增大，而复水后又迅速回落。这就意味着干旱导致的膜透性的增大并不表示同等程度的膜的损伤，而是在一定程度上反映了我们所未知的细胞膜对于干旱的适应性调节过程。另外，对德国鸳尾（*Iris germanica*）等地被植物也曾有过类似研究结果的报道（陈之欢，2002）。

本试验研究结果显示，干旱胁迫下，Chl 不断下降，抗旱性强的种质材料的 Chl 高于抗旱性弱的种质材料（史晓霞 等，2007）。其原因一方面可能是剧烈的水分损失引起叶绿素的生物合成减弱；另一方面由于干旱导致植物体内活性氧积累，积累的含氧自由基直接或间接地启动了膜脂过氧化作用，导致细胞膜透性破损伤害，叶绿素分解加快（林植芳 等，1984）。这一结果与在其他牧草和作物上的研究较为一致（马智宏 等，2002；井春喜 等，2003）。但也有不同的结果，陈坤荣和王永义（1997）研究认为，加勒比松（*Pinus caribaea*）在 PEG 诱导水分胁迫下，Chl 反而提高了 10%~25%。

目前，Pro 作为植物抗旱性鉴定指标争议很大，有的研究认为，水分胁迫下 Pro 积累与抗旱性呈正相关，但品种间存在差异（Blum & Ebercon，1976）；也有研究认为，Pro 累积是水分胁迫产生的结果，且积累量与品种的抗旱性无关，因为有少数植物在逆境条件下，Pro 含量变化不大（Hanson 等，1977）。本研究结果表明，随着干旱胁迫的发展，供试种质材料的 Pro 含量均随之增加（史晓霞 等，2007）。这说明在干旱条件下，Pro 含量大量累积，不仅起到渗透调节作用，还因其水合能力强而减少水分丢失。另一方面，Pro 含量还可以作为植物的氮源储藏，待植物解除干旱后参与叶绿素等物质的合成以及作为受旱期间植物生成氨的解毒剂。

5.3.2 不同抗旱级别马蔺种质聚类分析

通过对不同居群的 15 份马蔺种质材料干旱胁迫 25 d 时苗期叶片的 RWC 含量、REC 含量、MDA 含量、Pro 含量、叶绿素 SPAD 值、RGR 的聚类分析结果（史晓霞 等，2007；孟林 等，2009）可知，15 份马蔺种质材料的抗旱性可划分为 3 个抗旱级别：强抗旱包括 BJCY-ML008、BJCY-ML007、BJCY-ML015、BJCY-ML009 和 BJCY-ML006，中度抗旱包括 BJCY-ML014、BJCY-ML012、BJCY-ML011、BJCY-ML013、BJCY-ML010、BJCY-ML005、BJCY-ML004 和 BJCY-ML003，弱抗旱包括 BJCY-ML002 和 BJCY-ML001。且 3 个抗旱级别的种质材料与其自然分布的生境条件呈现一定相关性，即强抗旱种质材料一般集中分布于盐化低地草甸、砂砾质、相对干旱及高寒草甸等自然环境，如 BJCY-ML006、BJCY-ML007、BJCY-ML008、BJCY-ML015 和 BJCY-ML009；而弱抗旱种质材料多分布于果园和农田周边、土壤水分相对优越、壤土或砂壤土等的生境条件，如 BJCY-ML001 和 BJCY-ML002；其余属中度抗旱的种质材料，多分布于轻度盐碱化的低地草甸、农田撂荒地、羊草草甸草原等的生境。

5.3.3 不同抗旱级别马蔺种质生理指标变化趋势

植物抗旱性是一个复杂的生理过程，采用多指标的综合鉴定评价，其结果更加真实有效。本研究分析了在连续干旱胁迫下3个抗旱性级别马蔺种质材料叶片的REC、Pro、MDA、SPAD、RWC 5个生理指标平均值的变化趋势和幅度（孟林 等，2009），结果显示，3个抗旱级别的各项生理指标呈相同的变化趋势，但变化幅度不同，其中REC、Pro和MDA含量均呈逐渐增加趋势，增幅相对较小且缓慢，增幅表现为强抗旱<中度抗旱<弱抗旱；而叶绿素SPAD值和RWC则呈逐渐下降趋势，下降幅度小且缓慢，降幅表现为强抗旱<中度抗旱<弱抗旱。复水后，所有生理指标均有不同程度的恢复。其中REC在第20 d时出现明显响应，到第25 d时3个抗旱级别间REC差异显著，充分反映了在连续干旱胁迫影响下，REC上升越快，表明细胞膜受到的伤害越大，抗旱性就越差（王忠，2000；张力君 等，2000）。这与对老芒麦（张力君 等，2000）、德国鸢尾（陈之欢，2002）等其他植物的研究结果相似，反映出植物细胞膜对干旱胁迫适应性的调节过程。

叶绿素SPAD值、Pro含量、MDA含量和RWC含量在胁迫到第15 d时出现明显响应，到第20 d时差异显著，其中Pro含量的结果与他人在冰草（*Agropyron cristatum*）（云锦凤 等，1991）、苜蓿（*Medicago sativa*）（云岚 等，2004）、木地肤（*Kochia prostrata*）（刘涛 等，2008）等研究有关“随干旱胁迫时间延长，抗旱性强的品种较抗旱性弱的苗期叶片Pro含量上升慢”的结论吻合，也证明了在连续干旱胁迫下，Pro含量随之大幅增加，与植物的抗旱性密切相关（王忠，2000）。干旱胁迫下，因剧烈水分损失引起叶绿素的生物合成减弱（林植芳 等，1984），且随胁迫时间的持续，叶绿素降解和含量明显降低（曲涛和南志标，2008），使强抗旱的种质叶绿素持有率高于弱抗旱的。当胁迫到第20 d和25 d时，3个抗旱级别的RWC间差异显著，但强抗旱的种质材料RWC下降幅度较中度抗旱和弱抗旱的要小，生长受抑制轻，RGR仍达到23.73%~29.20%。充分证实在干旱胁迫下，植物叶片RWC越高，叶片持水力越强，植物抗旱性越强（胡化广 等，2007）。

参考文献

陈坤荣，王永义，1997. 加勒比松抗旱生理研究［J］. 西南林学院学报，17（4）：9-15.

陈默君，贾慎修，2002. 中国饲用植物［M］. 北京：中国农业出版社，1441.

陈之欢，2002. 水分胁迫对两种旱生花卉生理生化的影响［J］. 中国农学通报，18（2）：20-23.

胡化广，刘建秀，宣继萍，等，2007. 结缕草属植物的抗旱性初步评价［J］. 草业学报，16（1）：47-51.

华孟，王坚，1993. 土壤物理学附实验指导［M］. 北京：北京农业大学出版社，44.

井春喜，张怀刚，师生波，等，2003. 土壤水分胁迫对不同耐旱性春小麦品种叶片色素含量的影响［J］. 西北植物学报，23（5）：811-814.

林植芳，李双顺，林桂珠，等，1984. 水稻叶片超氧化物歧化酶活性及脂膜过氧化作用的关系［J］. 植物学报，26（6）：605-615.

刘德福，陈世璜，陈敬文，等，1998. 马蔺的繁殖特性及生态地理分布的研究［J］. 内蒙古农牧学院学报，19（1）：1-6.

刘孟颖，高洋，于世达，等，2007. 马蔺的组织培养及无性系建立的研究［J］. 辽宁农业科学（6）：4-6.

刘涛，李柱，安沙舟，等，2008. 干旱胁迫对木地肤幼苗生理生化特性的影响［J］. 干旱区研究，25（2）：232-235.

马智宏，李征，王北洪，等，2002. 冷季型草坪草耐旱及耐寒性比较［J］. 草地学报，10（4）：318-321.

孟林，毛培春，张国芳，2009. 不同居群马蔺抗旱性评价及生理指标变化分析［J］. 草业学报，18（5）：18-24.

孟林，张国芳，赵茂林，2003. 水保护坡观赏优良地被植物—马蔺［J］. 农业新技术（3）：38-39.

牟少华，韩蕾，孙振元，等，2005. 鸢尾属植物马蔺（*Iris lactea* var. chinensis）的研究现状与开发利用建议［J］. 莱阳农学院学报，22（2）：125-128.

曲涛，南志标，2008. 作物和牧草对干旱胁迫的响应及机理研究进展［J］. 草业学报，17（2）：126-135.
史晓霞，毛培春，张国芳，等，2007. 15 份马蔺材料苗期抗旱性比较［J］. 草地学报，15（4）：352-358.
孙彦，杨青川，张英华，2001. 不同草坪草种及品种苗期抗旱性比较［J］. 草地学报，9（1）：16-20.
王桂芹，2002. 不同生态环境马蔺植物体解剖结构比较［J］. 内蒙古民族大学学报（自然科学版），17（2）：127-129.
王仁才，1991. 猕猴桃良种选育及栽培技术的研究 V. 美味猕猴桃品种抗旱性研究［J］. 湖南农学院学报，17（1）：42-48.
王忠，2000. 植物生理学［M］. 北京：中国农业出版社，434.
云锦凤，高卫华，孙彦，1991. 四种冰草属牧草苗期抗旱性研究［J］. 中国草地（增刊）：1-7.
云岚，米福贵，云锦凤，等，2004. 六个苜蓿品种幼苗对水分胁迫的响应及其抗旱性［J］. 中国草地，26（2）：15-20.
张力君，易津，贾光宏，等，2000. 9 种禾草对干旱胁迫的生理反应［J］. 内蒙古农业大学学报，21（4）：14-19.
邹琦，2000. 植物生理学实验指导［M］. 北京：中国农业出版社，159-173.
BLUM A，EBERCON A，1976. Genotypic responses in sorghum to drought stress.3.free Proline accumulation and drought resistance［J］. Crop Science（16）：428-431.
HANSON A D，NELSEN C F，EVERSON E H，et al.，1977. Evaluation of free Proline accumulation as an index of drought resistance using two constracting barley cultivars［J］. Crop Science（17）：720-726.

第6章　马蔺种质资源耐盐性评价

【内容提要】 本章重点对马蔺种质资源耐盐性进行综合评价，揭示盐胁迫下其生理特性和变化规律。采用温室 NaCl 盐分胁迫试验方法，完成了收集自中国北方4个省区16份马蔺种质材料苗期耐盐性的综合评价，筛选出耐盐性较强的种质材料，采用系统聚类法将16份马蔺种质材料耐盐性划分为耐盐性较强的8份、耐盐性居中的4份和耐盐性较弱的4份，采用标准差系数赋予权重法对其耐盐能力强弱进行排序。

盐碱土是一种广泛分布的土壤类型，中国盐碱地总面积约为 9.913×10^7 hm^2，分布在西北、东北、华北及滨海地区在内的17个省（区、市），并有逐年增大的趋势（王遵亲，1993）。盐碱胁迫是全球普遍存在的一种非生物胁迫，是限制植物生长和发育的主要环境因素，是目前人类面临的生态危机之一（张明轩 等，2011），因此提高农作物和经济作物的抗（耐）盐能力及利用耐盐碱植物改良盐碱土地是迫切需要解决的问题之一。我国的盐碱荒地和影响耕地的盐碱地面积超过 3×10^8 hm^2，再加上我国地域广阔，土质复杂，造成盐碱化的主要盐分也各有不同，有的以中性盐为主，有的则以碱性盐为主，针对不同土壤质地的盐碱地筛选既耐盐又具观赏价值的地被植物，对丰富盐碱地绿化植物种类、改良盐碱地具有重要现实意义（佟海英等，2012）。

鸢尾科鸢尾属马蔺为多年生密丛草本植物，其根系发达，具有耐盐碱性强，抗旱抗寒性强等的特点，是优良的生态观赏地被植物和水土保持、固土护坡的理想植物（孟林 等，2003）。许多研究人员在马蔺种质耐盐性方面开展了一些研究，许玉凤等（2009，2011）对盐胁迫下马蔺苗期叶片生理特性、叶片保护酶和蛋白表达的研究结果显示，渗透调节物质 Pro 和 SP 在马蔺抗盐特性中发挥了很重要的作用。张明轩等（2011）对盐胁迫下马蔺苗期生长以及叶片生理生化特性的研究结果表明，低质量浓度和短时间的

NaCl 胁迫对马蔺生长和代谢的抑制作用不明显甚至略有促进作用，而高质量浓度和长时间的 NaCl 胁迫则具有明显的抑制作用。张天姝等（2012）用不同浓度的 Na_2CO_3 处理马蔺幼苗，结果表明，在一定浓度范围内（0~125 $mmol \cdot L^{-1}$），胁迫后幼苗的 MDA 质量摩尔浓度降低，细胞质膜的不完整性能够修复，叶片的电导率相对较小，说明马蔺幼苗表现出了一定的耐盐碱性。而高浓度的 Na_2CO_3 胁迫则对马蔺生理造成不可逆的伤害。Bai 等（2008）设置 6 个 NaCl 盐浓度梯度，对马蔺幼苗胁迫的生理响应研究结果表明，随着盐浓度的增加生物量、K^+ 含量、K^+/Na^+ 比、Ca^{2+}/Na^+ 比等指标下降，而水分亏缺和 Na^+、Cl^- 含量等指标增加。本研究团队分别对采自中国北方 4 个省区 16 份野生马蔺种质材料，开展苗期 NaCl 不同质量分数梯度的胁迫试验，对其叶片的 RWC、REC、MDA、Pro 和 Chl 5 个耐盐生理生化指标进行测定，并采用聚类法和标准差系数赋予权重法，对其耐盐性进行综合聚类和强弱排序，筛选耐盐性较强的种质材料，以期为马蔺种质资源开发利用和耐盐新品种的选育提供理论基础。

6.1　材料与方法

6.1.1　试验材料

以采集自内蒙古、新疆、北京和山西 4 个省（区、市）的 16 份马蔺种质材料为试验材料，具体采集地点与生境见表 6-1。

表 6-1　马蔺种质材料采集地及生境

序号	材料编号	采集地	生境
1	BJCY-ML001	北京海淀区四季青乡	果园田边，壤土
2	BJCY-ML005	内蒙古赤峰阿鲁科尔沁旗	羊草、绣线菊草甸草原，砂壤土
3	BJCY-ML006	山西省太原市	荒漠草原、公路旁，砂砾质
4	BJCY-ML007	内蒙古赤峰克什克腾旗	草甸草原，砂壤土
5	BJCY-ML011	内蒙古临河八一镇丰收村	公路边盐碱荒地，盐碱土
6	BJCY-ML012	内蒙古临河隆胜镇新明村	藜科植物、马蔺等组成的盐化低地草甸
7	BJCY-ML013	内蒙古临河城关镇万来村	多年生禾草、马蔺等组成的盐生草甸
8	BJCY-ML016	内蒙古临河曙光镇永强村	盐化低地草甸，砂砾质

（续表）

序号	材料编号	采集地	生境
9	BJCY-ML018	内蒙古呼和浩特市大青山	干旱荒漠草原带，公路边，砂壤土
10	BJCY-ML020	新疆伊犁州巩留县七乡伊犁河边	盐化低地草甸
11	BJCY-ML021	新疆伊犁州特克斯县四乡	轻度盐化低地草甸
12	BJCY-ML023	新疆伊犁州奶牛场	重度盐化低地草甸，盐碱土
13	BJCY-ML024	新疆伊犁州察布查尔县羊场	中度盐化低地草甸，盐碱土
14	BJCY-ML029	内蒙古科尔沁左翼中旗保康镇	轻度盐化低地草甸
15	BJCY-ML031	内蒙古科尔沁左翼后旗努古斯台镇套海爱勒嘎查	中度盐碱化低地草甸，暗栗钙土
16	BJCY-ML035	新疆伊宁县胡地亚于孜镇阔旦塔木村	中度盐碱化低地草甸，盐化灰钙土

6.1.2 试验方法

试验于北京市农林科学院日光温室开展，选用大田壤土，晾干过筛，去掉石块、杂质，装盆（口径 21 cm，高 18 cm）称量，每盆装栽培基质 3.2 kg。基质营养成分为全氮 0.26%，全磷 0.11%，全钾 1.2%，pH 值 6.14，有机质含量 6.06%，全盐 0.028%。

马蔺种子用浓硫酸处理 30 s 后，撒播于塑料盘中育苗，待生长至 3~4 叶时，移入装好栽培基质的花盆中，每盆 15 株，缓苗 30 d 后，按分析纯 NaCl 量占基质重的 0.4%、0.8%、1.2% 设置 3 个质量分数梯度，溶于 500 mL 蒸馏水后浇入花盆中，开始盐胁迫处理，每处理 3 次重复，不加盐（0%）为对照，加蒸馏水使每盆土壤含水量达到 18%~22%。盐胁迫处理开始后，每天利用 TZS-5X 型土壤水分测量仪测定每盆土壤基质的含水量，根据其测定结果，确定每天的加水量，以保证每盆的土壤含水量。

盐胁迫处理 14 d 后，取样测定耐盐生理生化指标，其中：RWC 采用饱和称重法；细胞膜透性采用电导法；MDA 采取硫代巴比妥酸法；Pro 采用茚三酮法；Chl 采用分光光度法测定。

盐胁迫下马蔺种质材料 5 个生理生化指标的变化率采用如下公式计算：

各指标变化率=［各材料各指标 3 个盐胁迫处理中的最大（小）值-对照值］/对照值。

利用 Excel 2010 进行数据处理，SAS 11.0 进行方差和聚类分析。其中，利用标准差系数赋予权重法对其耐盐性进行综合评价（贾峥，2011；Katerji 等，2003），其步骤包括：通过公式（1）计算隶属函数值 $\mu(X_j)$，采用公式（2）计算标准差系数 V_j，公式（3）归一化后得到各指标的权重 W_j，再采用公式（4）计算各种质材料的综合评价值 D，并根据 D 值大小排序。

$$\mu(X_j)=\frac{X_j-X_{min}}{X_{max}-X_{min}} \tag{1}$$

$$V_j=\frac{\sqrt{\sum_{j=1}^{n}(X_{ij}-\overline{X_j})^2}}{\overline{X_j}} \tag{2}$$

$$W_j=\frac{V_j}{\sum_{j=1}^{n}V_j} \tag{3}$$

$$D=\sum_{j=1}^{n}[\mu(X_j)\cdot W_j] \tag{4}$$

式中：$\mu(X_j)$ 表示第 j 个指标的隶属函数值；X_j 表示第 j 个指标值；X_{min} 表示第 j 个指标最小值；X_{max} 表示第 j 个指标最大值，$\overline{X_j}$ 表示第 j 个指标平均值；X_{ij} 表示式中为 i 材料 j 性状的隶属函数值；V_j 表示第 j 个指标标准差系数；W_j 表示第 j 个指标权重；D 表示每份种质材料的综合评价值。

6.2　结果与分析

6.2.1　盐胁迫对马蔺种质材料叶片 RWC 的影响

随着盐胁迫质量分数的增加，每份马蔺种质材料的叶片含水量呈下降趋势，低盐胁迫条件时下降幅度较小，高质量分数盐胁迫处理下的下降幅度明显（表 6-2）。从变化率来看，BJCY-ML018、BJCY-ML020、BJCY-ML021、BJCY-ML035 的变化率均大于 0.342，耐盐性较差，其中 BJCY-ML018 叶片 RWC 从 94.34%下降到 57.76%，下降幅度最大，说明受盐胁迫影响最大；而 BJCY-ML007 和 BJCY-ML011 变化率分别为 0.195 和 0.182，二者没有显著差异（$P>0.05$），说明受盐胁迫影响最小，耐盐性相对较强，与其他种质材料相比差异显著（$P<0.05$）。

表 6-2　盐胁迫对马蔺种质材料叶片 RWC 的影响　　单位：%

种质材料	NaCl 盐浓度（%）				变化率
	0	0.4	0.8	1.2	
BJCY-ML001	89.11	81.23	74.72	62.28	0.301±0.009[c]
BJCY-ML005	86.38	81.34	76.91	66.02	0.236±0.008[e]
BJCY-ML006	86.04	84.30	76.02	61.57	0.284±0.011[dc]
BJCY-ML007	86.49	84.02	76.74	69.63	0.195±0.006[f]
BJCY-ML011	91.44	87.81	83.21	74.79	0.182±0.006[f]
BJCY-ML012	82.71	80.48	76.06	63.32	0.234±0.007[e]
BJCY-ML013	87.75	85.71	79.24	64.70	0.263±0.009[de]
BJCY-ML016	90.19	85.23	79.83	64.28	0.287±0.012[dc]
BJCY-ML018	94.34	83.45	76.46	57.76	0.388±0.016[a]
BJCY-ML020	87.60	85.89	75.84	57.62	0.342±0.010[b]
BJCY-ML021	87.85	81.40	73.55	56.61	0.356±0.012[b]
BJCY-ML023	87.45	84.10	73.44	64.88	0.258±0.010[de]
BJCY-ML024	93.35	90.36	77.18	65.66	0.297±0.009[c]
BJCY-ML029	87.80	85.32	71.26	65.33	0.256±0.009[de]
BJCY-ML031	90.63	86.81	79.65	65.77	0.274±0.011[dc]
BJCY-ML035	89.07	80.11	74.88	58.15	0.347±0.010[b]

注：不同小写字母表示差异显著（$P<0.05$），下同。

6.2.2　盐胁迫对马蔺种质材料 Pro 含量的影响

在逆境（如干旱、低温、盐碱等）胁迫下，植物体内 Pro 含量会大量积累，其积累量与其本身抗性有关。随盐胁迫质量分数增加，马蔺各种质材料 Pro 含量呈逐渐增加趋势，在低盐质量分数时增加幅度较小，高盐质量分数时急剧增加（表 6-3）。其中 BJCY-ML035 变化率最高，达 70.463，表明对盐胁迫敏感，耐盐性较差，与其他种质材料相比，差异显著（$P<0.05$），BJCY-ML007 的变化率仅为 8.150，耐盐性较强，与其他种质材料相比，差异显著（$P<0.05$）。

表6-3　盐胁迫对马蔺种质材料Pro含量的影响　　单位：μg·g⁻¹

种质材料	NaCl盐浓度（%）				变化率
	0	0.4	0.8	1.2	
BJCY-ML001	171.37	939.40	1 750.54	3 853.98	21.490±0.620[fe]
BJCY-ML005	76.95	716.84	1 884.22	2 818.61	35.627±1.234[d]
BJCY-ML006	112.19	637.98	4 057.54	4 762.82	41.452±1.675[c]
BJCY-ML007	207.33	457.58	1 272.21	1 897.15	8.150±0.235[i]
BJCY-ML011	190.34	357.76	2 459.55	2 655.06	12.949±0.449[h]
BJCY-ML012	140.03	179.40	2 081.83	2 812.34	19.084±0.551[f]
BJCY-ML013	81.10	186.22	869.43	3 252.65	39.105±1.355[dc]
BJCY-ML016	187.32	274.21	3 211.87	4 805.40	24.653±0.996[e]
BJCY-ML018	82.96	217.70	1 795.42	5 090.08	60.355±2.439[b]
BJCY-ML020	93.61	247.83	1 278.30	5 739.14	60.310±1.741[b]
BJCY-ML021	99.62	945.56	3 967.36	5 901.00	58.238±2.017[b]
BJCY-ML023	100.97	697.26	1 165.58	1 870.68	17.527±0.708[fg]
BJCY-ML024	260.09	712.60	1 841.44	3 856.90	13.829±0.399[hg]
BJCY-ML029	203.62	313.91	884.63	2 928.76	13.383±0.464[hg]
BJCY-ML031	67.92	163.66	1 951.39	2 896.08	41.641±1.683[c]
BJCY-ML035	77.14	407.24	2 762.48	5 512.78	70.463±2.034[a]

6.2.3　盐胁迫对马蔺种质材料MDA含量的影响

植物器官衰老或在逆境下遭受伤害，往往发生膜脂过氧化作用，MDA是膜脂过氧化的最终分解产物，其含量可以反映植物遭受逆境伤害的程度，MDA的积累可能对膜和细胞造成一定的伤害（许玉凤 等，2011）。随盐胁迫质量分数的增加，16份马蔺种质材料的MDA均呈增加趋势（表6-4），其中BJCY-ML007、BJCY-ML011、BJCY-ML013、BJCY-ML016、BJCY-ML023变化率均小于0.374，表明受盐胁迫伤害程度较低，耐盐性较强，与其他种质材料相比，差异显著（$P<0.05$），而BJCY-ML006、BJCY-ML018、BJCY-ML020、BJCY-ML021、BJCY-ML035变化率大于0.618，受盐胁迫伤害较重，耐盐性较弱，与其他种质材料相比，差异显著（$P<0.05$）。

表 6-4　盐胁迫对马蔺种质材料 MDA 含量的影响　单位：μmol · g^{-1}

种质材料	NaCl 盐浓度（%）				变化率
	0	0.4	0.8	1.2	
BJCY-ML001	7.71	6.14	9.78	11.50	0.492±0.014[e]
BJCY-ML005	6.96	8.49	8.62	9.95	0.431±0.015[fg]
BJCY-ML006	6.06	7.21	9.47	9.81	0.618±0.025[dc]
BJCY-ML007	9.69	10.93	11.58	12.30	0.268±0.008[i]
BJCY-ML011	7.95	8.35	9.50	10.65	0.340±0.012[h]
BJCY-ML012	6.55	8.21	8.31	9.03	0.379±0.011[hg]
BJCY-ML013	8.04	9.66	9.97	10.99	0.367±0.013[h]
BJCY-ML016	9.56	9.88	11.29	13.13	0.374±0.015[h]
BJCY-ML018	6.60	6.85	8.00	10.96	0.660±0.027[c]
BJCY-ML020	6.31	8.76	9.13	11.41	0.809±0.023[a]
BJCY-ML021	9.76	10.14	12.45	16.85	0.727±0.025[b]
BJCY-ML023	6.60	7.63	8.25	8.98	0.360±0.015[h]
BJCY-ML024	9.36	10.72	11.44	14.77	0.579±0.017[d]
BJCY-ML029	8.47	10.30	11.49	13.46	0.590±0.020[d]
BJCY-ML031	7.67	7.79	9.33	11.16	0.454±0.018[fe]
BJCY-ML035	6.35	10.22	10.69	11.34	0.784±0.023[a]

6.2.4　盐胁迫对马蔺种质材料 REC 的影响

逆境条件下，细胞膜透性会发生不同程度增加，电解质外渗，以至于相对电导率会增大。相对电导值越大，质膜透性越大，膜受损越重（贾亚雄等，2008）。随盐胁迫质量分数的增加，REC 呈上升趋势，低质量分数 0.4%时上升幅度较缓，高质量分数 1.2%时上升幅度较大（表 6-5）。BJCY-ML006、BJCY-ML018、BJCY-ML020、BJCY-ML021、BJCY-ML031、BJCY-ML035 的变化率都大于 6.420，表明盐胁迫下细胞膜受损伤程度较大，耐盐性较差，与其他种质材料相比，差异显著（$P<0.05$），BJCY-ML005、BJCY-ML007 和 BJCY-ML011 的变化率分别为 4.232、3.954 和

3.164，盐胁迫下细胞膜受损伤程度较低，耐盐性较强，与其他种质材料相比，差异显著（$P<0.05$）。

表6-5　盐胁迫对马蔺种质材料REC的影响

种质材料	NaCl盐浓度（%）				变化率
	0	0.4	0.8	1.2	
BJCY-ML001	12.83	16.60	28.57	77.69	5.056±0.146[ed]
BJCY-ML005	7.86	12.54	24.82	41.15	4.232±0.147[gf]
BJCY-ML006	8.12	18.80	31.59	60.25	6.420±0.259[c]
BJCY-ML007	9.79	17.96	22.81	48.48	3.954±0.114[g]
BJCY-ML011	7.73	10.03	19.31	32.20	3.164±0.110[h]
BJCY-ML012	8.59	14.23	26.18	50.65	4.894±0.141[e]
BJCY-ML013	10.67	13.92	28.90	62.17	4.825±0.167[ef]
BJCY-ML016	11.26	27.75	48.26	69.41	5.164±0.209[ed]
BJCY-ML018	7.54	11.80	44.30	72.54	8.619±0.348[ba]
BJCY-ML020	7.91	12.29	31.62	71.13	7.992±0.231[b]
BJCY-ML021	9.49	21.76	49.51	88.31	8.308±0.288[b]
BJCY-ML023	6.47	13.48	22.80	43.46	5.715±0.231[d]
BJCY-ML024	10.59	13.51	27.05	66.70	5.295±0.153[ed]
BJCY-ML029	10.05	16.83	28.29	60.26	4.996±0.173[e]
BJCY-ML031	9.41	14.09	35.88	71.17	6.562±0.265[c]
BJCY-ML035	6.98	13.81	43.38	70.74	9.129±0.264[a]

6.2.5　盐胁迫对马蔺种质材料Chl的影响

叶绿素是与光合作用有关的重要色素，盐胁迫影响Chl及其组成（刁丰秋等，1997）。由表6-6可见，随盐胁迫质量分数增加，叶绿素含量呈先升后降趋势，盐胁迫质量分数0.4%时，Chl出现峰值，之后呈下降趋势。其中，BJCY-ML007、BJCY-ML011和BJCY-ML013的变化率较低，小于0.363，表明盐胁迫下Chl稳定，耐盐性较强，与其他种质材料相比，差异显著（$P<0.05$），BJCY-ML018、BJCY-ML020、BJCY-ML021、BJCY-ML023、BJCY-ML024和BJCY-ML035的变化率较高，均大于0.604，表明

对盐胁迫较敏感，耐盐性较弱。

表 6-6　不同盐质量分数对马蔺种质材料 Chl 的影响　单位：mg · g^{-1}

种质材料	NaCl 盐浓度（%）				变化率
	0	0.4	0.8	1.2	
BJCY-ML001	16.33	25.52	16.41	12.96	0.563 ± 0.016^{dc}
BJCY-ML005	15.91	23.14	19.11	15.37	0.455 ± 0.016^{fg}
BJCY-ML006	14.71	20.95	12.66	11.74	0.424 ± 0.017^{g}
BJCY-ML007	18.24	23.24	18.87	16.31	0.274 ± 0.008^{i}
BJCY-ML011	15.29	19.84	18.00	15.48	0.298 ± 0.010^{i}
BJCY-ML012	15.84	23.81	18.01	14.63	0.503 ± 0.015^{fe}
BJCY-ML013	15.22	20.74	18.37	15.14	0.363 ± 0.013^{h}
BJCY-ML016	12.42	18.55	14.50	11.70	0.494 ± 0.020^{fe}
BJCY-ML018	11.36	19.10	13.56	10.68	0.681 ± 0.028^{b}
BJCY-ML020	12.41	21.16	16.82	13.78	0.705 ± 0.020^{b}
BJCY-ML021	11.72	21.01	12.98	7.99	0.793 ± 0.027^{a}
BJCY-ML023	17.67	27.67	21.67	16.08	0.656 ± 0.027^{dc}
BJCY-ML024	14.77	23.70	20.18	17.14	0.604 ± 0.017^{c}
BJCY-ML029	16.81	26.49	16.12	10.03	0.576 ± 0.020^{dc}
BJCY-ML031	16.47	25.32	21.89	16.97	0.538 ± 0.022^{de}
BJCY-ML035	13.44	23.22	13.30	11.28	0.728 ± 0.021^{b}

6.2.6　耐盐性综合评价

（1）聚类分析

将 16 份马蔺种质材料测试的 5 个生理生化指标变化率进行欧氏距离系统聚类法的综合聚类分析（图 6-1），在遗传距离 1.424 处，可将 16 份马蔺种质材料划分为 3 个耐盐级别，其中，耐盐性较强的包括 BJCY-ML001、BJCY-ML016、BJCY-ML012、BJCY-ML023、BJCY-ML007、BJCY-ML011、BJCY-ML024、BJCY-ML029；耐盐性较差的包括 BJCY-ML018、BJCY-ML020、BJCY-ML021、BJCY-ML035；耐盐性居中的包括 BJCY-ML006、BJCY-ML005、BJCY-ML031、BJCY-ML013。

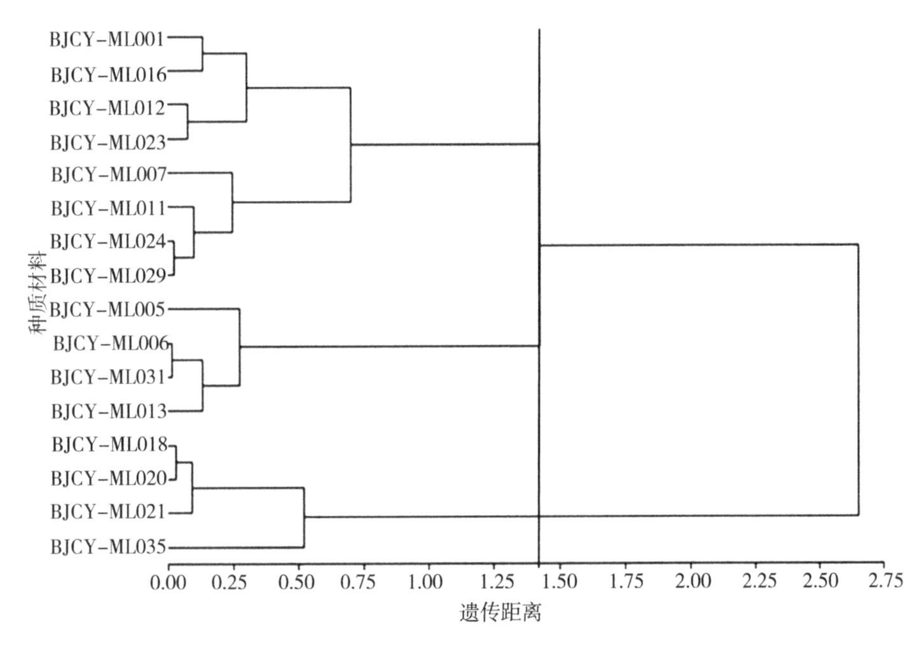

图 6-1　16 份马蔺种质材料聚类图

（资料来源：毛培春 等，2013）。

（2）标准差系数赋予权重法分析

采用标准差系数赋予权重法，对 16 份马蔺种质材料苗期耐盐性强弱进行排序（表 6-7），每个指标变化率与耐盐性呈负相关，综合评价值 *D* 越小，表明该种质材料的耐盐性越强。16 份马蔺种质材料的耐盐性从强到弱次序为 BJCY-ML007>BJCY-ML011>BJCY-ML029>BJCY-ML024>BJCY-ML023>BJCY-ML012>BJCY-ML001>BJCY-ML016>BJCY-ML005>BJCY-ML013>BJCY-ML006>BJCY-ML031>BJCY-ML021>BJCY-ML020>BJCY-ML018>BJCY-ML035。

表 6-7　16 份马蔺种质材料耐盐性评价

种质材料	隶属函数值					*D* 值	排序
	μ（1）	μ（2）	μ（3）	μ（4）	μ（5）		
BJCY-ML001	0.095	7.515	0.093	0.888	0.036	8.626	7
BJCY-ML005	0.083	12.459	0.075	0.743	0.028	13.388	9
BJCY-ML006	0.119	14.496	0.070	1.127	0.034	15.845	11

（续表）

种质材料	隶属函数值					D值	排序
	μ（1）	μ（2）	μ（3）	μ（4）	μ（5）		
BJCY-ML007	0.051	2.850	0.045	0.694	0.023	3.664	1
BJCY-ML011	0.065	4.528	0.049	0.555	0.021	5.220	2
BJCY-ML012	0.073	6.674	0.083	0.859	0.028	7.716	6
BJCY-ML013	0.071	13.676	0.060	0.847	0.031	14.684	10
BJCY-ML016	0.072	8.622	0.081	0.907	0.034	9.715	8
BJCY-ML018	0.127	21.107	0.112	1.513	0.046	22.905	15
BJCY-ML020	0.155	21.091	0.116	1.403	0.040	22.806	14
BJCY-ML021	0.140	20.367	0.130	1.458	0.042	22.137	13
BJCY-ML023	0.069	6.129	0.108	1.003	0.030	7.340	5
BJCY-ML024	0.111	4.836	0.099	0.930	0.035	6.011	4
BJCY-ML029	0.113	4.680	0.095	0.877	0.030	5.796	3
BJCY-ML031	0.087	14.563	0.089	1.152	0.032	15.923	12
BJCY-ML035	0.151	24.642	0.120	1.603	0.041	26.556	16
权重	0.023	3.704	0.018	0.241	0.006		

6.3 讨论与结论

植物耐盐的生理机制包括逃避盐害和忍受盐害两种方式，渗透调节以及在抗氧化酶系统下参与的膜系统的保护，都属于忍受盐害的方式，在盐碱胁迫下，植物可以通过合成Pro、SP、醇类等有机调节物质来维持细胞内的渗透平衡，这些物质还能起到稳定细胞质中酶分子活性构象的作用（袁泽斌，2020）。耐盐性生理生化指标对植物适应不同盐度具有不同的指示意义，但植物耐盐机制是错综复杂的，所以各项生理生化指标必须结合植物的结构特点和盐胁迫下生理生化指标的变化趋势，才能较为准确地综合评价植物耐盐能力的大小（解松峰，2010）。

逆境胁迫下，植株体内水分的平衡状况被打破，进而影响代谢过程，抑制植物生长（Koyro，2006），首先是植物细胞膜受到破坏，导致细胞膜透性增大，叶片RWC下降，且细胞膜透性增加越大，即电导率增加越大，叶片RWC越低，植物受到的损伤越大，耐盐性越差，本研究显示随着盐质量分数的增加，16份马蔺种质材料的细胞膜透性均呈增加趋势，其中BJCY-ML035的电导率变化率最高，BJCY-ML011的变化率最低，RWC呈下降趋势，其中BJCY-ML018叶片RWC变化率下降幅度最大，耐盐性较差，而BJCY-ML011变化率下降幅度最小，耐盐性相对较强，穆丹等（2020）对鸢尾科两种植物黄菖蒲和溪荪的盐胁迫处理研究也表明叶片RWC变化量与耐盐性呈负相关。植物在盐胁迫下细胞内产生的氧自由基很容易使得植株细胞膜脂发生过氧化作用形成膜脂过氧化产物，MDA是膜脂过氧化作用的产物之一，加强脂质过氧化作用，能够直接反映膜受损的程度，张玉东等（2009）研究表明不同盐浓度$NaHCO_3$胁迫马蔺幼苗处理下，胁迫时间相同时随着盐浓度的增加MDA含量增加，本研究也表明盐胁迫下的16份马蔺种质材料，随着盐胁迫质量分数的增加，MDA含量也呈增加趋势，表明高盐浓度对细胞质膜产生严重的破坏作用。渗透调节物质Pro含量作为抗逆性指标仍存在争议，Liu和Zhu（1997）认为，Pro不能作为抗性生理指标，似乎更适宜作为胁迫敏感性指标。Sanada等（1995）和Santa-Cruz等（1997）认为，Pro的积累是植物为了对抗盐胁迫而采取的一种保护性措施。但大量研究认为Pro含量与耐盐性呈负相关关系，可以作为评价植物耐盐性的指标之一（周广生 等，2003；贾峥，2011），例如张磊等（2022）研究认为全叶面积、幅长和Pro等3个指标可作为黄花苜蓿苗期耐盐性评价的关键指标，本研究中随盐胁迫质量分数增加，16份马蔺种质材料的游离Pro含量呈上升趋势，尤其是在高盐质量分数时，上升幅度较大。叶绿素是光合作用的关键色素，它直接反映光合效率及同化能力，Chl是衡量盐胁迫程度高低的一个重要指标（Katerji 等，2003）。本试验中，Chl先升后降的变化趋势，这与张明轩等（2011）研究一致。通过对16份马蔺种质材料苗期叶片5个生理生化指标变化率分析，表明各指标变化率的大小可反映各种质材料间耐盐性差异，即该指标的变化率较大，表明该指标对盐胁迫敏感，耐盐性较差，反之，耐盐性较强。

植物耐盐性是个复杂的系统，耐盐能力的大小是个综合表现，因此利用综合评价法才能有效地反映出不同材料的耐盐性（贾亚雄 等，2008）。前人在研究植物耐盐性和抗旱性鉴定评价时，也认为标准差系数赋予权重法与聚类方法相结合是最佳的评价方法，可用于苗期耐盐性和抗旱性鉴定评价和优异材料的初步筛选（赵海明 等，2012；张娜 等，2013）。本研究分别运用系统聚类法进行耐盐性聚类分析和标准差系数赋予权重法进行耐盐性排序，其中，16份马蔺种质材料耐盐性聚类划分为3个耐盐级别，包括耐盐性较强的BJCY-ML001、BJCY-ML016、BJCY-ML012、BJCY-ML023、BJCY-ML007、BJCY-ML011、BJCY-ML024、BJCY-ML029，居中的BJCY-ML006、BJCY-ML005、BJCY-ML031、BJCY-ML013，较弱的BJCY-ML018、BJCY-ML020、BJCY-ML021、BJCY-ML035；标准差系数赋予权重法分析出耐盐性从强到弱次序为BJCY-ML007>BJCY-ML011>BJCY-ML029>BJCY-ML024>BJCY-ML023>BJCY-ML012>BJCY-ML001>BJCY-ML016>BJCY-ML005>BJCY-ML013>BJCY-ML006>BJCY-ML031>BJCY-ML021>BJCY-ML020>BJCY-ML018>BJCY-ML035，两种方法的结果呈现较高的一致性，说明利用这两种分析方法，开展马蔺种质材料苗期耐盐性评价是科学可行的。

参考文献

刁丰秋，章文华，刘友良，1997. 盐胁迫对大麦叶片类囊体膜组成和功能的影响［J］. 植物生理学报，23（2）：105-110.

贾亚雄，李向林，袁庆华，等，2008. 披碱草属野生种质资源苗期耐盐性评价及相关生理机制研究［J］. 中国农业科学，41（10）：2999-3007.

贾峥，2011. 9个苇状羊茅品种的耐盐性研究［J］. 海南师范大学学报（自然科学版），24（3）：317-321.

毛培春，田小霞，孟林，2013. 16份马蔺种质材料苗期耐盐性评价［J］. 草业科学，30（1）：35-43.

孟林，张国芳，赵茂林，2003. 水保护坡观赏优良地被植物-马蔺［J］. 农业新技术（5）：38-39.

穆丹，梁英辉，姚丹丹，等，2020. 龙凤湿地2种湿生花卉对盐胁迫的生理响应［J］. 西部林业科学，49（3）：49-56.

佟海英，马晶晶，原海燕，等，2012. NaCl和Na_2CO_3胁迫对5种鸢尾属植物生长的影响［J］. 江苏农业科学，40（11）：144-149.

王遵亲，1993. 中国盐渍土［M］. 北京：科学出版社.

解松峰，KANSAYE A，杜向红，等，2010. 30份引进大麦品种（系）苗期耐盐性综合分析［J］. 草业科学，27（4）：127-133.

许玉凤，王雷，王文元，等，2009. 马蔺（*Iris lactea* var. chinensis）抗盐生理特性的研究［J］. 植物研究，29（5）：549-552.

许玉凤，王文元，王雷，等，2011. 盐胁迫对马蔺叶片保护性酶活性和蛋白质表达的影响［J］. 北方园艺（12）：103-105.

袁泽斌，牟昌红，王波，等，2020. NaCl 和 $NaHCO_3$混合盐胁迫对马蔺幼苗生理特性的影响［J］. 浙江农业科学，61（1）：91-95，98.

张磊，王玉祥，李瑞强，等，2022. 盐水连续浇灌下 107 份黄花苜蓿苗期耐盐性评价［J］. 草地学报，30（12）：3317-3325.

张明轩，黄苏珍，绳仁立，等，2011. NaCl 胁迫对马蔺生长及生理生化指标的影响［J］. 植物资源与环境学报，20（1）：46-52.

张娜，赵宝平，张艳丽，等，2013. 干旱胁迫下燕麦叶片抗氧化酶活性等生理特性变化及抗旱性比较［J］. 干旱地区农业研究，31（1）：166-171.

张天殊，吴建慧，王可心，等，2012. Na_2CO_3胁迫对马蔺幼苗生长量及生理特性的影响［J］. 东北林业大学学报，40（7）：45-48.

张玉东，姜中珠，2009. 马蔺对不同浓度 $NaHCO_3$胁迫的生理响应［J］. 植物研究，29（1）：49-53.

赵海明，谢楠，李源，等，2012. 山羊豆种质苗期耐盐性鉴定及评价方法［J］. 华北农学报，27（增刊）：131-138；37.

周广生，梅方竹，周竹青，等，2003. 小麦不同品种耐湿性生理指标综合评价及其预测［J］. 中国农业科学，36（11）：1378-1382.

BAI W B，LI P F，LI B G，et al.，2008. Some physiological responses of Chinese Iris to salt stress［J］. Pedosphere，18（4）：454-463.

KATERJI N，VAN HOORN J W，HAMDY A，et al.，2003. Salinity effect on crop development and yield analysis of salt tolerance according to several classification methods［J］. Agricultural Water Management，62：37-66.

KOYRO H W，2006. Effect of salinity on growth，photosynthesis，water relations and solute composition of the potential cash crop halophyte *Plantago coronopus*（L.）［J］. Environmental and Experimental Botany，56：136-146.

LIU J P，ZHU J K，1997. Proline accumulation and salt stress induced gene expression in salt hypersensitive mutant of *Arabidopsis*［J］. Plant Physiology, 114 (2): 591-596.

SANADA Y, UEDA H, KURIBAYASHI K, et al., 1995. Novel light - dark change of proline levels in halophyte (*Mesembryanthemum crystallinum* L.) and glyeophytes (*Hordeum vulgare* L. and *Triticum aestivum* L.) leaves and roots under salt stress [J]. Plant Cell Physiology, 36 (6): 965-970.

SANTA-CRUZ A, ACOSTA M, RUS A, et al., 1999. Short-term salt tolerance mechanisms in differentially salt tolerant tomato species [J]. Plant Physiology and Biochemistry, 37 (1): 65-71.

第7章　马蔺种质资源耐镉性评价

【内容提要】本章重点对马蔺种质资源的耐Cd性进行评价，揭示其Cd逆境胁迫下生长和生理特性及规律。采用温室砂培模拟Cd胁迫的方法完成了16份马蔺种质材料苗期耐Cd性评价，通过对16份马蔺种质材料8项指标耐性指数进行相关分析和主成分分析，将Cd胁迫处理下马蔺苗期叶片的8个单项指标转化成3个彼此独立的综合指标，并得到了不同马蔺种质材料苗期的耐Cd性综合评价值（*D*值），比较客观地反映了各种质材料的耐Cd性，定量地反映了各材料的耐Cd能力。通过对*D*值聚类分析，将16份马蔺种质材料划分为强耐Cd性、中等耐Cd性和弱耐Cd性3种类型。采用水培法分析了马蔺耐Cd种质材料BJCY-ML004的耐Cd生理机制，得出Cd处理下马蔺通过提高抗氧化酶活性、保持渗透平衡和清除过量自由基，从而缓解Cd胁迫对植株的伤害。Cd胁迫下马蔺根是吸收Cd的重要器官，对Cd具有较强的滞留作用，可限制Cd从根系向地上部迁移，从而减轻Cd对叶片的毒害效应，且酒石酸和柠檬酸参与了马蔺对Cd的吸收和积累过程，这可能是马蔺耐受并缓解Cd毒害的重要策略。

马蔺具有适应性强，病虫害少，易繁殖（孟林 等，2003）、抗寒、抗旱（孟林 等，2009）、耐盐碱（毛培春 等，2013）等特点。研究发现马蔺具有较强的Cd吸收富集能力，其根系对Cd的吸收达到 1 182 $\mu g \cdot g^{-1}$，地上部达到264.4 $\mu g \cdot g^{-1}$（郭智 等，2008；原海燕 等，2010）。因此，马蔺是一种理想的修复重金属污染土壤的备选植物。植物对重金属的耐性在不同植物种类、同种植物不同品种或不同种质材料间存在明显差异（田治国 等，2013；籍贵苏 等，2014）。因此，从现有种质材料中筛选出耐Cd能力强的种质是植物抗逆杂交育种及基因工程育种主要手段之一。

在重金属Cd逆境胁迫中，植物根系是最先感知重金属Cd等有毒物质的器官（Lu 等，2008）。在Cd胁迫下，根系往往通过生物量、根系形态等变化来适应环境胁迫，而根系形态变化则直接影响根系生理变化，进而影响植株生长（唐秀梅 等，2008；曲梦雪 等，2022）。因此，通过研究 Cd 毒害对植物根系形态变化及其生理指标的影响，可进一步探讨植物对 Cd 胁迫的耐性机制。目前，有关马蔺在 Cd 胁迫下幼苗生长及其 Cd 积累已有一些报道，如原海燕等（2010）对 4 种鸢尾属植物的 Cd 富集特征和修复潜力研究表明，马蔺对 Cd 的吸收能力最强；郭智等（2008）对 Cd 胁迫下马蔺和鸢尾的影响研究发现，马蔺比鸢尾表现出更强的 Cd 耐受性。为了解 Cd 胁迫对马蔺根系形态及其生理指标的影响，本研究以马蔺为试验材料，考察不同 Cd 浓度对马蔺根系形态、根系活力和植株抗氧化酶活性、MDA 含量、SP 含量等生理指标的影响，以期为进一步揭示马蔺对重金属 Cd 的耐受机制和解毒机制提供理论依据。

研究发现大部分植物从土壤中吸收的重金属相对较少，同时大多数积累在根部，较少转移至地上部分。在正常条件下，植物体内 Cd 含量很低，一般不超过 1.0 mg · kg^{-1}，且只有少量积累在地上部分，植物吸收的大部分 Cd 都限制在根部。在前期的砂培试验中，发现在 100 mg · kg^{-1}Cd 处理 40 d 后，16 份马蔺种质材料耐 Cd 性试验中有 10 份材料 Cd 的转移系数大于 0.5，表明马蔺对 Cd 有较强的吸收积累能力，并且对 Cd 有较强的运转能力。由此，我们推测马蔺在重金属 Cd 胁迫后，根系分泌物对土壤中 Cd 起到了活化作用，此时，这些离子通过扩散、质流或者截获达到植物根系表面后，根系通过主动或者被动形式吸收这些离子。根系分泌物可以通过酸化溶解、络合溶解等活化作用改变根际 pH 值、Eh 等条件而影响重金属的活性，增加它们的生物有效性，利于植物吸收，从而减少这些重金属在土壤中的含量，促进重金属的植物提取效率（Mench，1988；张福锁，1992）。

本课题组前期对马蔺耐重金属 Cd 特性的试验研究结果表明，马蔺植株地上部分积累重金属 Cd 能力较强，属于 Cd 超富集植物，容易通过多次采割实现降低土壤中 Cd 含量的目的，因而它们在重金属 Cd 污染治理中更具有应用潜力。基于此，通过分析马蔺根系分泌物的成分和含量变化及植株组织中 Cd 含量的变化特征，明确根系分泌物、根系生理特征与 Cd 积累的关系，从而确定马蔺对 Cd 的活化和吸收机制。为深入探讨马蔺根际环境对重金属 Cd 的活化和吸收机制，提高植物修复效率提供重要的科学理论依据和技术支撑。

7.1　马蔺种质资源耐镉性及鉴定指标筛选

7.1.1　材料与方法

以采自我国内蒙古、新疆、北京和山西 4 个省（区、市）的 16 份野生马蔺种质材料为试验材料。具体采集地点、生境见表 7-1。采用温室砂培模拟逆境胁迫的方法开展试验，试验期温室平均气温 27.5 ℃（白天）/18.0 ℃（夜晚），相对湿度 55.2%（白天）/82.8%（夜晚）。马蔺种子用 40 ℃温水浸泡 48 h，撒播于装有基质（壤土：草炭 = 3：1）的营养钵（8 cm×8 cm）中育苗，待苗高约 15 cm 时选取长势均一幼苗，用去离子水漂去根系上的土，移栽至砂培盆（上口径 21.5 cm，下口径 14.5 cm，高 17.5 cm，装过 5 mm 孔径筛子砂 3.66 kg）中，每盆移栽 18 株，每份材料 15 盆，之后每隔 2 d于上午 9:00 每盆浇一次 Hoagland 营养液 200 mL。马蔺幼苗预培养 10 d 后，开始不同 Cd 浓度处理，试验设置 5 个 Cd 浓度处理，即 0 mg · kg^{-1}（对照）、50 mg · kg^{-1}、100 mg · kg^{-1}、200 mg · kg^{-1}和 300 mg · kg^{-1}，每个处理设 3 次重复。以 $CdCl_2 \cdot 2.5H_2O$（分析纯）与 Hoagland 营养液配成不同浓度 Cd 处理溶液，将配制好的溶液分 2 d 加入相应的试验盆中，每盆每次浇 200 mL，对照浇灌等量营养液，浇灌 Hoagland 营养液方法同上。

表 7-1　马蔺种质材料及来源

序号	材料编号	采集地	生境	经纬度（N，E）	海拔（m）
1	BJCY-ML001	北京海淀区	果园田边，壤土	39°56′32″，116°16′44″	57
2	BJCY-ML004	吉林永吉县北大湖镇	低地草甸，轻度盐化	43°31′12″，126°20′24″	399
3	BJCY-ML005	内蒙古赤峰阿鲁科尔沁旗	草甸草原，砂壤土	42°10′12″，118°31′12″	926
4	BJCY-ML006	山西太原市	荒漠草原，砂砾质	37°31′12″，112°19′20″	760
5	BJCY-ML007	内蒙古赤峰克什克腾旗	草甸草原，公路旁，砂砾质	43°15′54″，117°32′45″	1 100
6	BJCY-ML011	内蒙古临河八一镇丰收村	公路边盐碱荒地	40°48′56″，107°29′24″	1 038

（续表）

序号	材料编号	采集地	生境	经纬度（N，E）	海拔（m）
7	BJCY-ML015	新疆伊犁州昭苏县	低地草甸，较强盐化，砂砾质	43°08′23″，81°07′39″	1 846
8	BJCY-ML016	内蒙古临河曙光镇永强村	盐化低地草甸，砂砾质	40°46′14″，107°25′20″	1 039
9	BJCY-ML017	新疆伊犁州昭苏军马场	低地草甸，盐碱土	43°55′20″，81°19′39″	1 800
10	BJCY-ML018	内蒙古呼和浩特市大青山	干旱荒漠草原，砂壤土	40°52′38″，111°35′27″	1 160
11	BJCY-ML019	新疆伊犁州伊犁河边	盐化低地草甸	43°51′08″，81°24′07″	530
12	BJCY-ML021	新疆伊犁州特克斯县四乡	低地草甸，轻度盐化	43°07′18″，81°43′35″	1 270
13	BJCY-ML023	新疆伊犁州奶牛场	低地草甸，重度盐碱土	43°53′02″，81°17′11″	603
14	BJCY-ML029	内蒙古科尔沁左翼中旗保康镇	低地草甸，轻度盐化	44°07′48″，123°21′12″	144
15	BJCY-ML032	内蒙古通辽市科尔沁左翼后旗阿古拉	草甸草原，砂壤土	43°18′26″，122°38′06″	262
16	BJCY-ML035	新疆伊宁县胡地亚于孜乡阔坦塔木村	低地草甸，盐化灰钙土	43°45′15″，83°10′30″	1 071

Cd胁迫处理40 d后，对16份马蔺种质材料各生理指标进行测定。株高（PH）用直尺测量垂直高度，取10株苗平均值。胁迫处理结束后，用自来水冲洗干净，分离地上与根系部分，烘干至恒重，记录植株地上干重（DWS）与根干重（DWR）。各处理组均随机选取幼苗若干株，同一生理指标采集同一生长部位的叶片，迅速用去离子水冲洗干净，并用吸水纸吸干表面水分，称取叶片，用于测定各生理指标，取样时间为上午8:00—10:00。Chl含量采用直接浸提法测定（高俊凤，2006）；SP含量采用考马斯亮蓝染色法测定（李合生，2000）；叶片超氧化物歧化酶（SOD）活性采用氮蓝四唑法测定；POD活性采用愈创木酚法测定；MDA含量采用硫代巴比妥酸法测定（高俊凤，2006）。

$$单项指标耐性指数\ \omega = \frac{不同浓度处理下的平均测定值}{对照测定值}$$

各综合指标的隶属函数值 $\mu(X_j)=\frac{X_j-X_{min}}{X_{max}-X_{min}}$，$\mu(X_j)=\frac{X_{max}-X_j}{X_{max}-X_{min}}$，$j=1, 2, \cdots, n$；式中：$\mu(X_j)$ 表示第 j 个综合指标的隶属函数值；X_j 表示第 j 个综合指标值；X_{min} 表示第 j 个综合指标最小值；X_{max} 表示第 j 个综合指标最大值，指标与耐 Cd 性呈正相关用隶属函数公式 $\mu(X_j)=\frac{X_j-X_{min}}{X_{max}-X_{min}}$ 计算隶属函数值，指标与耐 Cd 性呈负相关用反隶属函数公式 $\mu(X_j)=\frac{X_{max}-X_j}{X_{max}-X_{min}}$ 计算（朱向涛 等，2017；辛宝宝 等，2012）。

各综合指标的权重 $W_j=\frac{V_j}{\sum_{j=1}^{n}V_j}$；式中：$W_j$ 表示第 j 个综合指标在所有综合指标中的重要程度即权重；V_j 表示经主成分分析所得各材料第 j 个综合指标的贡献率。

各种质材料综合耐 Cd 能力的大小 $D=\sum_{j=1}^{n}[\mu(X_j)\cdot W_j]$；式中：$D$ 值为各种质材料在 Cd 胁迫条件下由综合指标评价所得的耐 Cd 性综合评价值（朱向涛 等，2017；辛宝宝 等，2012；李春红 等，2014）。

转移系数=植物地上部（叶）中平均 Cd 含量/地下部（根）中平均 Cd 含量（Gupta 等，2007；MacFarlane 等，2007）。

富集系数=根或地上部分（茎叶）平均 Cd 浓度/土壤 Cd 浓度（Solan 等，2007）。

用 Excel2010 进行数据处理，SPSS19.0 统计分析软件进行相关性分析和主成分分析，基于欧氏距离系统聚类法进行聚类分析，运用隶属函数法和主成分赋予权重法计算各种质的耐 Cd 性综合得分，准确鉴定每份材料耐 Cd 能力。

7.1.2　研究结果

（1）各单项指标的耐性指数及相关性分析

进行比较分析时，与绝对值相比，指标相对值更能准确地反映试验材料耐 Cd 能力的大小，且能消除种质材料间固有的差异。根据公式计算得出各单项指标相对值即耐性指数 ω。由表 7-2 可知，总体上，不同马蔺种质材料经 Cd 胁迫处理后，各种质材料的 PH、DWS、DWR 等指标与对照相比均有所下降（$\omega<1$），MDA 含量与对照相比有所增加（$\omega>1$）。但不同材料的耐性指数在相同指标下不同，相同材料的耐性指数在不同指标下也存在差异，用单项指标很难准确地反映出不同材料的耐 Cd 能力。

表 7-2 各单项指标的耐性指数ω值

材料编号	PH	DWS	DWR	Chl	SOD	POD	MDA	SP
BJCY-ML001	0.864	0.714	0.563	0.793	0.764	0.836	2.359	0.696
BJCY-ML004	0.960	0.957	0.955	0.919	1.217	1.080	1.143	1.019
BJCY-ML005	0.955	0.843	0.842	0.876	0.779	0.921	1.385	0.869
BJCY-ML006	0.961	0.970	0.933	0.971	1.280	0.992	1.043	0.96
BJCY-ML007	0.942	0.789	0.762	0.741	0.910	0.869	1.258	0.924
BJCY-ML011	0.835	0.642	0.736	0.703	0.861	0.769	1.669	0.874
BJCY-ML015	1.099	1.141	0.961	0.929	1.006	1.293	1.155	1.100
BJCY-ML016	1.003	1.011	1.000	0.992	1.105	1.353	1.034	1.252
BJCY-ML017	0.980	0.791	0.746	0.869	0.898	0.991	1.314	0.954
BJCY-ML018	1.212	0.991	1.016	0.944	1.289	1.213	1.033	1.147
BJCY-ML019	1.025	1.009	0.979	0.970	1.480	1.263	1.035	1.025
BJCY-ML021	0.927	0.794	0.85	0.898	0.961	0.968	1.295	1.019
BJCY-ML023	0.892	0.822	0.893	0.860	0.888	0.965	1.052	0.909
BJCY-ML029	1.000	0.910	0.857	0.882	0.981	0.935	1.210	1.001
BJCY-ML032	0.907	0.847	0.810	0.882	0.879	0.817	2.692	0.859
BJCY-ML035	0.892	0.713	0.669	0.838	0.899	0.779	2.387	0.815

注：PH，株高；DWS，地上干重；DWR，地下干重；Chl，叶绿素；SOD，超氧化物歧化酶；POD，过氧化物酶；MDA，丙二醛；SP，可溶性蛋白；下同。

采用双变量相关性分析法对 16 份马蔺种质的 8 项指标耐性指数进行分析。由表 7-3 可以看出，总体上，除 Chl 含量与 MDA 含量相关外，其他指标相互之间均存在不同程度的相关性，说明它们所提供的信息发生了相互重叠，而植物对重金属的耐性是一种综合性状的表现，所以直接利用单项指标评价马蔺耐 Cd 性具有一定的片面性，不能准确评价供试材料的耐 Cd 能力。

表 7-3　各单项指标的相关系数矩阵

指标	PH	DWS	DWR	Chl	SOD	POD	MDA	SP
PH	1.000							
DWS	0.784**	1.000						
DWR	0.704**	0.855**	1.000					
Chl	0.625**	0.827**	0.780**	1.000				
SOD	0.599*	0.681**	0.747**	0.697**	1.000			
POD	0.767**	0.877**	0.818**	0.779**	0.684**	1.000		
MDA	−0.543*	−0.576*	−0.740**	−0.448	−0.557*	−0.667**	1.000	
SP	0.739**	0.764**	0.861**	0.682**	0.619*	0.869**	−0.716**	1.000

注：* 和 ** 分别表示 $P<0.05$ 和 $P<0.01$ 的显著水平。

（2）马蔺种质材料各指标的主成分分析

主成分分析是在损失较少信息的前提下把多项指标转化为较少的综合指标。通过 SPSS19.0 对马蔺种质 8 项指标进行主成分分析，结果见表 7-4。结果表明：第 1 主成分的贡献率是 75.424%，第 2 主成分的贡献率为 7.901%，第 3 主成分的贡献率为 5.827%，三者累计贡献率达 89.152%>85%，基本代表了试验材料各测定指标的绝大部分信息，可初步作为 3 个新的相互独立的综合指标对马蔺种质材料苗期耐 Cd 能力进行评价。

表 7-4　各综合指标的系数及贡献率

综合指标	各指标特征向量								特征值	贡献率（%）	累计贡献率（%）
	PH	DWS	DWR	Chl	SOD	POD	MDA	SP			
CI_1	0.338	0.375	0.382	0.344	0.326	0.381	−0.305	0.368	6.034	75.424	75.424
CI_2	0.080	0.251	−0.094	0.497	0.175	0.023	0.766	−0.241	0.632	7.901	83.325
CI_3	0.546	0.171	−0.155	−0.163	−0.703	0.194	0.200	0.226	0.466	5.827	89.152

（3）马蔺苗期耐 Cd 性综合评价

根据各单项指标耐性指数和各综合指标的系数得出马蔺种质材料 3 个综合指标值（表 7-5），根据公式计算不同材料各综合指标的隶属函数值 μ（x）。由表 7-5 可以看出，在同一综合指标 CI_1 下，材料 BJCY-ML018 的隶属函数值最大，表明此材料在综合指标 CI_1 下耐 Cd 能力表现最强，隶属函数值为 1.000，而材料 BJCY-ML001 的 μ（x）最小值为 0，表明此材料在

CI_1下耐 Cd 能力表现最差。

根据权重公式计算各综合指标的权重 W_j。经计算，3 个综合指标的权重分别为：0.846、0.089、0.065。采用公式计算马蔺种质材料耐 Cd 能力综合评价值 *D* 值，并根据 *D* 值对其耐 Cd 能力进行强弱排序。由表 7-5 可知，材料 BJCY-ML018 的 *D* 值最大，达到 0.927，表明其耐 Cd 能力最强，材料 BJCY-ML001 的 *D* 值最小，只有 0.095，表明其耐 Cd 能力最差。

表 7-5　各材料综合指标值、隶属函数值、权重、*D* 值、预测值及排序

材料编号	综合指标值			隶属函数值			*D* 值	预测值	排序
	CI_1	CI_2	CI_3	μ（1）	μ（2）	μ（3）			
BJCY-ML001	-4.010	0.829	0.284	0.000	0.692	0.597	0.095	0.075	16
BJCY-ML004	1.506	-0.011	-0.774	0.724	0.413	0.191	0.660	0.698	6
BJCY-ML005	-0.917	-0.197	0.450	0.406	0.351	0.660	0.412	0.347	11
BJCY-ML006	1.519	0.358	-1.273	0.726	0.536	0.000	0.662	0.684	5
BJCY-ML007	-1.606	-1.252	0.215	0.316	0.000	0.570	0.299	0.364	13
BJCY-ML011	-3.296	-1.222	-0.363	0.094	0.010	0.349	0.100	0.156	15
BJCY-ML015	2.902	0.228	1.337	0.907	0.492	1.000	0.868	0.900	3
BJCY-ML016	3.334	-0.088	0.364	0.964	0.387	0.627	0.885	0.899	2
BJCY-ML017	-0.684	-0.387	0.441	0.437	0.288	0.657	0.432	0.386	9
BJCY-ML018	3.607	0.075	0.694	1.000	0.441	0.754	0.927	0.849	1
BJCY-ML019	3.047	0.524	-1.199	0.926	0.591	0.028	0.838	0.828	4
BJCY-ML021	-0.194	-0.416	-0.190	0.501	0.278	0.415	0.472	0.454	8
BJCY-ML023	-0.564	-0.867	-0.361	0.452	0.128	0.349	0.414	0.383	10
BJCY-ML029	0.313	-0.314	0.248	0.568	0.312	0.583	0.541	0.571	7
BJCY-ML032	-1.963	1.755	0.210	0.269	1.000	0.568	0.348	0.370	12
BJCY-ML035	-2.995	0.986	-0.084	0.133	0.744	0.456	0.204	0.199	14
权重				0.846	0.089	0.065			

采用系统聚类法对 *D* 值进行聚类分析，可将 16 份种质材料划分为 3 类：BJCY-ML018、BJCY-ML019、BJCY-ML016、BJCY-ML015、BJCY-ML006、BJCY-ML004 等 6 份材料为第 Ⅰ 类，属于强耐 Cd 性；BJCY-ML032、BJCY-ML007、BJCY - ML029、BJCY - ML021、BJCY - ML017、BJCY - ML023、

BJCY-ML005 等 7 份材料为第Ⅱ类，属于中等耐 Cd 性；BJCY-ML035、BJCY-ML011、BJCY-ML001 等 3 份材料为第Ⅲ类，属于弱耐 Cd 性（图 7-1）。

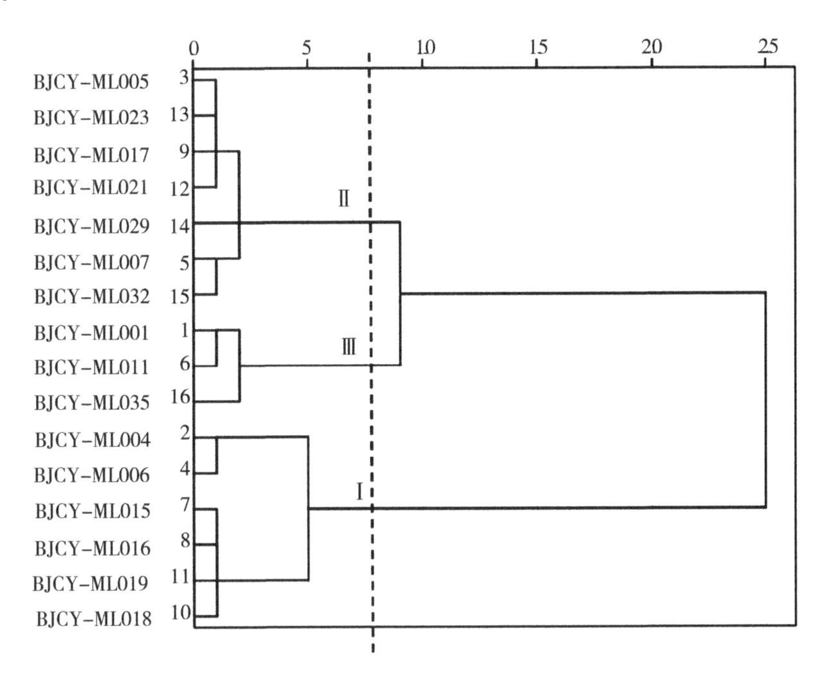

图 7-1　马蔺种质材料耐 Cd 性分级聚类图

（4）马蔺苗期耐 Cd 指标筛选及回归模型建立

把耐 Cd 性综合评价 D 值做因变量，各单项指标耐性指数 ω 做自变量，进行逐步回归分析，建立了最优方程：$D=-1.414+1.076DWS+0.744SP+0.266SOD$，方程决定系数 $R^2=0.971$，$P=0.001$，方程显著。由方程可知，在 8 个单项指标中，上述 3 个指标对马蔺耐 Cd 性有显著影响，分别是 DWS、SP、SOD。对回归方程的估算精度进行评价，估算精度在 80%以上，证明最优方程中的 DWS、SP、SOD 指标对马蔺耐 Cd 性影响显著，马蔺耐 Cd 性评价可用该方程进行评价。因此在供试材料耐 Cd 性鉴定中可有选择地测定这 3 个指标来使耐 Cd 性鉴定简单化。

（5）Cd 胁迫对马蔺根、叶的 Cd 含量、转移系数和生物富集系数的影响

选取耐 Cd 性强材料 BJCY-ML016、BJCY-ML018，耐 Cd 性中等材料 BJCY-ML023、BJCY-ML032，耐 Cd 性弱材料 BJCY-ML011、BJCY-ML035

进行 Cd 胁迫下的富集特性探讨。

①Cd 胁迫对马蔺根和叶中 Cd 含量的影响

由图 7-2a 可知，随着 Cd 处理浓度的增加，6 份种质材料根中 Cd 含量均呈增加趋势。耐 Cd 性强材料 BJCY-ML016、BJCY-ML018 根中 Cd 含量与耐 Cd 性中等材料 BJCY-ML023、BJCY-ML032 差异不大，且 4 份材料在 200 mg · kg^{-1}、300 mg · kg^{-1}Cd 浓度时根中 Cd 含量均显著高于耐 Cd 性弱材料 BJCY-ML011、BJCY-ML035。

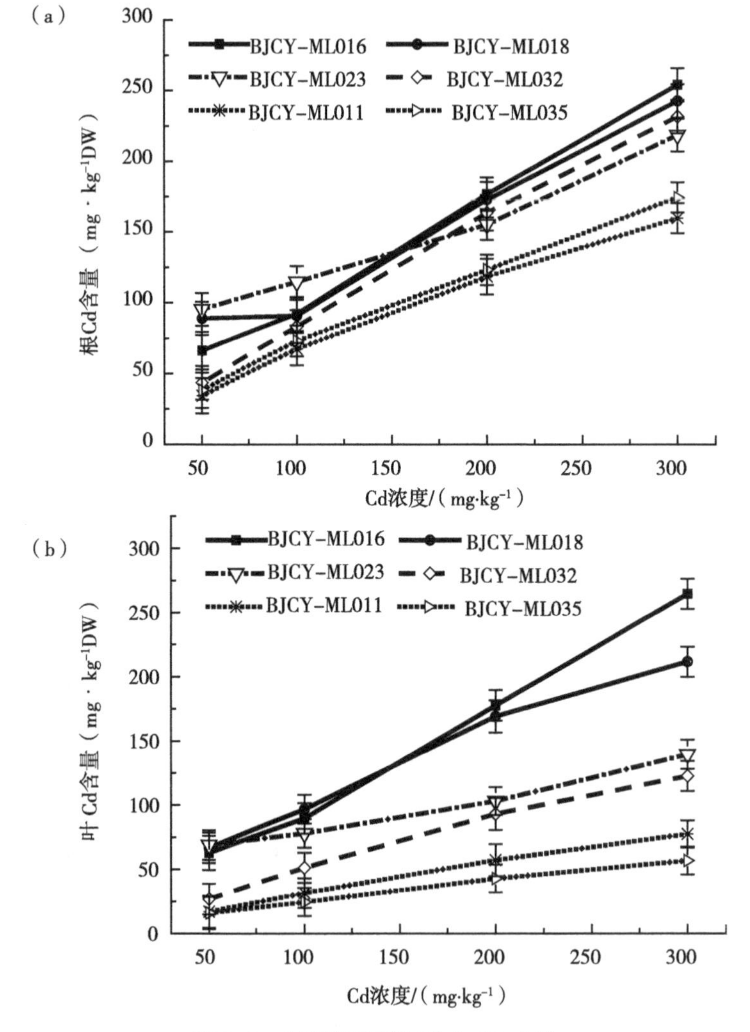

图 7-2　马蔺幼苗根和叶中 Cd 含量

由图 7-2b 可看出，马蔺种质材料叶 Cd 含量随 Cd 胁迫浓度的增加而增加。耐 Cd 性强材料 BJCY-ML016、BJCY-ML018 叶中 Cd 含量显著高于耐 Cd 性中等 BJCY-ML023、BJCY-ML032 和耐 Cd 性弱材料 BJCY-ML011、BJCY-ML035。3 个耐 Cd 群体在 50 mg · kg^{-1}、100 mg · kg^{-1}Cd 浓度胁迫时叶中 Cd 含量差异不大，但在 200 mg · kg^{-1}、300 mg · kg^{-1}Cd 浓度胁迫下差异显著。

②Cd 胁迫对富集系数及转移系数的影响

由图 7-3a、b 可知，随着 Cd 浓度的增加，马蔺根和叶对 Cd 的富集系

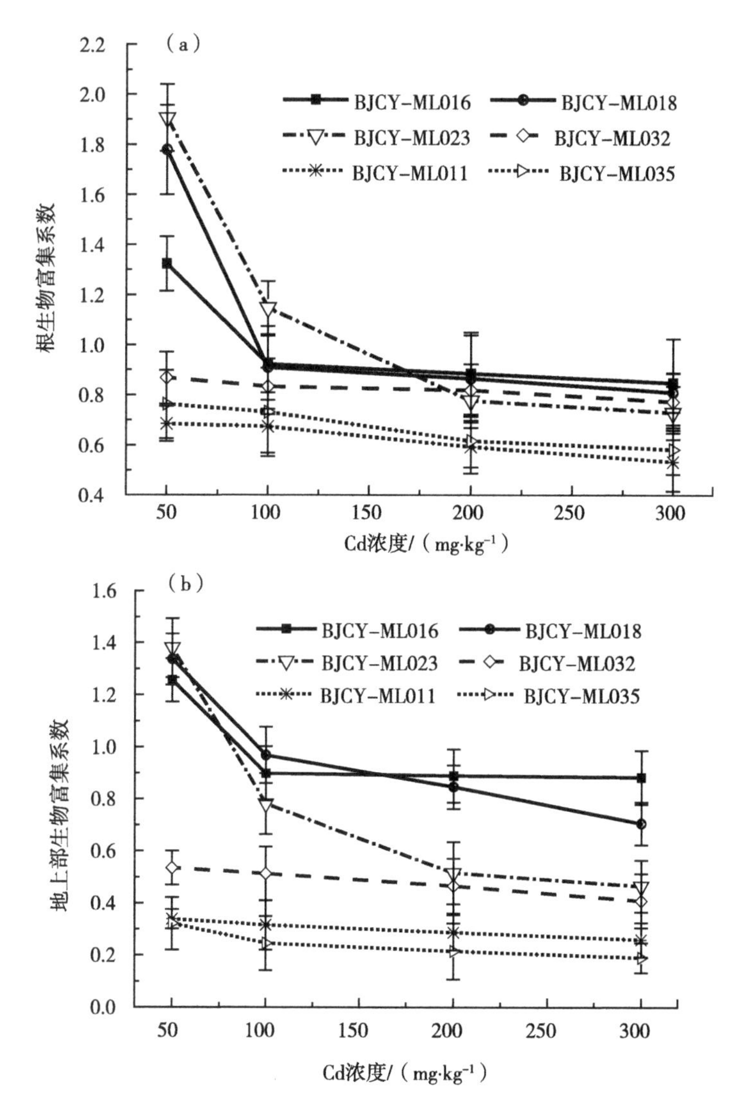

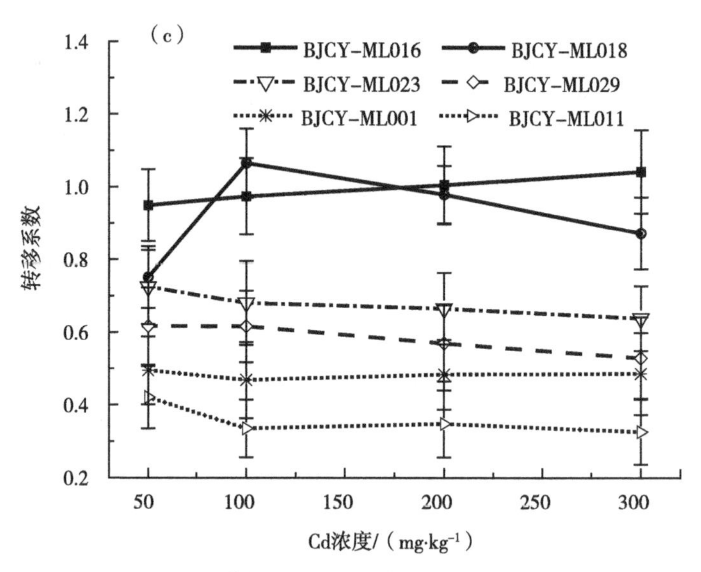

图 7-3 马蔺幼苗 Cd 生物富集系数和转移系数

数（BCF）呈下降趋势。在根和叶中，耐 Cd 性强材料 BJCY-ML016、BJCY-ML018 与耐 Cd 性中等材料 BJCY-ML023 的富集系数较高，最小的是耐 Cd 性弱材料 BJCY-ML011、BJCY-ML035。由图 7-3c 可看出，6 份马蔺种质材料转移系数（TF）总的变化范围为 0.32～1.06，耐 Cd 性强材料 BJCY-ML016 呈缓慢上升趋势，BJCY-ML018 呈先升后降趋势，在 Cd 胁迫浓度为 100 mg · kg^{-1}时出现拐点。耐 Cd 性中等 BJCY-ML023、BJCY-ML032 和耐 Cd 性弱材料 BJCY-ML011、BJCY-ML035 整体呈下降趋势。说明耐 Cd 性强材料对 Cd 的转移能力强，能将较多的 Cd 运送到地上部分，能够较好地运输及解毒。

7.1.3 讨论与结论

植物在重金属胁迫下的生长涉及离子毒害、渗透胁迫等，是一个复杂的反应过程，其耐重金属能力的大小是受多因素影响的综合表现，简单使用单项指标难以全面、准确地反映植物品种、种质材料的耐重金属能力，应用多项指标综合评价植物对重金属的抗逆性（Rout 等，2007）。目前，国内外学者已筛选出多种与植物耐重金属相关的形态、生理等方面的指标，本试验为消除材料间固有差异，选择重金属 Cd 胁迫下各单项指标平均值与对照的相对值即耐性指数来比较材料间耐 Cd 能力。通过对 16 份马蔺种质材料的 8 项指标耐性指数进行相关分析和主成分分析，将 Cd 胁迫处理下马蔺苗期叶片的 8 个单项指标转化成 3 个彼此独立的综合指标，并得到了不同马蔺种质材料苗期的 D 值，比较客观地反映了各种质材料的耐 Cd 性，定量地反映了各材料的耐 Cd 能力。通过对 D 值聚类分析，将 16 份马蔺种质材料划分为强耐 Cd 性、中等耐 Cd 性和弱耐 Cd 性 3 种类型。

利用逐步回归法建立了可靠的马蔺种质材料苗期耐 Cd 性评价回归模型：$D=-1.414+1.076\mathrm{DWS}+0.744\mathrm{SP}+0.266\mathrm{SOD}$，筛选出显著影响马蔺苗期耐 Cd 能力的 3 个单项指标，即 DWS、SP、SOD。在相同的逆境条件下，可通过测定其他材料的 3 个鉴定指标，利用该评价模型来预测目标材料的抗逆性强弱，使得抗逆性的鉴定与利用研究更有预见性，也可为抗逆栽培、育种及资源的鉴定与筛选提供依据。张锡洲等（2013）研究认为，生物量在 Cd 胁迫下受到严重抑制，是体现水稻 Cd 耐性强弱的指标之一。贾永霞等（2015）研究指出，Cd 胁迫对细叶百日草地下部分生长的抑制作用较地上部分更强，且表现出浓度效应，说明 Cd 胁迫对地上部干重的受抑程度小于根系干重。佘玮（2011）研究认为在 100 $\mu mol \cdot L^{-1}$Cd 处理时，以地上部干重作为 Cd 耐受性的筛选指标较为适宜。逆境胁迫下植物的物质代谢活动发生改变，相继生成并积累一些渗透调节物质，蛋白质等大分子物质分解为小分子物质（SP、可溶性糖、Pro）。重金属离子进入植物体内后与其他化合物结合形成金属螯合物，植物代谢活动则会受到抑制，使蛋白质的合成受阻（丁海东 等，2004）。因此，植物 SP 含量是衡量植物是否发生重金属胁迫的重要指标之一。重金属等逆境胁迫下，绿色植物普遍存在氧化胁迫现象，导致植物体内的活性氧自由基大量积累在叶细胞内。SOD 能够很好地清除氧自由基，保护植物细胞免于受到氧化胁迫的伤害，在植物抵抗逆境胁迫、器官衰老及活性氧伤害中起着重要作用（田小霞 等，2012；郭天荣 等，2015）。胡国涛等（2016）研究表明竹柳在重金属胁迫作用下可维持较高的 SP 含量和 SOD 活性，SP 含量和 SOD 活性等可以作为竹柳耐重金属胁迫的评价指标。

虽然应用综合指标评价植物抗逆性的观点已被广大学者接受，但对多项指标如何综合应用且又准确定量评价的报道较少。笔者通过隶属函数法计算出马蔺种质材料综合指标值的隶属函数值，利用主成分分析法分析数据本身得到了各综合指标的权重，进一步根据各指标间的权重得到 D 值，由于各种质材料的 D 值是一个［0，1］闭区间上的无量纲系数（辛宝宝 等，2012），使各试验材料间耐 Cd 性的差异具有可比性。本试验中的 16 份马蔺种质材料的耐 Cd 性由 3 个综合指标共同决定，单一综合指标不能鉴定某一材料的耐 Cd 能力。由表 7-5 可知，试验材料 BJCY-ML018 的综合评价值 D 值最大，耐 Cd 能力最强，但材料 BJCY-ML018 的 3 个综合指标的隶属函数值在不同综合指标的隶属函数值差异性较大，例如：在综合指标 CI_1 的隶属函数值最大，为 1.000，但在综合指标 CI_2 下的隶属函数值仅为 0.441。说明马蔺种质材料不同其耐 Cd 能力也不相同。由于本试验材料马蔺种质材料有限，关于本试验研究得出的耐 Cd 性预测方程和筛选的耐 Cd 指标是否适合于其他马蔺种质材料的耐 Cd 能力鉴定，则有待于进一步研究与验证。

同一种植物不同部位以及不同物种或品种之间，对 Cd 的积累量存在很大的差别。6 份马蔺材料幼苗根和叶 Cd 含量在 4 个处理浓度下均表现为根>叶，表明 Cd 从根部转移到地上叶的能力低，限制重金属从根部移动到地上部分是植物耐受重金属胁迫的机制之一（吴桂容 等，2006）。富集系数（BCF）和转移系数（TF）可以用来评价植物修复土壤重金属污染的能力（Guo 等，2014）。本研究中，耐 Cd 性强材料 BJCY-ML016、BJCY-ML018 根部和叶片的 Cd 富集系数较大，说明耐 Cd 能力强的马蔺种质材料具有更高的 Cd 积累能力，耐 Cd 性弱材料 BJCY-ML011、BJCY-ML035 富集系数最小，表明耐 Cd 性弱的种质材料积累 Cd 的能力较差。6 份种质材料转移系数变化范围为 0.32~1.06，耐 Cd 性强材料 BJCY-ML016、BJCY-ML018 的转移系数大于耐 Cd 性中等材料 BJCY-ML023、BJCY-ML032 和耐 Cd 性弱材料 BJCY-ML011、BJCY-ML035，说明耐 Cd 性强材料能够将根部积累的 Cd 较多地转移到地上部分，从而利用植物自身的解毒机制来减少 Cd 带来的危害，这可能与植物体自身的螯合作用和区域化作用有关（时萌 等，2016）。

通过综合评价 D 值可知马蔺种质材料的耐 Cd 能力大小。用系统聚类法对 D 值进行聚类分析，可将 16 份材料划分为 3 个类群：第Ⅰ类为强耐 Cd 性材料资源：BJCY-ML018、BJCY-ML019、BJCY-ML016、BJCY-ML015、BJCY-ML006、BJCY-ML004；第Ⅱ类是中等耐 Cd 性资源：BJCY-ML032、BJCY-ML007、BJCY-ML029、BJCY-ML021、BJCY-ML017、BJCY-ML023、BJCY-ML005；第Ⅲ类为弱耐 Cd 性资源：BJCY-ML035、BJCY-ML011、BJ-CY-ML001。耐受性强的材料，具有较高的 Cd 转移能力和积累能力，可作为 Cd 污染土壤的园林绿化植物。通过逐步回归分析方法建立了马蔺种质材料苗期耐 Cd 性预测回归模型：$D=-1.414+1.076DWS+0.744SP+0.266SOD$。在相同逆境条件下，可通过测定 DWS、SP、SOD 等 3 个指标求得耐性指数，利用该方程进行耐 Cd 性强弱的快速检测，预测材料抗逆性的强弱，为鉴定、筛选、培育耐 Cd 马蔺种质材料提供了科学依据。

7.2　马蔺苗期耐镉机理分析

7.2.1　马蔺根系形态和生理特征与 Cd 积累的关系

（1）材料与方法

植物材料为采自我国吉林省西部的野生马蔺。马蔺种子用 40 ℃温水浸泡 48 h，撒播于装有基质（壤土：草炭=1：1）的营养钵（8 cm×8 cm）中育苗，待苗高约 10 cm 时选取长势均一幼苗，用去离子水漂去根系上的土，移入黑色培养盒（190 mm×140 mm×85 mm）中，于光照培养箱中培养，采用 Hoagland 营养液培养，每 4 d 更换一次营养液，营养液组成为：2 $mmol \cdot L^{-1}$ KNO_3，0.5 $mmol \cdot L^{-1}$ $NH_4H_2PO_4$，0.25 $mmol \cdot L^{-1}$ $MgSO_4 \cdot 7H_2O$，1.5 $mmol \cdot L^{-1}$ $Ca(NO_3)_2 \cdot 4H_2O$，0.5 $mmol \cdot L^{-1}$ Fe－citrate，92 $\mu mol \cdot L^{-1}$ H_3BO_3，18 $\mu mol \cdot L^{-1}$ $MnCl_2 \cdot 4H_2O$，1.6 $\mu mol \cdot L^{-1}$ $ZnSO_4 \cdot 7H_2O$，0.6 $\mu mol \cdot L^{-1}$ $CuSO_4 \cdot 5H_2O$，0.7 $\mu mol \cdot L^{-1}$ $(NH_4)_6Mo_7O_{24} \cdot 4H_2O$。用营养液预培养 16 d，开始进行 Cd 处理。根据我们前期的研究，共设 6 个处理水平，即 CK（完全营养液）、10 $mg \cdot L^{-1}$、25 $mg \cdot L^{-1}$、50 $mg \cdot L^{-1}$、100 $mg \cdot L^{-1}$ 和 150 $mg \cdot L^{-1}$。以 $CdCl_2 \cdot 2.5H_2O$ 形态加入，每处理 3 次重复，每盆 24 株。保持连续通气，每 4 d 更换营养液一次。处理 12 d 后收获取样，分为根、叶，取一定量鲜样在 105 ℃下杀青 15 min，然后 80 ℃下烘干至恒重，用于测定植株 Cd 含量。

根系数量、根长、根面积、根体积等采用全自动根系扫描分析仪测定，分析软件为 Regentinstruments 公司提供的 WinRHIZO。株高用直尺（精度 1 mm）测定，根系活力采用 TTC 法（分别在处理前、处理后 2 d、7 d、11 d测定根系活力），叶片 REC 采用电导仪法，MDA 含量采用硫代巴比妥酸法，SOD 采用氮蓝四唑（NBT）法，POD 采用愈创木酚法，过氧化氢酶 CAT 采用紫外吸收法，SP 含量采用考马斯亮蓝染色法，Pro 含量采用磺基水杨酸法，Cd 含量采用 HNO_3：$HClO_4$=4：1（V：V）混合酸消解至无色透明，原子吸收分光光度计（岛津 AA-6300C）测定。转运系数（TF）= 叶片 Cd 浓度（$mg \cdot kg^{-1}$）/根系 Cd 浓度（$mg \cdot kg^{-1}$），表示植物将重金属从根系转运到地上部的能力。所有数据用 Excel2010 进行处理，SPSS14.0 软件进行方差分析及多重比较。

(2) 研究结果

① Cd 处理对马蔺生物量的影响

马蔺株高随 Cd 浓度的增加而逐渐降低（表 7-6），其在各浓度处理下比对照降低了 8.20%~32.95%，但中低 Cd 浓度（10~50 mg·L^{-1}）处理与对照差异不显著，高 Cd 浓度（100~150 mg·L^{-1}）处理株高降幅达到显著水平（$P<0.05$）；地上部干重在 10~50 mg·L^{-1}Cd 处理下与对照差异均不显著（$P>0.05$），在 100 mg·L^{-1}和 150 mg·L^{-1}Cd 处理下比对照分别显著降低 35.29%和 33.33%（$P<0.05$）；地下部干重在 10 mg·L^{-1}和 25 mg·L^{-1} Cd 处理下均与对照差异不显著，在 50 mg·L^{-1}、100 mg·L^{-1}和 150 mg·L^{-1} Cd 处理下分别比对照显著下降了 12%、40%和 44%（$P<0.05$）。可见，马蔺幼苗对中低浓度（10~50 mg·L^{-1}）Cd 胁迫具有较强的耐性，其生长只在高 Cd 浓度（100~150 mg·L^{-1}）胁迫下才受到明显抑制。

表 7-6 Cd 处理对马蔺株高和生物量的影响

Cd 浓度（mg·L^{-1}）	株高（cm）	地上部干重（g·株$^{-1}$）	地下部干重（g·株$^{-1}$）
0（CK）	16.450±0.675^{a}	0.102±0.006^{a}	0.025±0.002^{a}
10	15.100±0.511^{a}	0.109±0.001^{a}	0.023±0.001^{ab}
25	14.550±0.254^{a}	0.118±0.005^{a}	0.028±0.002^{ab}
50	13.700±0.474^{ab}	0.099±0.010^{a}	0.022±0.002^{b}
100	11.700±0.311^{b}	0.066±0.002^{b}	0.015±0.001^{c}
150	11.033±0.372^{b}	0.068±0.001^{b}	0.013±0.002^{c}

注：相同指标内不同小写字母表示不同处理间在 0.05 水平差异显著（$P<0.05$），下同。

②Cd 处理对马蔺根系形态和根系活力的影响

随 Cd 浓度增加，马蔺根长呈先升后降的变化趋势（图 7-4a），并在 25 mg·L^{-1}Cd 处理下达到了峰值，此时比对照显著增加了 11.06%；根长在 10 mg·L^{-1}和 50 mg·L^{-1}Cd 处理下与对照差异不显著，在 100 mg·L^{-1}和 150 mg·L^{-1}Cd 浓度下分别比对照显著减少了 9.05%和 11.31%（$P<0.05$）。同时，马蔺根表面积在不同质量浓度 Cd 处理下变化与根长相似（图 7-4b），即随 Cd 浓度增加，根系表面积呈先升后降趋势，在 25 mg·L^{-1}Cd 处理下达到了峰值，此时比对照显著增加了 11.25%，并与除 10 mg·L^{-1}外其他浓度处理间差异显著，且 50~150 mg·L^{-1}Cd 处理均显著低于对照（$P<$

0.05）。此外，马蔺根体积随 Cd 浓度增加的变化趋势也与根系表面积完全一致（图 7-4c）；与对照相比较，其根体积在 10 mg · L^{-1}浓度下稍高，在 25 mg · L^{-1}时达到最大值并显著增加 19.29%，在 50~150 mg · L^{-1}Cd 浓度下分别比对照减少 28.93%、51.20%、57.62%。另外，随 Cd 胁迫浓度增加，马蔺根系活力也基本呈先升后降趋势（图 7-4d），只是在 10 mg · L^{-1}和 25 mg · L^{-1} Cd 处理下与 CK 无显著差异，在其他浓度下比 CK 显著降低，尤其在高浓度（100 mg · L^{-1}、150 mg · L^{-1}）Cd 处理下比对照分别降低了 94.41%和 95.73%。可见，马蔺根系生长和活力在低浓度 Cd 胁迫下得到促进，在中高浓度（50~150 mg · L^{-1}）下受到显著抑制。

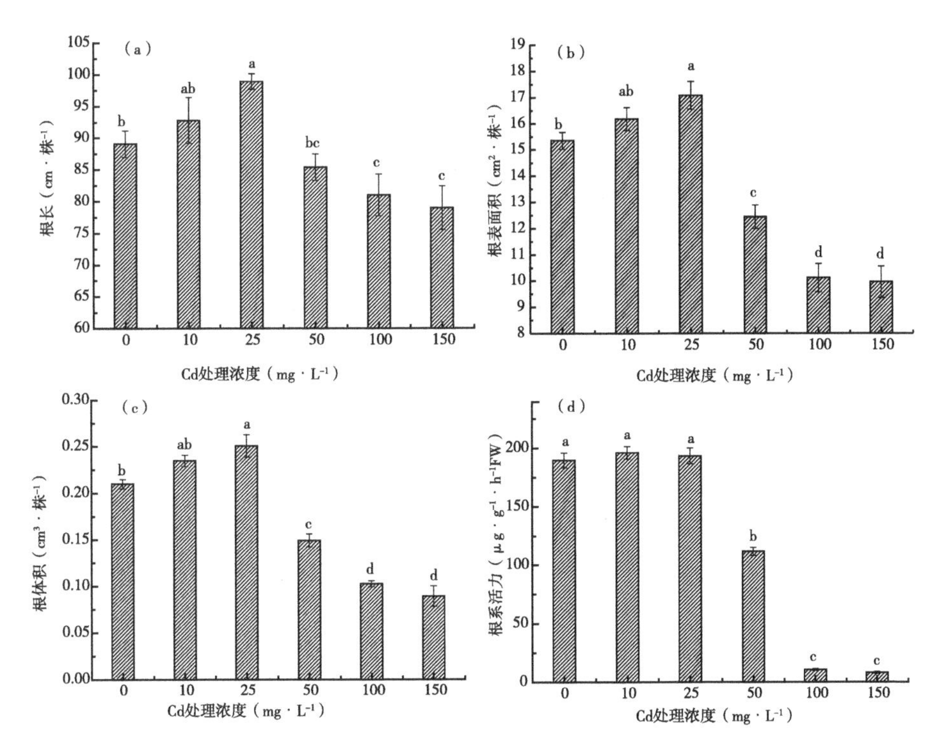

图 7-4　Cd 胁迫处理下马蔺根系形态和根系活力的变化

③Cd 胁迫对马蔺叶片和根 REC 和 MDA 含量的影响

由图 7-5 可知，马蔺叶片和根中 REC 和 MDA 含量均随 Cd 浓度增加而逐渐增加，低 Cd 浓度处理（10~25 mg · L^{-1}）与对照相比差异不显著（$P>0.05$），中高 Cd 浓度（500~150 mg · L^{-1}）处理比对照显著增加（$P<0.05$）。其中，在 150 mg · L^{-1}Cd 处理时，马蔺叶片和根中 REC 分别是对照

的2.09倍和1.82倍，MDA含量分别是对照的2.97倍和3.44倍。说明在150 mg · L^{-1} Cd处理下马蔺植株细胞膜系统发生紊乱，植物的氧化损伤加剧。

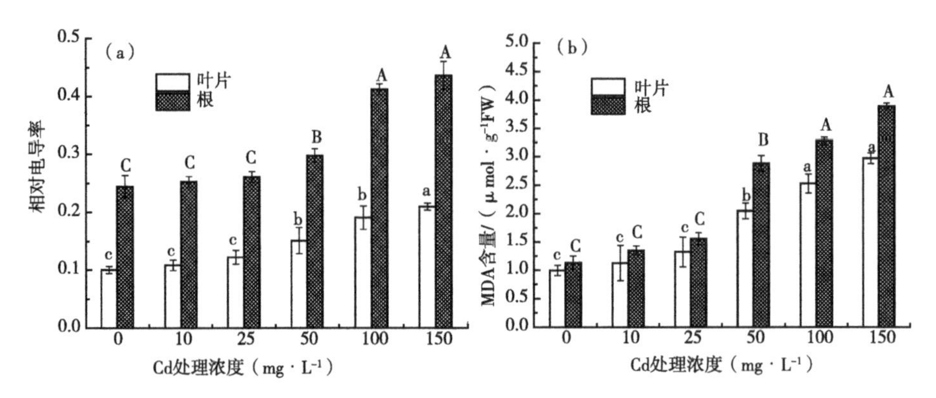

图7-5　Cd胁迫处理下马蔺叶片和根REC和MDA含量的变化

④Cd处理对马蔺叶片和根抗氧化酶活性的影响

随Cd胁迫浓度增加，马蔺叶片中抗氧化酶SOD、POD和CAT以及根系中POD、CAT活性均呈逐渐增加的趋势，而根系SOD活性呈先升后降趋势（图7-6a）。其中，叶片SOD活性在0~50 mg · L^{-1}浓度范围内变化不大，在100 mg · L^{-1}时开始比对照显著升高（$P<0.05$），在150 mg · L^{-1}时达到最大值；根中SOD活性在10 mg · L^{-1}和25 mg · L^{-1}浓度时就比对照显著增加，并在25 mg · L^{-1}时达到最高，而后下降；在50 mg · L^{-1}、100 mg · L^{-1}和150 mg · L^{-1}时分别比对照显著降低了6.51%、7.17%和12.23%，但3个浓度之间无显著差异（图7-6a）。同时，马蔺叶片和根中POD活性均随Cd浓度增加而逐渐增加，且各浓度Cd处理均显著高于对照（$P<0.05$），其在150 mg · L^{-1}时分别是对照的15.28倍和10.22倍（图7-6b）。另外，马蔺叶片中CAT活性在Cd浓度≥25 mg · L^{-1}时均显著高于对照，150 mg · L^{-1}时CAT活性是对照的5.60倍；马蔺根中CAT活性在各浓度Cd胁迫下均显著高于对照，而各个Cd浓度处理之间差异不显著（图7-6c）。以上结果说明在0~25 mg · L^{-1}Cd胁迫下，抗氧化酶活性增加以平衡超氧自由基和H_2O_2的稳态；在50~150 mg · L^{-1}胁迫下植株体内活性氧产生与清除的动态平衡没有维持在良好的水平，Cd胁迫造成了马蔺植株膜脂过氧化加剧，细胞膜受到伤害。

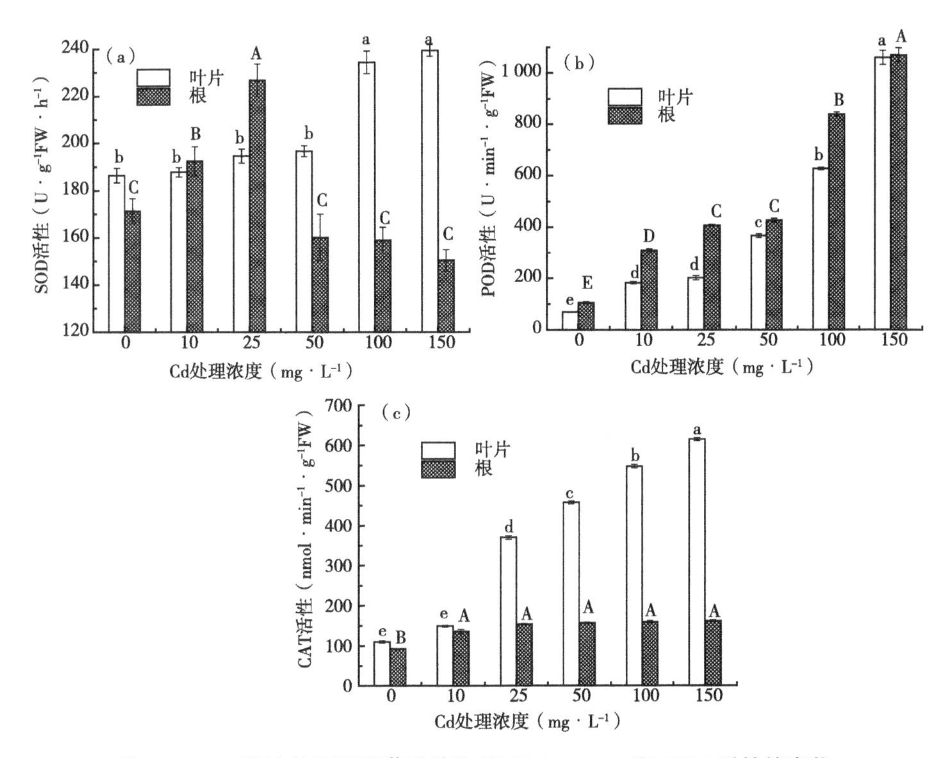

图 7-6　Cd 胁迫处理下马蔺叶片和根 SOD、POD 和 CAT 活性的变化

⑤Cd 胁迫对马蔺叶片和 Pro 和 SP 含量的影响

马蔺叶片和根中 Pro 含量均随 Cd 浓度增加而逐渐增加，Cd 浓度在 50 mg · L^{-1}和 25 mg · L^{-1}时增幅就开始达到显著水平；叶片 Pro 含量在 50~150 mg · L^{-1}范围内是对照的 2. 82~7. 16 倍，根中 Pro 含量在 25~150 mg · L^{-1}范围内是对照的 2. 81~7. 29 倍（图 7-7a）。其次，随 Cd 胁迫浓度增加，马蔺叶片和根中 SP 含量均先上升后下降，并均在 Cd 浓度 25 mg · L^{-1}时达到了最大值，此时分别比对照显著增加了 26. 45%、93. 46%。马蔺叶片中 SP 含量在 25~100 mg · L^{-1}时显著高于对照，其余浓度下与对照无显著差异；其根中 SP 含量在 10~50 mg · L^{-1}时显著高于对照，在 100 mg · L^{-1}时与对照相近，在 150 mg · L^{-1}时显著低于对照 52. 33%（图 7-7b）。以上结果说明 Cd 胁迫下马蔺根系和叶片中的 SP 和 Pro 含量等渗透调节物质含量均增加，仅在 100~150 mg · L^{-1}Cd 浓度下可溶性蛋白含量有所减少，其原因可能是蛋白质部分与 Pro 互作，以降低渗透势，保持细胞与组织的水分平衡，维持正常的细胞代谢功能。

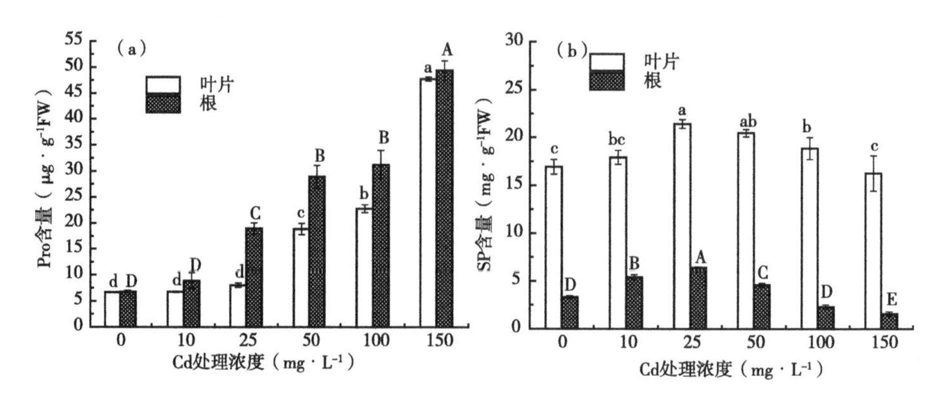

图 7-7　Cd 胁迫处理下马蔺根系和叶片 Pro 含量和 SP 含量的变化

⑥ Cd 胁迫对马蔺叶片和根 Cd 积累量的影响

马蔺叶片和根 Cd 含量均随 Cd 浓度增加而逐渐增加，且各处理间均存在显著性差异；在各 Cd 胁迫浓度下，马蔺体内 Cd 含量分布特征基本相同，均表现为根系远大于叶片（$P<0.05$）；在 Cd 浓度为 150 mg·L^{-1}时，叶片和根系的 Cd 含量达到最大，分别为 519.76 mg·L^{-1}和 8 944.54 mg·kg^{-1}，比相应的 10 mg·L^{-1}处理分别上升了 1.59 倍和 12.4 倍（图 7-8a、b）。同时，马蔺对 Cd 转移系数随 Cd 浓度增加整体呈逐渐降低趋势，其在 10 mg·L^{-1}时值最大为 0.32（<1.0），其他 4 个胁迫浓度的转移系数分别比 10 mg·L^{-1}处理显著减少了 50.79%、74.81%、81.91%和 80.66%（图 7-8c）。以上结果说明根是马蔺吸收 Cd 的主要器官，对 Cd 具有较强的滞留作用，可限制 Cd 从根向地上部迁移。

（3）讨论与结论

重金属 Cd 是植物生长的非必需元素，植物受到 Cd 胁迫后很容易被根系吸收，进而影响植株正常的生长发育。植物株高和生物量可作为评价植物对重金属逆境胁迫耐性的重要指标（Wang 等，2019）。研究表明，在 Cd 浓度超过一定水平时，植物株高和生物量受到抑制（秦丽 等，2010）；小麦幼苗株高和生物量随 Cd 浓度增加逐渐降低（张利红 等，2005）。本研究结果表明，马蔺幼苗株高、地上部干重和地下部干重在低 Cd 浓度（10~25 mg·L^{-1}）下与对照差异不显著，在中高 Cd 浓度（50~150 mg·L^{-1}）下受到显著抑制。说明低 Cd 胁迫下，马蔺植株可能会分泌有机酸、氨基酸或者酶类等来提高细胞的渗透性调节能力，缓解重金属逆境胁迫造成的伤害（Zhu 等，2018）；当 Cd 浓度超过其限定浓度时，Cd 胁迫会损伤细胞膜及细胞活性物质，抑制光合作

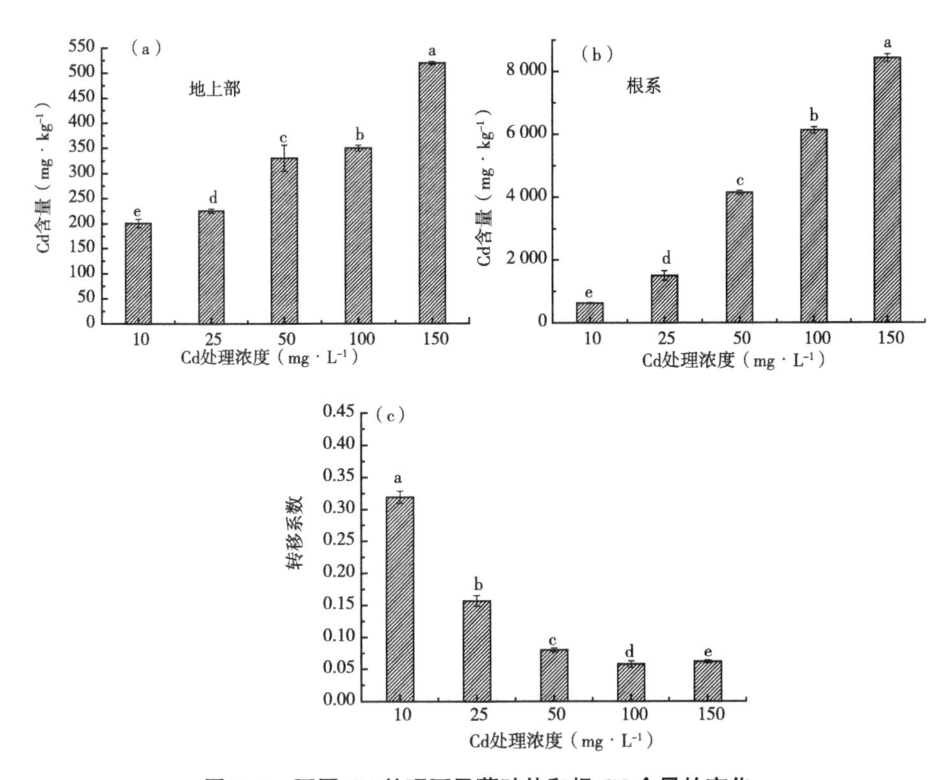

图 7-8　不同 Cd 处理下马蔺叶片和根 Cd 含量的变化

用及酶活性，进而影响植株幼苗的生长（Meng 等，2019）。

重金属胁迫下植物根是最先感受到逆境胁迫的器官，可通过改变根长、根体积、根表面积和增强根系活力等适应逆境胁迫（Lu 等，2013）。Lux 等（2011）研究表明，根系长度受到抑制是 Cd 胁迫下植物最早和最明显的症状之一，Cd 诱导下根长受抑制可能归因于细胞骨架微管的解聚和染色体畸变的形成，进而导致分生细胞有丝分裂活性的降低（Seth 等，2008）。根系形态和根系活力的变化是植物根系应对逆境的重要方式，植物体内 Cd 的积累量与根系形态、活力大小密切相关（He 等，2017）。本试验结果表明，低浓度 Cd（10~25 mg · L^{-1}）促进总根长、根表面积、根体积的增加，中高浓度 Cd（50~150 mg · L^{-1}）抑制根系生长，表明高 Cd 浓度下马蔺可通过改变根系自身结构及其分布格局优化资源的获取能力（水分、养分等），进而来适应逆境胁迫，这一结果与何俊瑜等（2011）、张玲等（2002）对 Cd 胁迫下小麦幼苗根系形态的变化结果类似。根系活力影响植物生长发育过程中的生长情况、营养水平等。本研究中，10~25 mg · L^{-1} Cd 处理能够刺激根系组织代谢水平提高，使得马蔺通过提高根系活力来适应外界的重金属环境胁迫；当 Cd 浓度升高至 100 mg · L^{-1}和 150 mg · L^{-1}时，马蔺根系活力呈显著下降趋势，根系活力比对照分别降低了 94.41%、95.73%，究其原因是高 Cd 浓度下，马蔺根系细胞内产生大量活性氧自由基，增强了细胞膜透性，导致细胞受损，并降低了植株的根系活力，影响其对水分和矿质营养的吸收，进而影响地上部分的生长，与高 Cd 浓度下马蔺株高、地上部、地下部干重的显著下降结果相呼应。

植物在正常生长条件下，植物细胞产生的自由基可以通过抗氧化系统清除，维持正常组织状态下的相对平衡。然而，逆境胁迫下植物产生的过量自由基，超过保护酶系统的清除能力，植物生长则受到伤害。在各种抗氧化酶中 SOD、POD 和 CAT 可解毒 ROS、保护细胞膜、降低氧化应激，是高效清除植物体内自由基最重要的酶（Li 等，2013；Rizwan 等，2016；Sidhu 等，2017）。本研究中马蔺叶片 SOD 活性在 Cd 浓度 0~50 mg · L^{-1}范围内变化不大，在 100mg · L^{-1}时显著升高；根中 SOD 活性在 25 mg · L^{-1}时达到最高，随后下降；马蔺叶片和根中 POD 和 CAT 活性随 Cd 浓度增加逐渐增加，并显著高于对照。我们分析 10~25 mg · L^{-1} Cd 胁迫范围对马蔺根和叶片产生了一定的危害，诱导了马蔺 SOD 活性增加；而随着 Cd 浓度提高至 100 mg · L^{-1}和 150 mg · L^{-1}，SOD 活性显著下降这可能是由于酶生物合成的中断或大量 ROS 积累引起的酶亚基压力聚集变化（Sidlecka 等，2002）。POD 可消除 MDA 和 H_2O_2，参与木质素生物合成，可能作为物理屏障对抗重金属，并参与去除 ROS。Siedlecka 和 Krupa（2002）认为只要逆境胁迫不超过植物自身的抵抗能力，其对重金属的反应主要是 SOD、POD 和 CAT 活性的增加。本研究中 SOD 活性增加将毒性较强的超氧自由基转化为毒性次级的 H_2O_2，刺激了 POD 和 CAT 活性的提高；而马蔺根中 POD 活性远高于叶片，可能是根中 Cd 含量较高，较大程度地刺激了抗氧化酶对膜的保护作用以提高马蔺对 Cd 胁迫的耐受性，这与杨叶萍等（2014）和汤叶涛等（2010）的研究结果一致。叶片 CAT 活性增加高于根系，可能是因为 CAT 参与清除绿色组织中光呼吸途径代谢产生的 H_2O_2，因此叶片中的 CAT 活性高于根系。随着 Cd 浓度增加，POD 和 CAT 活性逐渐上升，说明 SOD 可能比 POD 和 CAT 对 Cd 胁迫更敏感；而高 Cd 浓度下根系 SOD 活性下降，导致了膜脂过氧化和 MDA 的增加，且本研究结果表明叶片和根中 REC 和 MDA 含量随 Cd 浓度增加而增加，在≥50 mg · L^{-1}Cd 浓度下显著高于对照。

说明低 Cd 浓度（10~25 mg·L^{-1}）下，马蔺没有产生过多的膜脂过氧化产物 MDA，电导率能够保持相对的稳定性，这与低 Cd 浓度诱导下马蔺根早期的调控作用和体内抗氧化酶活性处于相对稳定的状态有关；50~150 mg·L^{-1} Cd 处理下 REC 和 MDA 显著高于对照，说明≥50 mg·L^{-1}Cd 浓度下马蔺细胞膜结构和膜系统受伤害程度较重。基于以上数据结果表明，马蔺根受到的氧化伤害大于叶片。此外，Pro 作为一种重要的渗透水解物，在逆境胁迫下会显著增加，是其对渗透应力的响应，因此，有学者认为 Pro 含量变化可以反映植物抵抗逆境的能力（何俊瑜 等，2011）。本研究结果表明，马蔺叶片和根中 Pro 含量随 Cd 浓度增加而增加，说明 Cd 胁迫能诱导 Pro 大量积累，从而表现出较强的渗透调节作用，同时有利于保持细胞与组织水分平衡，保护膜结构完整性，以此抵抗重金属的危害，这与在水稻（何俊瑜 等，2011）研究中得出的结论相一致。在重金属胁迫条件下，植物体内 SP 含量增加可以使细胞保持适当的渗透势而防止脱水，同时对生物大分子的结构和功能起到稳定和保护作用，还可钝化重金属，减轻植物受害程度。本研究结果表明，随 Cd 浓度增加，马蔺叶片和根中 SP 含量先上升后下降，其原因可能是植物组织为适应 Cd 逆境胁迫增加了 SP 的合成，有助于增加细胞渗透浓度维持细胞正常代谢，因此在低 Cd 浓度下表现出 SP 含量的增加，这是马蔺植株对 Cd 胁迫的生理反应；但随 Cd 浓度增加，蛋白质代谢可能受到干扰，SP 合成受到抑制，因此 SP 含量呈下降趋势；同时，马蔺叶片的 SP 高于根，是因为 Cd 胁迫下根细胞产生的活性氧多于叶片，活性氧会攻击蛋白质的氨基酸残基，因此造成马蔺根中 SP 含量低于叶片。

植物对重金属 Cd 的耐受解毒能力主要与植物对 Cd 积累和运输以及其在细胞中的分配和结合形态等相关（闵海丽 等，2012）。本研究中，在 Cd 胁迫处理下，马蔺地上部和地下部中 Cd 含量随 Cd 胁迫浓度增加而显著增加，马蔺地下部 Cd 含量可达到 829.39~8 944.54 mg·kg^{-1}，地上部 Cd 含量达到 200.60~519.76 mg·kg^{-1}，地下部 Cd 含量远高于地上部；转移系数在 10 mg·L^{-1}时值最大为 0.32，远小于 1.0。可以看出，根是马蔺吸收 Cd 的重要器官，对 Cd 具有较强的滞留作用，可限制 Cd 从根向地上部迁移，从而减轻 Cd 对叶片的毒害效应，这可能是马蔺耐受并缓解 Cd 毒害的重要策略。

综上所述，Cd 胁迫下马蔺植株的生长被抑制，但在低 Cd 浓度（10~25 mg·L^{-1}）下与对照差异不显著，植株根系生长甚至优于对照；同时马蔺幼苗抗氧化酶活性增强，Pro 含量和 SP 含量增加，其通过提高抗氧化酶活性、保持渗透平衡和清除过量自由基，从而缓解 Cd 胁迫对植株的伤害。在 Cd 浓度 50 mg · L^{-1}胁迫下，叶片和根抗氧化酶活性显著上升，有助于清除活性氧，提高其抗氧化能力和渗透调节能力，使其免于遭受膜脂过氧化伤害，表现出较强的耐 Cd 性；但在 100~150 mg · L^{-1}Cd 浓度下，叶片褪绿变黄、根系活力显著下降，生长受抑制，REC 和 MDA 含量上升；同时其 CAT 活性、POD 活性、Pro 含量上调，仍有助于减少高 Cd 胁迫造成的损伤。此外，根据马蔺地上部和地下部 Cd 含量和 TF 值，发现 Cd 胁迫下马蔺根是吸收 Cd 的重要器官，对 Cd 具有较强的滞留作用，可限制 Cd 从根系向地上部迁移，从而减轻 Cd 对叶片的毒害效应，这可能是马蔺耐受并缓解 Cd 毒害的重要策略。

7.2.2 马蔺根系分泌物有机酸组成特点与 Cd 积累的关系

(1) 材料与方法

待马蔺苗高约 10 cm 时选取长势均一幼苗，用去离子水漂去根系上的土，移入水培盒中，培养方法同本书 7.2.1 节。用营养液预培养 16 d 左右，开始进行 Cd 处理。共设 5 个处理水平，即 CK（完全营养液）、10 mg · L^{-1}、25 mg · L^{-1}、50 mg · L^{-1}、100 mg · L^{-1}、150 mg · L^{-1}。以 $CdCl_2 \cdot 2.5H_2O$ 形态加入，每处理重复 3 次，每盆 24 株。保持连续通气，每 48 h 更换营养液一次。分别在处理前和处理后的 12 h、24 h、48 h 和 96 h 取样测定根系分泌物。处理 96 h 后取植物样用于测定植株 Cd 含量。

根系分泌物的收集方法：用去离子水将根冲洗，将 5 株马蔺捆在一起，放入盛有 50 mL 去离子水包裹锡箔纸的塑料试管中，光照培养 6 h，用 5 mL 去离子水冲洗根系，获得的 50 mL 根系分泌物溶液，用 0.45 μm 分子膜减压过滤纯化备用，−20 ℃保存备用。有机酸种类及浓度采用液相色谱−质谱联用仪测定。液相色谱−质谱联用仪型号为安捷伦 1 260~6 460。色谱条件：色谱柱为 Agilent ZORBAX SB−C18 柱（4.6 mm×250 mm，5 μm），流动相为 A 相 1%的甲酸/乙腈，B 相 1%的甲酸/水（A 相 5%，B 相 95%进行等度洗脱），流速为 0.5 mL · min^{-1}，柱温为 30 ℃，进样量 20 μL。质谱条件：负离子多反应监测模式。ESI 离子源，离子源干燥气温度为 350 ℃，流量为 8 L · min^{-1}。雾化气压力为 45 psi，鞘气温度为 350 ℃，流量为 11 L · min^{-1}。毛细管电压为−4 000 V。

收集液中可溶性糖含量的测定采用蒽酮比色法（李合生，2000）。根系分泌物收集后，各处理先反复用去离子水冲洗干净，用吸水纸把表面水吸干，分为地上部和根系，称取一定量鲜样在 105 ℃下杀青 15 min，然后在 80 ℃下烘干至恒重，供植株 Cd 含量分析测定用。根系活力测定采用 TTC 法测定（高俊凤，2006），Chl 含量采用比色法测定，REC 采用电导仪法测定。植物 Cd 含量采用 HNO_3 ∶ $HClO_4$ = 4 ∶ 1（V ∶ V）混合酸消解至无色透明，原子吸收分光光度计（岛津 AA-6300C）测定。所有数据用 Excel 2010 进行处理，SPSS14.0 软件进行方差分析及多重比较。

（2）研究结果

① 不同 Cd 浓度对根系分泌有机酸组成的影响

马蔺根系分泌的草酸含量在同一处理时间下，均随 Cd 浓度增加呈先升后降趋势（图 7-9a），且均在 Cd 浓度 50 $mg \cdot L^{-1}$处理下达到最大值，其中 24 h 时草酸含量最高，达 195.27 $mg \cdot L^{-1} \cdot 6\ h^{-1} \cdot g^{-1}$，是对照的 2.64 倍。同一 Cd 浓度处理下，马蔺根系分泌草酸含量随时间延长也呈先升后降趋势，均在 24 h 时草酸含量最大。

同一处理时间下，马蔺根系分泌柠檬酸随 Cd 浓度增加呈增加趋势（图 7-9b），均在 150 $mg \cdot L^{-1}$ Cd 浓度下分泌柠檬酸量最多，其中在 150 $mg \cdot L^{-1}$ Cd 处理 24 h 时含量最高。同一 Cd 浓度处理下，随着处理时间延长，马蔺根系分泌柠檬酸呈先升后降趋势，低 Cd 浓度（10～25 $mg \cdot L^{-1}$）下，柠檬酸分泌量在 48 h 时最多，分别是对照的 2.47 倍和 3.53 倍；中高 Cd 浓度（50～150 $mg \cdot L^{-1}$）处理下，柠檬酸分泌量在 24 h 时最多，分别是对照的 4.52 倍、4.76 倍和 4.90 倍。

在同一处理时间下，马蔺根系分泌苹果酸含量随 Cd 浓度增加变化趋势不同，Cd 处理 12 h 和 24 h 时，马蔺根系分泌苹果酸随 Cd 浓度增加而增加，中高 Cd 浓度（50～150 $mg \cdot L^{-1}$）处理下的苹果酸含量与对照呈显著差异（$P<0.05$）；处理 48 h 和 96 h 时，苹果酸含量随 Cd 浓度增加呈先升后降趋势（图 7-9c）。同一 Cd 浓度处理下，随 Cd 处理时间延长，马蔺根系分泌苹果酸呈先升后降趋势，但分泌苹果酸峰值不同，低 Cd（10～25 $mg \cdot L^{-1}$）条件下，马蔺在 12 h 时根系分泌苹果酸最多，苹果酸含量分别为 0.542 $mg \cdot L^{-1} \cdot 6\ h^{-1} \cdot g^{-1}$和 0.561 $mg \cdot L^{-1} \cdot 6\ h^{-1} \cdot g^{-1}$。高 Cd 浓度（50～150 $mg \cdot L^{-1}$）处理下，在 24h 分泌苹果酸量最多，分别是对照的 8.92 倍、10.42 倍和 13.15 倍，而在 Cd 浓度 100 $mg \cdot L^{-1}$和 150 $mg \cdot L^{-1}$处理 24 h 后苹果酸量急剧下降。在对照和低 Cd 浓度（10～25 $mg \cdot L^{-1}$）条件下，没有检测到琥珀酸，在高 Cd 浓度（50～150 $mg \cdot L^{-1}$）处理下 24 h 时有少量琥珀酸。

在同一处理时间下，马蔺根系分泌酒石酸含量随 Cd 处理浓度增加而增加（图 7-9d）。同一 Cd 浓度处理下，随 Cd 处理时间延长，马蔺根系分泌酒石酸含量变化趋势不同。在低 Cd（10~25 mg · L^{-1}）条件下，酒石酸含量随处理时间延长而增加；在中高 Cd 浓度（50~150 mg · L^{-1}）处理下酒石酸含量随处理时间延长呈先升后降趋势，且在 24 h 时酒石酸含量明显升高，且随着时间延长，酒石酸含量一直维持在较高水平。

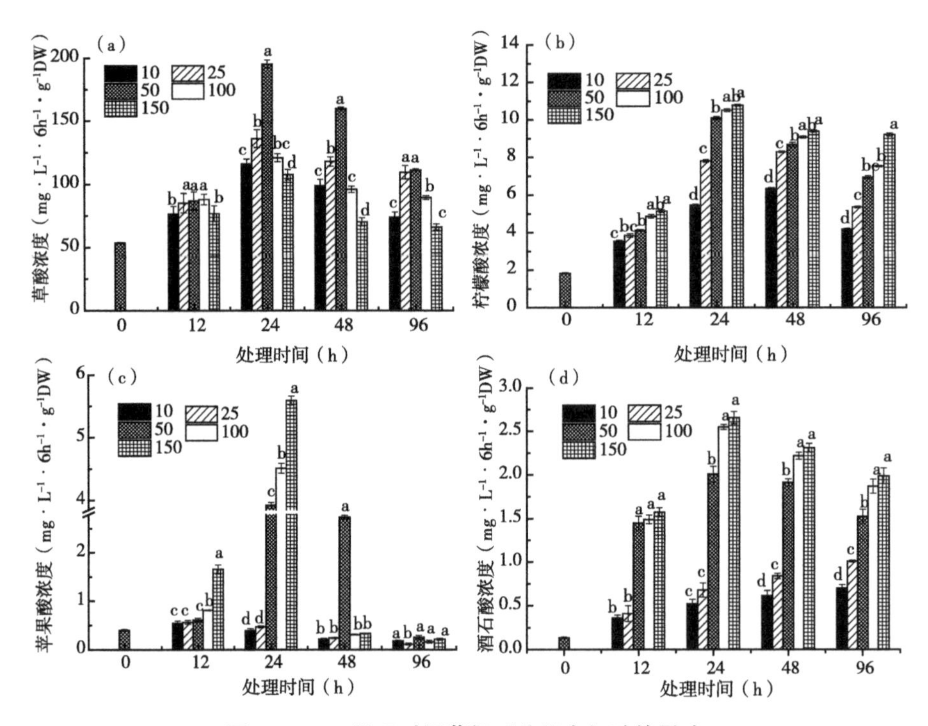

图 7-9　Cd 处理对马蔺根系分泌有机酸的影响

注：不同小写字母表示同一时间不同 Cd 浓度之间差异显著（$P<0.05$）。

② 不同 Cd 处理对马蔺根系分泌可溶性糖的影响

不同 Cd 浓度处理下马蔺根系分泌可溶性糖含量的变化如图 7-10 所示。同一时间处理下，可溶性糖含量随 Cd 浓度增加而增加，均在 Cd 浓度 150 mg · L^{-1}是可溶性糖含量最高。同一 Cd 浓度处理下，随处理时间延长，马蔺根系分泌可溶性糖也呈增加趋势，低 Cd 浓度（10~25 mg · L^{-1}）条件下可溶性糖增加比较平缓；高 Cd 浓度（50~150 mg · L^{-1}）处理下可溶性糖浓度在 96 h 时急剧升高，与其他时间处理差异显著。

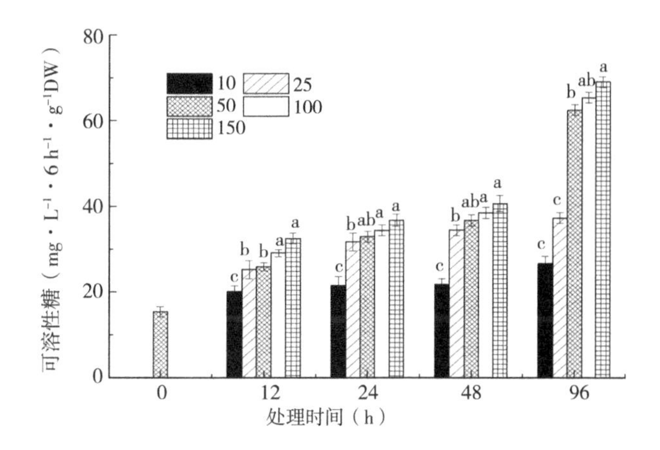

图 7-10　Cd 处理对马蔺根系分泌可溶性糖的影响

注：不同小写字母表示同一时间不同 Cd 浓度之间差异显著（P<0.05）。

③ 不同 Cd 浓度处理 96 h 对马蔺植株 Cd 积累量的影响

不同 Cd 浓度处理马蔺 96 h 后叶片和根系 Cd 含量如图 7-11 所示。由图 7-11 可知，马蔺地上部和根系 Cd 含量随 Cd 浓度增加而增加，Cd 浓度升高至 50 mg · L^{-1}时地上部和根系 Cd 含量急剧上升，分别是 10 mg · L^{-1}Cd 含量的 1.31 倍和 17.26 倍。在 10～150 mg · L^{-1}Cd 浓度处理下，马蔺地上部分 Cd 含量为 185.19～427.98 mg · kg^{-1}；根系 Cd 含量分别为 423.87～7 739.76 mg · kg^{-1}。不同 Cd 浓度处理下，马蔺体内 Cd 含量分布特征基本相同，均表现为根系大于地上部，且不同 Cd 浓度处理下的根系和地上部 Cd 含量相比较均达到了显著差异（P<0.05）。

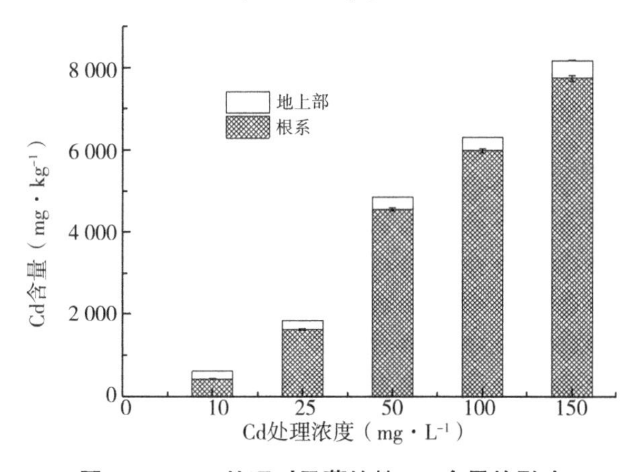

图 7-11　Cd 处理对马蔺植株 Cd 含量的影响

④Cd 处理 96 h 马蔺植株 Cd 含量与根系分泌物的相关关系

由表 7-7 可知，Cd 处理马蔺植株 96 h 时根系和地上部 Cd 含量均与酒石酸、柠檬酸和可溶性糖呈极显著正相关（$P<0.01$），相关系数均大于 0.908；根系和地上部 Cd 含量同草酸和总有机酸呈不显著正相关，与苹果酸呈不显著负相关。由此可见，马蔺根系分泌物酒石酸和柠檬酸与植株 Cd 含量显著相关。

表 7-7　马蔺植株 Cd 含量与根系分泌物的相关性分析

相关系数	根系 Cd	地上部 Cd	草酸	苹果酸	酒石酸	柠檬酸	总有机酸	可溶性糖
根系 Cd	1							
地上部 Cd	0.909*	1						
草酸	0.015	0.146	1					
苹果酸	-0.318	-0.636	-0.442	1				
酒石酸	0.960**	0.966**	0.204	-0.547	1			
柠檬酸	0.955**	0.989**	0.164	-0.554	0.987**	1		
总有机酸	0.163	0.292	0.988**	-0.508	0.349	0.312	1	
可溶性糖	0.971**	0.908**	0.229	-0.383	0.977**	0.956**	0.370	1

注：* $P<0.05$；** $P<0.01$。

（3）讨论与结论

关于有机酸对植物重金属的吸收、转运和解毒作用机制存在多种观点。Rauser（1999）报道重金属胁迫下植物根系分泌物低分子有机酸可抵抗重金属胁迫。Guo 等（2017）研究发现有机酸可通过降低 Cd 生物利用度，使得土壤重金属 Cd 更容易被植物吸收，从而促进 Cd 在植物体内富集。据报道，有机酸还可通过与 Cd 离子螯合形成 Cd-有机酸复合物并将其隔离在液泡中增强植物对 Cd 的耐受性。Mnasri 等（2015）研究表明有机酸可与木质部中的 Cd 离子络合增加植物对 Cd 的耐受性。孙瑞莲等（2006）认为龙葵（*Solanum nigrum*）叶片积累的 Cd 离子更易与水溶态化合物（如有机酸）相结合，证实了有机酸在龙葵对 Cd 胁迫的耐受性及对 Cd 的积累中发挥作用。Guo 等（2017）报道苹果酸、酒石酸和柠檬酸在三羧酸循环代谢、磷的获取、光合作用、呼吸作用和有毒重金属排毒中具有重要作用。此外，研究还发现大部分有机酸可在一定程度上减轻重金属对植物的毒害作用，尤其是柠檬酸、酒石酸和苹果酸的解毒作用最为明显（Lu 等，2013；Li 等，2014）。

不同植物，甚至同一植物不同基因型品种，其根系分泌物的组成、含量差异很大。而 Cd 处理下玉米（*Zea mays*）根系分泌物主要成分为酒石酸和苹果酸（Dresler 等，2014）。超富集植物生态型东南景天（*Sedum alfredii*）根系分泌物中柠檬酸和酒石酸含量高于非富集生态型（Li 等，2013）。目前对超积累植物根系分泌物的研究还不多，对分泌物的分离鉴定有助于揭示其吸收重金属的机制。本研究结果表明，马蔺根系分泌物的有机酸主要为草酸、酒石酸、柠檬酸和苹果酸，其中酒石酸和柠檬酸与马蔺植株 Cd 含量呈极显著正相关，草酸含量与马蔺植株 Cd 含量呈正相关，苹果酸与马蔺植株含量呈负相关，可溶性糖含量与马蔺植株 Cd 含量呈显著正相关。在 Cd 胁迫 24 h 时分泌有机酸里有少量的琥珀酸，其他时间未检测出琥珀酸。酒石酸和柠檬酸可能参与了马蔺对 Cd 的吸收和积累过程。可溶性糖含量和柠檬酸和酒石酸含量之间具有显著的正相关性。李廷强（2009）研究表明 Cd 超积累生态型南景天根系分泌物中的根系分泌物以苹果酸、草酸和酒石酸为主，而非 Cd 超积累生态型南景天根系分泌物中没有检测到酒石酸，各 Cd 浓度均可促进超积累生态型东南景天根系分泌有机酸，且随 Cd 浓度增加酒石酸分泌量增加。本研究结果与李廷强（2009）对 Cd 超积累植物的研究结果相同。

参考文献

丁海东，万延慧，齐乃敏，等，2004. 重金属（Cd^{2+}、Zn^{2+}）胁迫对番茄幼苗抗氧化酶系统的影响［J］. 上海农业学报，20（4）：79-82.

高俊凤，2006. 植物生理学实验指导［M］. 北京：高等教育出版社，208-218.

郭天荣，陈丽萍，冯其芳，等，2015. 铝、镉胁迫对空心菜生长及抗氧化特性的影响［J］. 核农学报，29（3）：571-576.

郭智，黄苏珍，原海燕，2008. Cd 胁迫对马蔺和鸢尾幼苗生长、Cd 积累及微量元素吸收的影响［J］. 生态环境，17（2）：651-656.

何俊瑜，任艳芳，王阳阳，等，2011. 不同耐性水稻幼苗根系对镉胁迫的形态及生理响应［J］. 生态学报，31（2）：522-528.

胡国涛，杨兴，陈小米，等，2016. 速生树种竹柳对重金属胁迫的生理响应［J］. 环境科学学报，36（10）：3869-3875.

籍贵苏，严永路，吕梵，等，2014. 不同高粱种质对污染土壤中重金属吸收的研究［J］. 中国生态农业学报，22（2）：185-192.
贾永霞，张春梅，方继宇，等，2015. 细叶百日草对镉的生长响应及富集特征研究［J］. 核农学报，29（8）：1577-1582.
李春红，姚兴东，鞠宝韬，等，2014. 不同基因型大豆耐阴性分析及其鉴定指标的筛选［J］. 中国农业科学，47（15）：2927-2939.
李合生，2000. 植物生理生化实验原理和技术［M］. 北京：高等教育出版社，184-185.
李廷强，2009. 超积累植物东南景天（*Sedum alfredii* Hance）对锌的活化、吸收及转运机制研究［D］. 杭州：浙江大学.
毛培春，田小霞，孟林，2013. 16 份马蔺种质材料苗期耐盐性评价［J］. 草业科学，30（1）：35-43.
孟林，毛培春，张国芳，2009. 不同居群马蔺抗旱性评价及生理指标变化分析［J］. 草业学报，18（5）：18-24.
孟林，张国芳，赵茂林，2003. 水保护坡观赏优良地被植物—马蔺［J］. 农业新技术（3）：38-39.
闵海丽，蔡三娟，徐勤松，等，2012. 外源钙对黑藻抗镉胁迫能力的影响［J］. 生态学报，32（1）：256-264.
秦丽，祖艳群，李元，2010. Cd 对超累积植物续断菊生长生理的影响［J］. 农业环境科学学报，29（增刊）：48-52.
曲梦雪，宋杰，孙菁，等，2022. 镉胁迫对不同耐镉型玉米品种苗期根系生长的影响［J］. 作物学报，48（11）：2945-2952.
佘玮，揭雨成，邢虎成，等，2011. 苎麻耐镉品种差异及其筛选指标分析［J］. 作物学报，37（2）：348-354.
时萌，王芙蓉，王棚涛，2016. 植物响应重金属镉胁迫的耐性机理研究进展［J］. 生命科学，28（4）：504-512.
孙瑞莲，周启星，王新，等，2006. 镉超积累植物龙葵叶片中镉的积累与有机酸含量的关系［J］. 环境科学，27（4）：765-769.
汤叶涛，关丽捷，仇荣亮，等，2010. 镉对超富集植物滇苦菜抗氧化系统的影响［J］. 生态学报，20（2）：324-332.
唐秀梅，龚春风，周主贵，等，2008. 镉对龙葵（*Solanum nigrum* L.）根系形态及部分生理指标的影响［J］. 生态环境，17（4）：1462-1465.
田小霞，孟林，毛培春，等，2012. 重金属 Cd、Zn 对长穗偃麦草生理生化特性的影响及其积累能力研究［J］. 农业环境科学学报，31（8）：1483-1490.

田治国，王飞，2013. 不同品种万寿菊对镉胁迫的生长和生理响应［J］. 西北植物学报，33（10）：2057-2064.

吴桂容，严重玲，2006. 镉对桐花树幼苗生长及渗透调节的影响［J］. 生态环境，15（5）：1003-1008.

辛宝宝，袁庆华，王瑜，2012. 多年生黑麦草种质材料苗期耐钴性综合评价及钴离子富集特性研究［J］. 草地学报，20（6）：1123-1132.

杨叶萍，简敏菲，余厚平，等，2014. 镉胁迫对苎麻（*Boehmeria nivea*）根系及叶片抗氧化系统的影响［J］. 生态毒理学报，11（4）：184-193.

原海燕，黄苏珍，郭智，2010. 4种鸢尾属植物对铅锌矿区土壤中重金属的富集特征和修复潜力［J］. 生态环境学报，19（7）：1918-1922.

张福锁，1992. 根分泌物及其在植物营养中的作用（综述）. 北京农业大学学报，18（4）：353-356.

张利红，李培军，李雪梅，等，2005. 镉胁迫对小麦幼苗生长及生理特性的影响［J］. 生态学杂志，24（4）：458-460.

张玲，李俊梅，王焕校，2002. 镉胁迫下小麦根系的生理生态变化［J］. 土壤通报，33（1）：61-65.

张锡洲，张洪江，李廷轩，等，2013. 水稻镉耐性差异及镉低积累种质资源的筛选［J］. 中国生态农业学报，21（11）：1434-1440.

朱向涛，金松恒，哀建国，等，2017. 牡丹不同品种耐涝性综合评价［J］. 核农学报，31（3）：607-613.

DRESLER S，HANKA A，BEDNAREK W，et al.，2014. Accumulation of low-molecular-weight organic acids in roots and leaf segments of *Zea mays* plants treated with cadmium and copper［J］. Acta Physiologiae Plantarum，36：1565-1575.

GUO H P，CHEN H M，HONG C T，et al.，2017. Exogenous malic acid alleviates cadmium toxicity in *Miscanthus sacchariflorus* through enhancing photosynthetic capacity and restraining ROS accumulation［J］. Ecotoxicology and Environmental Safety，141：119-128.

GUO Q, MENG L, MAO P C, et al., 2014. An assessment of *Agropyron cristatum* tolerance to cadmium contaminated soil [J]. Biologia plantarum, 58 (1): 174-178.

GUPTA A K, SINHA S, 2007. Phytoextraction capacity of the *Chenopodium album* L. growing on soil amended with tannery sludge [J]. Bioresource Technology, 98 (2): 442-446.

HE S Y, YANG X E, ZHEN L H, et al., 2017. Morphological and physiological responses of plants to cadmium toxicity: a review [J]. Pedosphere, 27 (3): 421-438.

LI F T, QI J M, ZHANG G Y, et al., 2013. Effect of cadmium stress on the growth, antioxidative enzymes and lipid peroxidation in two kenaf (*Hibiscus cannabinus* L.) plant seedlings [J]. Journal of Integrative Agriculture, 12 (4): 610-620.

LI H Y, LIU Y G, ZENG G M, et al., 2014. Enhance efficiency of cadmium removal by *Boehmeria nivea* (L.) Gaud. in the presence of exogenous citric and oxalic acid [J]. Journal of Environmental Sciences, 26: 2508-2516.

LI T Q, TAO Q, LIANG C F, et al., 2013. Complexation with dissolved organic matter and mobility control of heavy metals in the rhizosphere of hyperaccumulator *Sedum alfredii* [J]. Environmental Pollution, 182, 248-255.

LU L L, TIAN S K, YANG X E, et al., 2008. Cadmium uptake and xylem loading are active processes in the hyper-accumulator *Sedum alfredii* [J]. Journal of Plant Physiology, 166 (6) : 579-587.

LU L L, TIAN S K, YANG X E, et al., 2013. Improved cadmium uptake and accumulation in the hyperaccumulator *Sedum alfredii*: the impact of citric acid and tartaric acid [J]. Journal of Zhejiang University-Science B (Biomedicine & Biotechnology) , 14 (2): 106-114.

LUX A, MARTINKA M, VACULIK M, et al., 2011. Root responses to cadmium in the rhizosphere: a review [J]. Journal of Experimental Botany, 62: 21-37.

LU Z W, ZHANG Z, SU Y, et al., 2013. Cultivar variation in morphological response of peanut roots to cadmium stress and its relation to cadmium accu-

mulation [J]. Ecotoxicology and Environmental Safety, 91: 147-155.
MAC F G R, KOLLER C E, BLOMBERG S P, 2007. Accumulation and partitioning of heavy metals in mangroves: a synthesis of field - based studies [J]. Chemosphere, 69 (9): 1454-1464.
MENCH M, MOREL J L, GUCKERT A, et al., 1988. Metal blinding with root exudates of low molecular weight [J]. European Journal of Soil Science, 39: 521-527.
MENG Y, ZHANG L, WANG L, et al., 2019. Assessment of oxidative stress, antioxidant enzyme activity and cellular apoptosis in a plant based system (*Nigella sativa* L.; black cumin) induced by copper and cadmium sulphide nanomaterials [J]. Ecotoxicology and Environmental Safety, 173: 214-224.
MNASRI M, GHABRICHE R, FOURATI E, et al., 2015. Cd and Ni transport and accumulation in the halophyte Sesuvium portulacastrum: implication of organic acids in these processes [J]. Frontiers in Plant Sciience, 6: 156.
RAUSER W E, 1999. Structure and function of metal chelators produced by plants: the case for organic acids, amino acids, phytin and metallothioneins [J]. Cell Biochemistry and Biophysics, 31: 19-48.
RIZWAN M, ALI S, ABBAS T, et al., 2016. Cadmium minimization in wheat: a critical review [J]. Ecotoxicology and Enviromental Safety, 130: 43-53.
ROUT G R, SAMANTARAY S, DAS P, 2000. Differential cadmium tolerance of mung bean and rice cultivars in hydroponic culture [J]. Acta Agriculture Scandinavica (B) -Soil Plant Science, 49 (4): 234-241.
SETH C S, MISRA V, CHAHANL K S, et al., 2008. Genotoxicity of cadmium on root meristem cells of *Allium cepa*: cytogenetic and Comet assay approach [J]. Ecotoxicology and Environmental Safety, 71: 711-716.
SIDHU G P S, SINGH H P, BATISH D R, et al., 2017. Tolerance and hyperaccumulation of cadmium by a wild, unpalatable herb *Coronopus didymus* (L.) Sm. (Brassicaceae) [J]. Ecotoxicology and Environmental Safety, 135: 209-215.
SIDLECKA A, KRUPAZ Z, 2002. Functions of enzymes in heavy metal treated plants [C] //Physiology and biochemistry of metal toxicity

and tolerance in plants. Kluwerr, Netherlands, 314-317.

SOLAN J J, DOWDY R H, DOLAN M S, et al., 1997. Long-term effects of biosolids applications on heavy metal bioavailability in agriculture soils [J]. Journal of Environmental Quality, 26: 966-974.

WANG X Q, DU G D, LU X F, et al., 2019. Characteristics of mitochondrial membrane functions and antioxidant enzyme activities in strawberry roots under exogenous phenolic acid stress [J]. Scientia Horticulturae, 248: 89-97.

ZHU G X, XIAO H Y, GUO Q J, et al., 2018. Effects of cadmium stress on growth and amino acid metabolism in two Compositae plants [J]. Ecotoxicology and Environmental Safety, 158: 300-308.

第 8 章　马蔺种质资源耐锌性评价

【内容提要】 本章重点对马蔺种质资源的耐 Zn 性进行评价，揭示其 Zn 逆境胁迫下生长、生理特性和规律。采用温室砂培模拟 Zn 胁迫的方法完成了 16 份马蔺种质材料苗期耐 Zn 性评价，通过对马蔺种质材料苗期株高、存活率、地上生物量、地下生物量，及叶片 SOD、POD 活性和 SP 含量等生长和生理指标进行测试分析，揭示了马蔺在 Zn 胁迫下的耐 Zn 能力及生理响应规律。通过聚类分析法和标准差系数赋予权重法的综合评价，筛选出耐 Zn 能力较强的种质材料 7 份。研究结果为马蔺的重金属抗性机制和利用马蔺修复 Zn 污染土壤提供科学依据。

Zn 作为植物生长必需的微量元素之一，在植物生长发育中的作用十分重要；但土壤环境中重金属含量超过其临界值时，则会对植物产生毒害作用（Saboor 等，2021；杨姝 等，2018；Todeschini 等，2011）；同时，污染土壤中 Zn 易被植物吸收而造成毒害，并可通过食物链污染农产品，威胁人畜健康（赵晓东 等，2015）。近年来，随着 Zn 肥在农业生产中的广泛利用、废水的排放及其 Zn 矿的开发利用，致使重金属 Zn 大量污染土壤环境，使土壤环境中 Zn 超过植物正常生长的需要，土壤 Zn 毒害问题日益突出（江行玉 等，2001；龚红梅 等，2009）。植物修复技术治理重金属污染土壤成本低、不会破坏甚至会改善植物根区土壤微环境，是一种价廉且有效的土壤重金属污染治理方法；但也存在一些缺陷性和局限性，目前发现的 Zn 超积累植物通常具有植株矮小、生长缓慢、生物量小、修复时间长、实用价值不高等缺陷，限制了超积累植物在实际中的推广应用。因此，开发和驯化更多耐 Zn 能力强、生物量大、实用价值高的富集植物是治理 Zn 污染土壤的有效措施之一（顾继光 等，2005）。重金属胁迫下，植物均会在生理生化或分子机制上发生一定程度的变化，但不同植物种类、不同植物品种或不同种质材料间对重金属的适应能力和耐受性具有明显差异。因此，从现有的种质材料中筛选出耐Zn能力强的种质是植物抗逆杂交育种及基因工程育种主要手段之一。许多学者在马蔺植株形态结构解剖（史晓霞 等，2008）、种子休眠机理（王永春 等，2011）、抗旱性（孟林 等，2009a）、组织培养快繁技术（孟林 等，2009b）和耐盐性评价（毛培春 等，2013）、重金属 Pb（原海燕 等，2011）、Cu（张开明 等，2007）、Cd（黄苏珍 等，2007；郭智 等，2008；原海燕 等，2013）等对马蔺幼苗生长及重金属积累特性方面进行了研究，但马蔺种质材料受重金属Zn胁迫的耐受性及其生理响应的研究较少。本研究团队对Zn胁迫处理下马蔺种质材料生长特性及抗性生理指标的变化进行了试验研究，揭示了马蔺对Zn的耐受能力和生理响应规律，并从中筛选出耐Zn能力较强的材料，为Zn污染土地的土壤生态植被修复和重建提供科学理论依据。

8.1 材料与方法

以采自中国内蒙古、新疆、北京和山西4个省（区、市）的16份野生马蔺种质材料为试验材料。具体采集地点、生境见表8-1。采用温室砂培模拟逆境胁迫的方法开展试验，试验期间温室内日平均温度（25±3）℃，平均相对湿度（60±5）%。马蔺种子用40 ℃温水浸泡48 h，撒播于装有土的塑料盆中育苗，待幼苗长至高度约15 cm时选取生长整齐、长势较为一致幼苗，用去离子水漂去根系上的土，移栽至砂培盆（上口径21.5 cm，下口径14.5 cm，高17.5 cm，装有过5 mm孔径筛子的砂3.66 kg）中，每盆移栽24株，每份材料15盆，之后每隔2 d于上午9点浇一次Hoagland营养液，每盆浇200 mL。幼苗预培养2周后，开始不同Zn浓度处理，试验设置5种浓度，即Zn 0 mg · kg^{-1}（未添加Zn，对照）、Zn 50 mg · kg^{-1}、Zn 150 mg · kg^{-1}、Zn 450 mg · kg^{-1}、Zn 900 mg · kg^{-1}，每处理3次重复。以$ZnCl_2$（分析纯）溶液形式，将配制好的溶液平分，分2 d加入砂中，试验期间浇灌Hoagland营养液方法同上。

胁迫处理25 d后，对16份马蔺种质材料的生长特性指标和生理指标进行测定，3次重复。株高（PH）用直尺测量垂直高度，取10株苗平均值。胁迫处理结束后，用自来水冲洗干净，分离地上与根系部分，烘干至恒重，记录植株地上生物量与地下生物量。Zn胁迫处理每盆中存活的植株存活率=Zn胁迫处理后存活苗数/原幼苗总数×100%。各处理组均随机选取幼苗若干株，同一生理指标采集同一生长部位的叶片，迅速用去离子水冲洗干净，并用吸水纸吸干表面水分，称取叶片，用于测定各生理指标，取样时间为上午 8: 00—10: 00。SP 含量采用考马斯亮蓝染色法测定（李合生，2000）；叶片 SOD 活性采用氮蓝四唑法测定；POD 活性采用愈创木酚法测定；MDA 含量采用硫代巴比妥酸法测定（高俊凤，2006）。

表 8-1　马蔺种质材料及来源

序号	种质材料	采集地	生境	经纬度（N，E）	海拔（m）
1	BJCY-ML001	北京海淀区四季青镇	果园田边，壤土	39°56′32″，116°16′44″	57
2	BJCY-ML004	吉林省永吉县北太湖镇	低地草甸，轻度盐化	43°31′12″，126°20′24″	399
3	BJCY-ML005	内蒙古赤峰阿鲁科尔沁旗	草甸草原，砂壤土	42°10′12″，118°31′12″	926
4	BJCY-ML006	山西省太原市	荒漠草原、砂砾质	37°31′12″，112°19′20″	760
5	BJCY-ML007	内蒙古赤峰克什克腾旗	草甸草原，公路旁，砂砾质	43°15′54″，117°32′45″	1 100
6	BJCY-ML014	内蒙古临河双河镇丰河村	盐化低地草甸，砂砾质	40°42′15″，107°25′09″	1 040
7	BJCY-ML015	新疆伊犁州昭苏县	低地草甸，较强盐化，砂砾质	43°08′23″，81°07′39″	1 846
8	BJCY-ML016	内蒙古临河曙光镇永强村	盐化低地草甸，砂砾质	40°46′14″，107°25′20″	1 039
9	BJCY-ML017	新疆伊犁州昭苏军马场	低地草甸，盐碱土	43°55′20″，81°19′39″	1 800
10	BJCY-ML018	内蒙古呼和浩特市大青山	干旱荒漠草原，砂壤土	40°52′38″，111°35′27″	1 160
11	BJCY-ML019	新疆伊犁州伊犁河边	盐化低地草甸	43°51′08″，81°24′07″	530
12	BJCY-ML021	新疆伊犁州特克斯县四乡	低地草甸，轻度盐化	43°07′18″，81°43′35″	1 270
13	BJCY-ML022	新疆伊犁昭苏马场	低地沼泽化草甸，盐碱土	43°08′29″，80°52′53″	2 015
14	BJCY-ML029	内蒙古科尔沁左翼中旗保康镇	低地草甸，轻度盐化	44°07′48″，123°21′12″	144
15	BJCY-ML032	内蒙古通辽市科尔沁左翼后旗阿古拉	草甸草原，砂壤土	43°18′26″，122°38′06″	262

（续表）

序号	种质材料	采集地	生境	经纬度（N，E）	海拔（m）
16	BJCY-ML035	新疆伊宁县胡地亚于孜镇阔坦塔木村	低地草甸，盐化灰钙土	43°45′15″，83°10′30″	1 071

各指标相对值$=\frac{处理测定值}{对照测定值}$；

各单项指标耐 Zn 系数 $\omega=\frac{不同浓度处理下的平均测定值}{对照测定值}$；

各综合指标的隶属函数值 $\mu(X_j)=\frac{X_j-X_{min}}{X_{max}-X_{min}}$，$\mu(X_j)=\frac{X_{max}-X_j}{X_{max}-X_{min}}$，$j=1, 2,\dots, n$；式中：$\mu$（$X_j$）表示第 j 个综合指标的隶属函数值；X_j表示第 j 个综合指标值；X_{min}表示第 j 个综合指标最小值；X_{max}表示第 j 个综合指标最大值，指标与耐 Zn 性呈正相关用隶属函数公式 $\mu(X_j)=\frac{X_j-X_{min}}{X_{max}-X_{min}}$计算隶属函数值，指标与耐 Zn 性呈负相关用反隶属函数公式 $\mu(X_j)=\frac{X_{max}-X_j}{X_{max}-X_{min}}$计算。

标准差系数 $V_j=\frac{\sqrt{\sum_{i=1}^{n}(X_{ij}-\overline{X_j})^2}}{\overline{X_j}}$，归一化后得到各指标的权重 $W_j=\frac{V_j}{\sum_{j=1}^{n}V_j}$；式中：$W_j$表示第 j 个指标的重要程度即权重；V_j表示第 j 个指标标准差系数。X_{ij}表示式中为 i 材料 j 性状的隶属函数值；$\overline{X_j}$表示第 j 个指标平均值。各种质材料综合耐 Zn 能力的大小 $D=\sum_{i=1}^{n}[\mu(X_j)\cdot W_j]$；式中：$D$ 值为各种质材料的综合评价值。

用 Excel 2010 进行数据处理，SPSS14.0 统计分析软件进行方差分析及多重比较，SAS11.0 进行聚类分析。

8.2 研究结果

8.2.1 Zn 胁迫对马蔺株高和存活率的影响

由表 8-2 可知，随 Zn 处理浓度的增加，BJCY-ML001、BJCY-ML014 、

BJCY-ML016 等 7 份马蔺种质材料的相对株高呈现先升后降的趋势，BJCY-ML004、BJCY-ML005、BJCY-ML006 等 9 份种质材料呈逐渐下降的趋势。相同材料不同浓度 Zn 处理间的相对株高存在显著差异，且同一处理不同材料间的相对株高也存在显著差异（$P<0.05$）。50 $mg\cdot kg^{-1}$Zn 浓度处理下对 16 份种质材料的相对株高影响较小，13 份材料的相对株高在 90 %以上；在 150 $mg\cdot kg^{-1}$ Zn 浓度处理下，各材料的相对株高变化范围为 71.6%~116.7%，其中 BJCY-ML014、BJCY-ML016、BJCY-ML017、BJCY-ML032 的相对株高大于 100%，BJCY-ML004、BJCY-ML019、BJCY-ML029 的相对株高小于 80%。在 450 $mg\cdot kg^{-1}$和 900 $mg\cdot kg^{-1}$Zn 浓度处理下，对其相对株高影响较大，范围分别为 67.9%~111.6%和 58.0%~105.6%。

表 8-2　Zn 胁迫对相对株高和相对存活率的影响

种质材料	相对株高（%）					相对存活率（%）				
	Zn_0	Zn_{50}	Zn_{150}	Zn_{450}	Zn_{900}	Zn_0	Zn_{50}	Zn_{150}	Zn_{450}	Zn_{900}
BJCY-ML001	100 ± 0^{a}	103.8 ± 4.8^{a}	90.0 ± 3.6^{a}	70.0 ± 3.2^{b}	58.0 ± 1.7^{b}	100 ± 0^{a}	100 ± 0^{a}	100 ± 0^{a}	93.1 ± 3.8^{b}	88.9 ± 3.6^{b}
BJCY-ML004	100 ± 0^{a}	86.7 ± 4.0^{ab}	79.4 ± 3.2^{ab}	72.8 ± 3.4^{b}	65.5 ± 2.6^{b}	100 ± 0^{a}	100 ± 0^{a}	100 ± 0^{a}	91.7 ± 3.7^{b}	87.5 ± 3.5^{b}
BJCY-ML005	100 ± 0^{a}	92.1 ± 3.7^{a}	82.2 ± 3.3^{b}	79.7 ± 3.7^{b}	79.1 ± 3.2^{b}	100 ± 0^{a}	100 ± 0^{a}	100 ± 0^{a}	91.7 ± 2.6^{b}	73.6 ± 3.1^{b}
BJCY-ML006	100 ± 0^{a}	91.3 ± 2.6^{ab}	86.6 ± 3.5^{ab}	80.7 ± 3.3^{b}	80.0 ± 2.3^{b}	100 ± 0^{a}	100 ± 0^{a}	100 ± 0^{a}	81.9 ± 2.4^{b}	58.3 ± 2.4^{c}
BJCY-ML007	100 ± 0^{a}	98.8 ± 4.0^{a}	97.4 ± 3.9^{a}	91.5 ± 3.7^{ab}	90.0 ± 2.6^{b}	100 ± 0^{a}	100 ± 0^{a}	97.2 ± 2.5^{a}	94.4 ± 1.1^{a}	77.8 ± 2.2^{b}
BJCY-ML014	100 ± 0^{b}	118.3 ± 0.7^{a}	116.7 ± 4.7^{ab}	111.6 ± 4.5^{b}	105.6 ± 4.9^{b}	100 ± 0^{a}	100 ± 0^{a}	100 ± 0^{a}	95.8 ± 3.9^{b}	88.2 ± 3.6^{c}
BJCY-ML015	100 ± 0^{a}	94.2 ± 3.8^{a}	83.8 ± 2.4^{ab}	82.6 ± 3.3^{ab}	75.2 ± 2.2^{b}	100 ± 0^{a}	100 ± 0^{a}	98.6 ± 2.8^{a}	87.5 ± 3.5^{b}	37.5 ± 1.1^{c}
BJCY-ML016	100 ± 0^{ab}	103.2 ± 4.2^{a}	100.01 ± 4.0^{ab}	92.0 ± 3.7^{b}	82.6±3.8c	100 ± 0^{a}	100 ± 0^{a}	100 ± 0^{a}	100 ± 0^{a}	88.9 ± 3.6^{b}
BJCY-ML017	100 ± 0^{b}	103.4 ± 4.8^{b}	105.1 ± 4.9^{ab}	108.5 ± 5.0^{a}	103.4 ± 0.6^{b}	100 ± 0^{a}	100 ± 0^{a}	100 ± 0^{a}	95.8 ± 3.9^{a}	69.4 ± 0.8^{b}
BJCY-ML018	100 ± 0^{a}	102.6 ± 4.7^{a}	82.8 ± 3.8^{b}	75.9 ± 3.5^{c}	74.4 ± 2.2^{c}	100 ± 0^{a}	100 ± 0^{a}	98.6 ± 4.5^{a}	93.1 ± 2.7^{a}	79.2 ± 2.3^{b}
BJCY-ML019	100 ± 0^{a}	80.4 ± 3.3^{b}	72.1 ± 3.3^{b}	69.3 ± 3.2^{bc}	67.7 ± 2.5^{c}	100 ± 0^{a}	100 ± 0^{a}	100 ± 0^{a}	97.2 ± 3.9^{a}	68.1 ± 2.6^{b}
BJCY-ML021	100 ± 0^{a}	101.0 ± 2.9^{a}	82.8 ± 3.8^{b}	79.8 ± 3.7^{b}	77.2 ± 2.2^{b}	100 ± 0^{a}	100 ± 0^{a}	100 ± 0^{a}	98.6 ± 4.2^{a}	63.9 ± 1.8^{b}
BJCY-ML022	100 ± 0^{a}	98.4 ± 4.5^{a}	93.3 ± 3.8^{a}	92.0 ± 3.1^{a}	88.0 ± 4.1^{b}	100 ± 0^{a}	100 ± 0^{a}	100 ± 0^{a}	100 ± 0^{a}	95.8 ± 3.9^{b}
BJCY-ML029	100 ± 0^{a}	83.0 ± 3.4^{ab}	71.6 ± 3.3^{b}	71.6 ± 3.3^{b}	69.9 ± 2.1^{b}	100 ± 0^{a}	100 ± 0^{a}	98.6 ± 4.6^{a}	87.5 ± 3.5^{b}	86.1 ± 2.5^{b}
BJCY-ML032	100 ± 0^{b}	112.3 ± 4.5^{a}	107.1 ± 4.3^{ab}	105.2 ± 4.2^{b}	91.5 ± 3.7^{c}	100 ± 0^{a}	100 ± 0^{a}	100 ± 0^{a}	95.8 ± 3.9^{a}	66.7 ± 1.9^{b}
BJCY-ML035	100 ± 0^{a}	99.8 ± 4.0^{a}	81.1 ± 3.3^{b}	67.9 ± 2.0^{c}	66.8 ± 2.7^{c}	100 ± 0^{a}	100 ± 0^{a}	100 ± 0^{a}	87.5 ± 3.5^{b}	61.1 ± 1.8^{c}
F 值	—	2.477	5.174	8.328	5.815	—	—	1.450	3.261	6.361
P 值	—	$P<0.05$				—	$P<0.05$			

注：同行数字后不同小写字母表示同一材料不同处理间差异显著（$P<0.05$），F 值表示材料间差异显著（$P<0.05$），下同。

Zn胁迫处理25 d后，马蔺种质材料间相对存活率呈显著差异（表8-2），16份材料的相对存活率随Zn处理浓度的增加而显著降低。低浓度Zn处理下相对存活率降低较缓慢，高浓度Zn胁迫处理下降低速度较快，即在50~150 mg·kg^{-1}Zn浓度时，相对存活率在95%以上的种质材料有16份；在450 mg·kg^{-1}Zn浓度下，有12份材料的相对存活率高于90%，其余4份材料的相对存活率也在80%~90%；在900 mg·kg^{-1}Zn浓度下，相对存活率高于90%的材料仅有1份（BJCY-ML022）；低于80%的有10份材料；BJCY-ML022相对存活率最高为95.8%；BJCY-ML015相对存活率最低为37.5%。

8.2.2 Zn胁迫对马蔺地上生物量和地下生物量的影响

由表8-3可知，随Zn处理浓度的升高，11份种质材料的相对地上生物量呈先升后降的趋势，5份材料呈逐渐下降的趋势。50 mg·kg^{-1}Zn浓度处理下，相对地上生物量大于97 %的材料有12份，其余4份材料的相对地上生物量均在81.5%以上。150 mg·kg^{-1}Zn浓度处理下，相对地上生物量大于90%的材料有10份材料，相对地上生物量较低的是BJCY-ML018和BJCY-ML016，分别为63.5%和52.4%。900 mg·kg^{-1} Zn浓度处理下，BJCY-ML029和BJCY-ML016材料的相对地上生物量均低于32%，说明高浓度Zn胁迫处理下马蔺种质材料的相对地上生物量变化较大。

Zn胁迫处理下马蔺种质材料相对地下生物量的变化呈差异显著（表8-3），随Zn浓度的增加，BJCY-ML005、BJCY-ML007、BJCY-ML014等7份种质材料的相对地下生物量先升后降，BJCY-ML001、BJCY-ML004、BJCY-ML006等9份材料呈逐渐下降趋势。50 mg·kg^{-1}、150 mg·kg^{-1}Zn浓度下，分别有7份和5份材料的相对地下生物量高于对照。当Zn浓度增至450 mg·kg^{-1}时，仅有1份材料的相对地下生物量高于对照；900 mg·kg^{-1} Zn浓度下，各材料的相对地下生物量均在24.0%~76.3%，相对地下生物量较低的为BJCY-ML029和BJCY-ML016材料，分别比对照下降了73.06%和75.97%。

表 8-3　Zn 胁迫对相对地上和地下生物量的影响

种质材料	相对地上生物量（%）					相对地下生物量（%）				
	Zn_{0}	Zn_{50}	Zn_{150}	Zn_{450}	Zn_{900}	Zn_{0}	Zn_{50}	Zn_{150}	Zn_{450}	Zn_{900}
BJCY-ML001	100±0^{ab}	116. 7±5. 4^{a}	92. 4±8. 6^{ab}	89. 7±6. 2^{b}	56. 6±4. 4^{c}	100±0^{a}	96. 5±9. 7^{a}	95. 7±5. 9^{a}	74. 3±0. 6^{b}	66. 8±6. 9^{b}
BJCY-ML004	100±0^{a}	97. 4±5. 1^{a}	76. 9±4. 8^{b}	60. 1±4. 4^{bc}	49. 5±4. 9^{c}	100±0^{a}	89. 9±8. 5^{a}	55. 7±1. 6^{b}	55. 3±9. 6^{b}	50. 7±7. 7^{b}
BJCY-ML005	100±0^{b}	137. 7±6. 1^{a}	139. 5±4. 4^{a}	88. 8±9. 1^{c}	61. 5±5. 2^{d}	100±0^{bc}	119. 6±1. 2^{ab}	146. 6±1. 7^{a}	99. 8±2. 4^{bc}	61. 7±1. 5^{c}
BJCY-ML006	100±0^{a}	105. 6±1. 3^{a}	93. 2±3. 9^{b}	66. 4±5. 9^{c}	62. 1±2. 6^{c}	100±0^{a}	99. 7±1. 8^{a}	86. 4±7. 7^{ab}	73. 2±1. 7^{b}	70. 6±1. 6^{b}
BJCY-ML007	100±0^{bc}	125. 7±3. 1^{a}	103. 9±8. 9^{b}	94. 3±9. 5^{c}	90. 6±4. 2^{c}	100±0^{b}	125. 2±8. 6^{a}	100±6. 9^{b}	73. 8±7. 6^{c}	65. 5±1. 4^{c}
BJCY-ML014	100±0^{b}	122. 7±9. 6^{a}	107. 1±3. 1^{ab}	99. 7±1. 3^{b}	76. 3±5. 7^{c}	100±0^{a}	103. 2±5. 1^{a}	105. 7±3. 7^{a}	91. 2±4. 8^{b}	67. 2±8. 9^{c}
BJCY-ML015	100±0^{a}	81. 5±6. 9^{b}	73. 2±4. 1^{c}	69. 7±4. 5^{c}	43. 0±9. 5^{d}	100±0^{a}	71. 5±2. 1^{b}	67. 3±9. 3^{b}	60. 6±7. 2^{bc}	42. 2±1. 5^{c}
BJCY-ML016	100±0^{a}	88. 4±5. 1^{b}	52. 4±3. 5^{c}	41. 3±9. 5^{c}	31. 6±0. 7^{d}	100±0^{a}	87. 5±2. 8^{ab}	66. 0±6. 8^{b}	37. 0±8. 2^{c}	24. 0±1. 3^{c}
BJCY-ML017	100±0^{a}	103. 7±2. 9^{a}	95. 9±4. 5^{a}	96. 5±2. 1^{a}	88. 9±3. 8^{b}	100±0^{a}	98. 4±3. 8^{ab}	82. 7±5. 1^{b}	88. 3±2. 5^{b}	74. 0±5. 1^{b}
BJCY-ML018	100±0^{a}	84. 6±2. 5^{b}	63. 5±6. 1^{bc}	61. 4±5. 2^{bc}	54. 7±9. 7^{c}	100±0^{a}	91. 5±6. 4^{a}	81. 4±6. 7^{ab}	72. 3±1. 4^{b}	68. 3±2. 6^{b}
BJCY-ML019	100±0^{b}	119±3. 1^{a}	103. 2±9. 8^{ab}	97±10. 4^{b}	93. 8±2. 6^{b}	100±0^{b}	127. 4±9. 2^{a}	109. 7±1. 1^{ab}	92. 7±2. 1^{b}	69. 4±7. 5^{c}
BJCY-ML021	100±0^{ab}	129. 6±5. 4^{a}	112. 1±2. 6^{a}	102. 3±3. 5^{ab}	92. 9±6. 5^{b}	100±0^{a}	110. 6±7. 9^{a}	104. 8±2. 2^{a}	53. 8±8. 3^{b}	53. 7±5. 9^{b}
BJCY-ML022	100±0^{a}	104. 5±1. 6^{a}	95. 3±1. 3^{ab}	76. 6±8. 6^{b}	71. 7±9. 3^{b}	100±0^{a}	107. 4±1. 8^{a}	95. 7±8. 7^{ab}	82. 6±1. 7^{b}	74. 8±2. 9^{b}
BJCY-ML029	100±0^{a}	82. 4±4. 5^{b}	64. 1±1. 2^{bc}	51. 0±1. 7^{cd}	28. 8±2. 3^{d}	100±0^{a}	61. 4±7. 7^{b}	54. 3±4. 6^{bc}	40. 9±3. 9^{c}	26. 9±5. 1^{d}
BJCY-ML032	100±0^{a}	110. 2±5. 1^{a}	105. 0±2. 1^{a}	86. 9±2. 7^{ab}	63. 9±11. 2^{b}	100±0^{ab}	111. 6±7. 4^{a}	106. 2±8. 3^{a}	104. 8±4. 9^{a}	76. 3±1. 4^{b}
BJCY-ML035	100±0^{a}	103. 8±5. 8^{a}	77. 3±1. 5^{b}	50. 2±3. 9^{c}	42. 7±7. 1^{c}	100±0^{a}	99. 8±8. 1^{a}	75. 7±7. 2^{b}	56. 3±8. 5^{c}	51. 5±1. 3^{c}
F 值	—	2. 292	3. 767	3. 284	2. 760	—	2. 443	5. 045	2. 350	1. 965
P 值	—	$P<0.05$				—	$P<0.05$			

8.2.3 Zn 胁迫下 16 份马蔺种质材料的耐 Zn 系数

由表 8-4 可以看出，相同指标下不同材料的耐 Zn 系数差异显著，不同指标下相同材料的耐 Zn 系数也存在差异，不同材料只用单项指标很难准确反映出其真实的耐 Zn 能力，因此，运用多指标进行综合评价才更具合理性。

表 8-4 Zn 胁迫处理下 16 份马蔺种质材料的耐 Zn 系数

种质材料	耐 Zn 系数			
	株高	存活率	地上生物量	地下生物量
BJCY-ML001	0.85±0.05[bcd]	0.96±0.01[abc]	0.93±0.11[abc]	0.88±0.09[abc]
BJCY-ML004	0.84±0.08[bcd]	0.96±0.00[abc]	0.84±0.08[abcd]	0.71±0.07[bcd]
BJCY-ML005	0.87±0.05[bcd]	0.93±0.01[cde]	1.11±0.20[a]	0.90±0.05[abc]
BJCY-ML006	0.89±0.06[bcd]	0.88±0.01[ef]	0.85±0.05[abcd]	0.90±0.14[abc]
BJCY-ML007	0.96±0.04[abc]	0.94±0.01[bcd]	1.03±0.02[ab]	0.93±0.04[abc]
BJCY-ML014	1.13±0.09[a]	0.97±0.00[abc]	0.87±0.11[abcd]	0.82±0.12[abcd]
BJCY-ML015	0.87±0.04[bcd]	0.85±0.03[f]	0.78±0.12[bcd]	0.71±0.08[bcd]
BJCY-ML016	0.98±0.10[abc]	0.98±0.01[ab]	0.62±0.05[d]	0.70±0.12[cd]
BJCY-ML017	1.00±0.05[ab]	0.93±0.00[cde]	0.99±0.09[ab]	0.89±0.04[abc]
BJCY-ML018	0.87±0.04[bcd]	0.95±0.03[abc]	0.73±0.01[bcd]	0.83±0.04[abcd]
BJCY-ML019	0.75±0.04[d]	0.93±0.01[cde]	1.03±0.03[ab]	1.00±0.06[ab]
BJCY-ML021	0.89±0.04[bcd]	0.93±0.02[cde]	0.91±0.15[abcd]	0.85±0.04[abc]
BJCY-ML022	0.94±0.02[abcd]	0.99±0.00[a]	0.76±0.13[bcd]	0.80±0.14[abcd]
BJCY-ML029	0.80±0.05[cd]	0.94±0.01[bcd]	0.65±0.04[cd]	0.55±0.04[d]
BJCY-ML032	1.04±0.05[ab]	0.93±0.01[cde]	0.95±0.08[abc]	1.02±0.11[a]
BJCY-ML035	0.85±0.1[bcd]	0.90±0.02[de]	0.75±0.05[bcd]	0.79±0.09[abcd]
F 值	2.565	5.802	2.184	1.899
P 值	$P<0.05$			

8.2.4 马蔺苗期耐 Zn 性综合评价

在 450 mg · kg^{-1}Zn 浓度下，有 3 份材料的株高高于对照，其余材料的各株高均低于对照；2 份材料无死苗现象，与对照相比，相对地上生物量和相对地下生物量下降率分别为是 59.7 %和 63%；各材料间同一生长指标差异显著。因此，450 mg · kg^{-1}Zn 浓度是马蔺材料耐 Zn 性的分界点，因此，选取 450 mg · kg^{-1}Zn 浓度胁迫下株高、存活率、地上生物量、地下生物量 4 个指标进行聚类分析和标准差系数赋予权重法分析结果更可靠。

（1）耐 Zn 性的聚类分析

采用欧氏距离系统聚类法，选取 450 mg · kg^{-1}Zn 浓度下 4 个指标（株高、存活率、地上生物量、地下生物量）的相对值进行聚类分析（图 8-1）。图 8-1 横向距离为欧式距离，距离越大，材料间的差异越大。从聚类图可以看出，当欧式距离为 1.2 时，16 份种质材料可聚为 3 类。第一类为耐 Zn 性较强的类群，包括 BJCY-ML014、BJCY-ML017、BJCY-ML032、BJCY-ML022、BJCY-ML007、BJCY-ML005、BJCY-ML019；第二类为耐 Zn 性中等的类群 BJCY-ML001、BJCY-ML021、BJCY-ML006、BJCY-ML018、BJCY-ML015；第三类为耐 Zn 性较弱的类群包括 BJCY-ML004、BJCY-ML035、BJCY-ML029、BJCY-ML016。

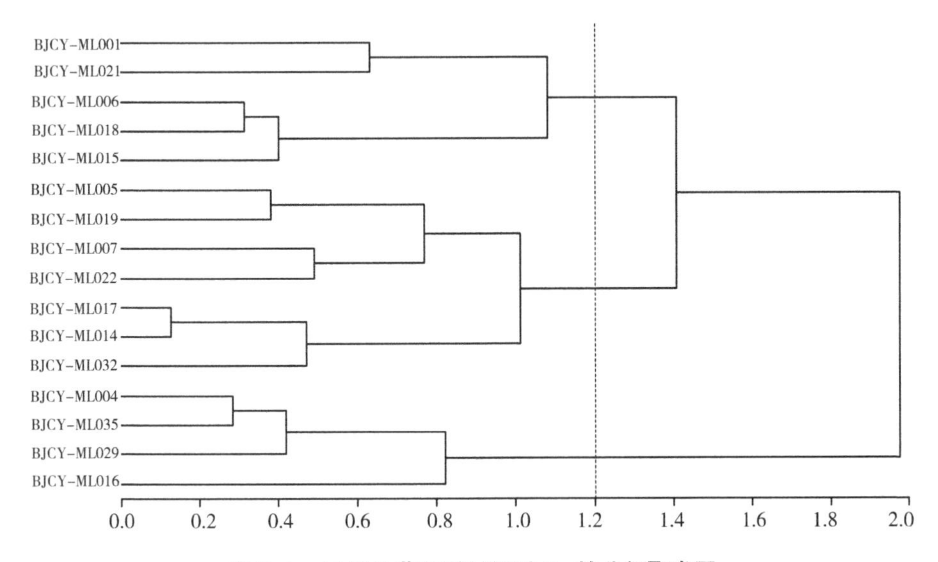

图 8-1　16 份马蔺种质材料耐 Zn 性分级聚类图

（2）标准差系数赋予权重法分析材料的耐 Zn 性

选取 450 mg · kg^{-1}Zn 浓度下 4 个指标（株高、存活率、地上生物量、地下生物量）进行了标准差系数赋予权重法综合分析，首先将各指标的相对值进行标准化处理，得到相应的隶属函数值，在此基础上，依据各综合指标的相对重要性（权重）进行加权，得到各材料耐 Zn 能力的综合评价值（表 8-5）。16 份马蔺种质材料耐 Zn 能力由强到弱的排序：

BJCY-ML014 > BJCY-ML017 > BJCY-ML032 > BJCY-ML022 > BJCY-ML007> BJCY-ML005 > BJCY-ML019 > BJCY-ML021 > BJCY-ML001 > BJCY-ML016>BJCY-ML018 > BJCY-ML015 > BJCY-ML006 > BJCY-ML004 > BJCY-ML035> BJCY-ML029。表 8-5 中综合评价 *D* 值的大小反映了各材料耐 Zn 能力的强弱，其中 *D* 值 > 0.8 的有 BJCY-ML014、BJCY-ML017 和 BJCY-ML032；0.55 < *D* 值 < 0.8 的有 BJCY-ML005、BJCY-ML007、BJCY-ML019、BJCY-ML021 和 BJCY-ML022。由此可知，标准差系数赋予权重法综合评价结果与欧氏距离综合聚类分析的结果基本一致（除 BJCY-ML016 外）。

表 8-5 马蔺材料苗期耐 Zn 能力综合评价 *D* 值及排序

种质材料	隶属函数值				综合评价 *D* 值	排序
	μ（1）	μ（2）	μ（3）	μ（4）		
BJCY-ML001	0.049	0.615	0.794	0.550	0.441	9
BJCY-ML004	0.113	0.539	0.310	0.269	0.273	14
BJCY-ML005	0.269	0.539	0.780	0.927	0.590	6
BJCY-ML006	0.292	0.000	0.413	0.534	0.323	13
BJCY-ML007	0.539	0.692	0.869	0.542	0.644	5
BJCY-ML014	1.000	0.769	0.958	0.800	0.901	1
BJCY-ML015	0.336	0.308	0.467	0.347	0.363	12
BJCY-ML016	0.552	1.000	0.000	0.000	0.378	10
BJCY-ML017	0.929	0.769	0.905	0.756	0.853	2
BJCY-ML018	0.183	0.615	0.330	0.521	0.376	11
BJCY-ML019	0.033	0.846	0.914	0.822	0.570	7
BJCY-ML021	0.273	0.923	1.000	0.248	0.553	8
BJCY-ML022	0.551	1.000	0.579	0.673	0.669	4
BJCY-ML029	0.086	0.308	0.159	0.058	0.137	16

（续表）

种质材料	隶属函数值				综合评价 *D* 值	排序
	μ（1）	μ（2）	μ（3）	μ（4）		
BJCY-ML032	0.852	0.769	0.749	1.000	0.848	3
BJCY-ML035	0.000	0.308	0.146	0.285	0.157	15

8.2.5　Zn 胁迫对马蔺叶片中 SOD 和 POD 活性的影响

随 Zn 处理浓度的升高，6 份种质材料叶片中 SOD 活性呈先升后降的趋势（图 8-2）。在 150 mg · kg^{-1}Zn 浓度时，BJCY-ML014、BJCY-ML017、BJCY-ML015、BJCY-ML029 和 BJCY-ML035 的 SOD 活性达到峰值，其增幅为对照的 22.74% ~ 49.18%，BJCY - ML014 增幅最高为 49.18%；在 50 mg · kg^{-1}Zn 浓度时 BJCY-ML018 的 SOD 活性达到峰值，但 150 mg · kg^{-1} 与 50 mg · kg^{-1}Zn 浓度下相比较，SOD 活性仅下降了 0.9%。耐 Zn 能力强的 BJCY-ML014 和 BJCY-ML017 在 150 mg · kg^{-1}Zn 浓度之后，随 Zn 胁迫处理

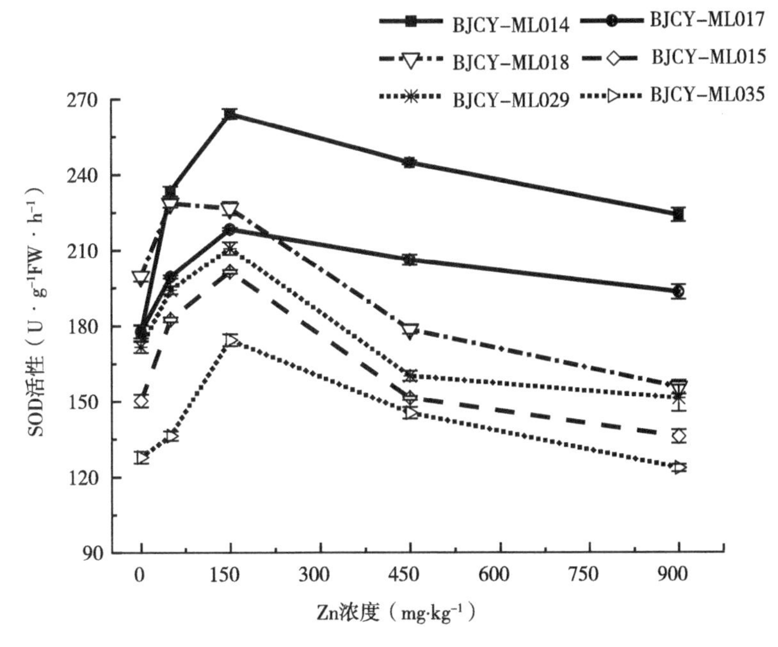

图 8-2　Zn 胁迫对马蔺叶片 SOD 活性的影响

浓度的增加，叶片中 SOD 活性下降的幅度比较缓慢，相对来说，BJCY-ML014 的下降幅度略小于 BJCY-ML017；而耐 Zn 能力中等、差的 BJCY-ML018、BJCY-ML015、BJCY-ML029 和 BJCY-ML0035 当 Zn 浓度 > 150 mg · kg^{-1}时，叶片中 SOD 活性随着 Zn 处理浓度的增加则呈现出明显的下降趋势，这可能是耐 Zn 能力差的马蔺材料在高浓度 Zn 胁迫处理下，SOD 活性受到了抑制。900 mg · kg^{-1}Zn 浓度下，耐 Zn 能力强的 BJCY-ML014、BJCY-ML017 叶片 SOD 活性仍均高于对照，高出比例为 26.4%和 26.43%；耐 Zn 能力中等、较差的材料叶片 SOD 活性均低于对照。

由图 8-3 可知，随 Zn 处理浓度的增加，6 份种质材料叶片中 POD 活性呈先升后降的趋势。其中，材料 POD 活性在 150 mg · kg^{-1}Zn 浓度时，耐 Zn 能力强的 BJCY-ML014 和 BJCY-ML017 的 POD 活性达到峰值，其增幅为对照的 6.80% 和 9.46%，耐 Zn 能力中等、较差的 BJCY-ML018、BJCY-ML015、BJCY-ML029、BJCY-ML035 材料在 50 mg · kg^{-1}Zn 浓度时达到峰值，其增幅为对照的 31.62%、35.63%、25.39%、14.69%；但耐 Zn 能力中等、较差的 BJCY-ML018、BJCY-ML015、BJCY-ML029 在 150 mg · kg^{-1} Zn 浓度时，POD 活性仍高于对照，耐 Zn 能力较差的 BJCY-ML035 的 POD 活性低于对照。

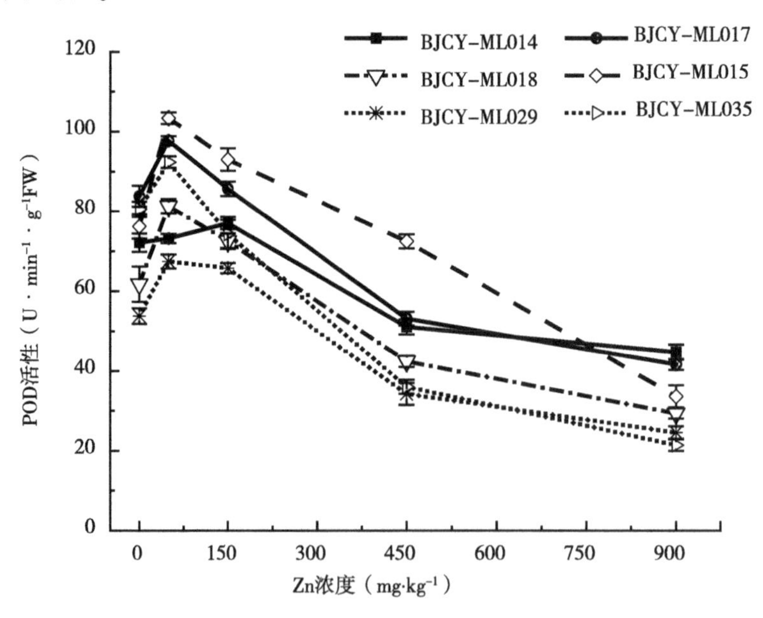

图 8-3　Zn 胁迫对马蔺叶片 POD 活性的影响

8.2.6 Zn 胁迫对马蔺叶片中 MDA 和 SP 含量的影响

由图 8-4 可知，6 份种质材料叶片中的 MDA 含量变化存在显著差异，且随 Zn 处理浓度的增加而增加。耐 Zn 能力中等、较差的 BJCY-ML018、BJCY-ML015、BJCY-ML029、BJCY-ML035 材料增加幅度明显高于耐 Zn 能力强的 BJCY-ML014、BJCY-ML017。其中耐 Zn 能力较差的 BJCY-ML035 在高浓度 Zn 胁迫下 MDA 含量增加幅度最大，明显高于其他 5 个材料；耐 Zn 能力中等的 BJCY-ML018、BJCY-ML015 在高浓度 Zn 胁迫下 MDA 含量增加幅度也高于耐 Zn 能力强的 BJCY-ML014、BJCY-ML017。

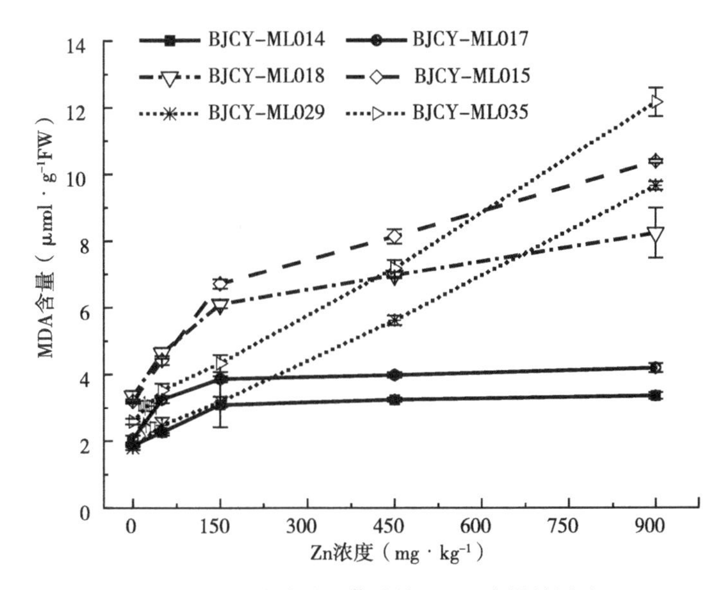

图 8-4　Zn 胁迫对马蔺叶片 MDA 含量的影响

不同 Zn 处理浓度对马蔺种质材料叶片中 SP 含量的影响见图 8-5。6 份种质材料幼苗叶片 SP 含量随 Zn 处理浓度的增加呈先升后降趋势。在 150 mg · kg^{-1}Zn 浓度时耐 Zn 能力强的 BJCY-ML014、BJCY-ML017 的 SP 含量达到最大，之后随 Zn 处理浓度的上升其含量逐渐减小，其增幅为对照的 18.04%、19.13%。耐 Zn 能力中等、较差的 BJCY-ML018、BJCY-ML015、BJCY-ML029、BJCY-ML035 材料在 50 mg · kg^{-1}Zn 浓度时达到峰值，其增幅为对照的 34.71%、33.14%、19.56%、18.59%，而耐 Zn 能力强的 BJCY-ML014、BJCY-ML017 材料在 50 mg · kg^{-1}Zn 浓度时，其增幅为对照的 9.5%、3.71%。即耐 Zn 能力强的材料 SP 变化趋势比较平缓，而耐 Zn 能

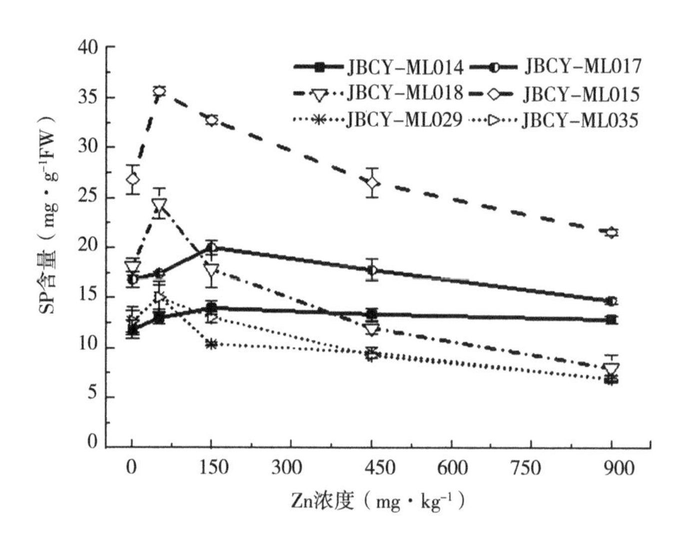

图 8-5 Zn 胁迫对马蔺叶片 SP 含量的影响

力较差的材料变化比较急剧；由此说明，耐 Zn 能力强的种质材料与 SP 的绝对含量关系不大，却与 Zn 胁迫后 SP 含量的变化密切相关。

8.3 讨论与结论

8.3.1 Zn 胁迫对马蔺生长的影响

Zn 是植物生长发育必需的微量营养元素，同时又是环境污染的重金属元素。当土壤 Zn 浓度超过一定临界值时，会对大部分植物生长产生毒害作用，从而导致植物株高、生物量及存活率的降低（杨卫东 等，2009）。晏敏等（2011）研究表明宽叶山蒿株高及生物量随 Zn 浓度的升高呈先升后降趋势；Zn 为 500 $mg \cdot kg^{-1}$时，株高、地上生物量、地下生物量达到最大值，株高比对照增长 31.9%，地上生物量和地下生物量分别为对照的 2.13 倍和 1.48 倍。郑蕾等（2013）对双穗雀稗，徐卫红等（2006）对黑麦草，何洁等（2013）对翅碱蓬的研究也得到了不同 Zn 浓度处理下株高、地上生物量、地下生物量呈“低促高抑”的结果。本试验结果表明，随着 Zn 处理浓度的升高，16 份马蔺种质材料苗期的相对存活率，9 份材料的相对株高、相对地下生物量，5 份材料的相对地上生物量均呈显著下降趋势，其他材料的相对株高、相对地上生物量、相对地下生物量呈先升后降的趋势；在

50 mg · kg^{-1}Zn 浓度时，各生长指标显著高于对照，充分发挥了 Zn 的必需元素作用；在 150 mg · kg^{-1}Zn 浓度处理下，12 份材料无死苗现象，另外 4 份材料的死苗率小于 2.8%，且与对照相比相对株高下降率小于 29.4%，相对地上生物量、相对地下生物量下降率均小于 50%；因此，16 份马蔺材料在幼苗期能忍耐≤150 mg · kg^{-1}的 Zn 浓度胁迫。当 Zn 浓度为 450 mg · kg^{-1}时，只有 2 份材料无死苗现象，与对照相比相对地上生物量、相对地下生物量下降率分别达到了 59.7%和 63%，说明 Zn 浓度 450 mg · kg^{-1}是马蔺材料耐 Zn 性的分界点；因此，选取 450 mg · kg^{-1}Zn 浓度下的 4 个指标（株高、存活率、地上生物量、地下生物量）进行聚类分析和标准差系数赋予权重法分析的结果更可靠。

8.3.2　马蔺的耐 Zn 性综合评价

植物的耐重金属能力在重金属胁迫下是多种代谢的表现，仅仅用单项指标评价不同种质材料间的耐重金属能力具有一定的局限性，因此采用综合评价法评价不同材料的耐重金属能力更具合理性（辛宝宝 等，2012；李慧芳 等，2015；杨丽 等，2013）。聚类分析法是对多维空间的若干样本点进行分类的一种多元统计方法，它已经广泛应用于生物学领域，尤其在种质资源分类方面的应用报道较多（莫惠栋 等，1987）。聚类分析可以将参试材料按照性质上的亲疏程度客观地进行分类，但对同类内各个材料的耐 Zn 性缺乏定量表达，而且仅限于参试材料范围内，即聚类分析法将不同种质材料的耐 Zn 能力划分为强、中、差三类，但它并没有考虑到每份材料间耐 Zn 能力的定量比较，而且缺少指标权重的比较，评价结果有局限性。而标准差系数赋予权重法可以根据各个指标进行权重分配，这样各性状因变化幅度的不同和数值大小而产生的差异则可消除，且不仅考虑了不同指标间的权重，可以准确鉴定每份材料的耐 Zn 能力。前人在研究植物耐盐性（赵海明 等，2012）和抗旱性（张娜 等，2013）鉴定评价时，认为标准差系数赋予权重法与聚类方法相结合是最佳的评价方法，可用于苗期耐盐性和抗旱性鉴定评价和优异材料的初步筛选。因此，本试验应用标准差系数赋予权重法和聚类分析法分别比较分析了马蔺不同种质材料的耐 Zn 能力。标准差系数赋予权重法与聚类分析结果完全一致的为耐 Zn 能力强的材料即 BJCY-ML014、BJCY-ML017、BJCY-ML032、BJCY-ML022、BJCY-ML007、BJCY-ML005、BJCY-ML019。BJCY-ML016 耐 Zn 能力在两种方法下结果不同，标准差系数赋予权重法得出材料 BJCY-ML016 耐 Zn 能力中等，而聚类分析法得出其耐 Zn 能力差。这种差异很可能是标准差系数赋予权重法考虑了权重的结果。因此，综合标准差系数赋予权重法和聚类分析结果，筛选出耐 Zn 能力强的马蔺种质材料 7 份：BJCY-ML014、BJCY-ML017 、BJCY-ML032、BJCY-ML022、BJCY-ML007、BJCY-ML005、BJCY-ML019，耐 Zn 能力中等的有 6 份：BJCY-ML021、BJCY-ML001、BJCY-ML016、BJCY-ML018、BJCY-ML015、BJCY-ML006，耐 Zn 能力差的有 3 份：BJCY-ML035、BJCY-ML029、BJCY-ML004。标准差系数赋予权重法综合评价结果与聚类分析评价结果相同程度为 93.8%。可见，这两种方法对耐 Zn 能力的分类具有较高的一致性。

8.3.3 Zn 胁迫对马蔺生理生化的影响

重金属等逆境胁迫下，绿色植物中会普遍存在氧化胁迫现象。由 POD 和 SOD 组成的抗氧化系统能够很好地清除氧自由基，保护植物细胞免于受到氧化胁迫的伤害。在高等植物抗逆性、活性氧伤害及器官衰老中起着重要的作用。Zn 作为植物生长所必需的微量元素之一，当土壤 Zn 浓度超过一定临界值时，会对植物细胞产生毒害作用（田小霞 等，2012；杨红飞，2007）。植物在重金属污染下体内 SOD 活性的变化，目前研究结果有 3 种：一是随着重金属浓度的增加，SOD 活性增加；二是随着重金属浓度的增加，SOD 活性先升高后降低（李慧芳 等，2015），三是随着重金属浓度的增加，SOD 活性降低（黄玉山 等，1997）。

本试验选取耐 Zn 能力不同的 6 份材料进行了生理指标的响应分析，发现马蔺种质材料叶片中 SOD、POD 活性随 Zn 处理浓度的增加，呈先上升后下降的趋势。耐 Zn 能力强的 BJCY-ML014、BJCY-ML07 在 150 mg · kg^{-1}Zn 浓度之后叶片中 SOD 活性随 Zn 浓度下降的幅度比较缓慢；而耐 Zn 能力中等、较差的 BJCY-ML018、BJCY-ML015、BJCY-ML029、BJCY-ML0035 当 Zn 浓度>150 mg · kg^{-1}时，叶片中的 SOD 活性呈显著的下降现象，这有可能是耐 Zn 能力差的材料在高浓度 Zn 处理条件下，SOD 活性受到了抑制。耐 Zn 能力强的 BJCY-ML014、BJCY-ML017 的 POD 活性在 150 mg · kg^{-1}Zn 浓度时达到峰值，耐 Zn 能力中等、较差的 BJCY-ML018、BJCY-ML015、BJCY-ML029、BJCY-ML035 在 50 mg · kg^{-1}Zn 浓度时达到峰值，此后 POD 活性开始降低。酶活性处于降低状态，表明体内活性氧的积累超出了自身的清除能力，此时材料相应的地上生物量与地下生物量也均低于对照，表明植株生长也受到了抑制。这是植物对逆境胁迫反应的典型特征，即植物在逆境胁迫下，会采取各种措施，提高自身抵抗特性来适应不良环境的影响，但是，如果胁迫强度超过植物所忍受的最大限度，其对逆境的防御措施则会减弱甚至死亡。

MDA 是膜脂过氧化最重要的产物之一，通过测定 MDA 含量可以了解逆境胁迫下植物膜脂过氧化的程度，从而了解植物生长受破坏的情况和植物对逆境反应的强弱（田小霞 等，2012）。本研究发现，6 个马蔺材料叶片中的 MDA 含量随 Zn 浓度的增加而升高，但不同材料间变化存在差异现象。耐 Zn 能力中等、较差的 BJCY-ML018、BJCY-ML015、BJCY-ML029、BJCY-ML035 增加幅度明显高于耐 Zn 能力强的 BJCY-ML014、BJCY-ML017 号材料。其中耐 Zn 能力较差的 BJCY-ML029、BJCY-ML035 在高浓度 Zn 胁迫下 MDA 增加幅度最大，明显高于其他 4 个材料。

重金属离子进入植物体内后与其他化合物结合形成金属螯合物，植物代谢活动则会受到抑制，尤其是会抑制蛋白质的合成，因此，植物 SP 含量是衡量植物是否发生重金属胁迫的重要指标之一。本试验中，马蔺幼苗体内 SP 含量随 Zn 浓度的增加呈先上升后下降的趋势。耐 Zn 能力强的 BJCY-ML014、BJCY-ML017 SP 变化趋势比较平缓，而耐 Zn 能力中等、较差的 BJCY-ML018、BJCY-ML015、BJCY-ML029、BJCY-ML035 变化比较急剧；由此说明，耐 Zn 能力强的马蔺种质材料与 SP 的绝对含量关系不大，却与 Zn 胁迫后 SP 含量的变化密切相关。

参考文献

高俊凤，2006. 植物生理学实验指导［M］. 北京：高等教育出版社.

龚红梅，李卫国，2009. 锌对植物的毒害及机理研究进展［J］. 安徽农业科学，37（29）：14009-14015.

顾继光，林秋奇，胡韧，等，2005. 土壤—植物系统中重金属污染的治理途径及其研究展望［J］. 土壤通报，6（1）：128-133.

郭智，黄苏珍，原海燕，2008. Cd 胁迫对马蔺和鸢尾幼苗生长、Cd 积累及微量元素吸收的影响［J］. 生态环境，17（2）：651-656.

何洁，高钰婷，贺鑫，等，2013. 重金属 Zn 和 Cd 对翅碱蓬生长及抗氧化酶系统的影响［J］. 环境科学学报，33（1）：312-320.

黄苏珍，原海燕，2007. Cd 胁迫对 2 种鸢尾幼苗生长和 Cd 及微量元素吸收的影响［C］//江苏省植物学会学术报告及研究论文集，81-84.

黄玉山，罗广华，关棨文，1997. 镉诱导植物的自由基过氧化损伤［J］. 植物学报，39（6）：522-526.
江行玉，赵可夫，2001. 植物重金属伤害及其抗性机理［J］. 应用与环境生物学报，7（1）：92-99.
李合生，2000. 植物生理生化实验原理和技术［M］. 北京：高等教育出版社.
李慧芳，王瑜，袁庆华，2015. 铅胁迫对禾本科牧草生长、生理及 Pb^{2+} 富集转运的影响［J］. 草业学报，24（9）：163-172.
毛培春，田小霞，孟林，2013. 16 份马蔺种质材料苗期耐盐性评价［J］. 草业科学，30（1）：35-43.
孟林，毛培春，张国芳，2009a. 不同居群马蔺抗旱性评价及生理指标变化分析［J］. 草业学报，18（5）：18-24.
孟林，肖阔，赵茂林，等，2009b. 马蔺组织培养快繁技术体系研究［J］. 植物研究，29（2）：193-197.
莫惠栋，顾世梁，1987. 江浙沪大麦品种农艺性状的聚类分析［J］. 中国农业科学，20（3）：28-38.
史晓霞，张国芳，孟林，等，2008. 马蔺叶片解剖结构特征与其抗旱性关系研究［J］. 植物研究，28（5）：584-588.
田小霞，孟林，毛培春，等，2012. 重金属 Cd Zn 对长穗偃麦草生理生化特性的影响及其积累能力研究［J］. 农业环境科学学报，31（8）：1483-1490.
王永春，代小伟，胡兰英，等，2011. 马蔺种子休眠机理的研究［J］. 种子，30（6）：8-12.
辛宝宝，袁庆华，王瑜，2012. 多年生黑麦草种质材料苗期耐钴性综合评价及钴离子富集特性研究［J］. 草地学报，20（6）：1123-1131.
徐卫红，王宏信，李文一，等，2006. 重金属富集植物黑麦草对 Zn 的响应［J］. 水土保持学报，20（3）：43-46.
晏敏，张世熔，赵小英，2011. 锌胁迫下宽叶山蒿的耐性与富集特征［J］. 生态与农村环境学报，27（6）：89-93.
杨红飞，严密，姚婧，等，2007. 铜、锌污染对油菜生长和土壤酶活性的影响［J］. 应用生态学报，18（7）：1484-1490.
杨丽，袁庆华，2013. 重金属镉对野生披碱草生长与生理特性的影响［J］. 中国草地学报，35（4）：25-33.

杨姝，贾乐，毕玉芬，等，2018. 7 种紫花苜蓿对云南某铅锌矿区土壤镉铅的累积特征及品种差异［J］. 农业资源与环境学报，35（3）：222-228.

杨卫东，陈益泰，2009. 不同品种杞柳对高锌胁迫的忍耐与积累研究［J］. 中国生态农业学报，17（6）：1182-1186.

原海燕，郭智，黄苏珍，2011. Pb 污染对马蔺生长、体内重金属元素积累以及叶绿体超微结构的影响［J］. 生态学报，31（12）：3350-3357.

原海燕，黄钢，佟海英，等，2013. Cd 胁迫下马蔺根和叶中非蛋白巯基肽含量的变化［J］. 生态环境学报，22（7）：1214-1219.

张开明，佟海英，黄苏珍，等，2007. Cu 胁迫对黄菖蒲和马蔺 Cu 富集及其他营养元素吸收的影响［J］. 植物资源与环境学报，16（1）：18-22.

张娜，赵宝平，张艳丽，等，2013. 干旱胁迫下燕麦叶片抗氧化酶活性等生理特性变化及抗旱性比较［J］. 干旱地区农业研究，31（1）：166-171.

赵海明，谢楠，李源，等，2012. 山羊豆种质苗期耐盐性鉴定及评价方法［J］. 华北农学报，27（增刊）：131 -138.

赵晓东，谢英荷，李廷亮，等，2015. 植物对污灌区土壤锌形态的影响［J］. 应用与环境生物学报，21（3）：477-482.

郑蕾，周守标，杨集辉，2013. 双穗雀稗对 5 种重金属单一胁迫的生长响应和吸收性研究［J］. 安徽师范大学学报（自然科学版），36（1）：54-59.

SABOOR A，ALI M A，HUSSAIN S，et al.，2021. Zinc nutrition and arbuscular mycorrhizal symbiosis effects on maize (*Zea mays* L.) growth and productivity［J］. Saudi Journal of Biological Sciences，28（11）：6339-6351.

TODESCHINI V，LINGUA G，DAGOSTINO G，et al.，2011. Effects of high zinc concentration on poplar leaves：a morphological and biochemical study［J］. Environmental and Experimental Botany，71（1）：50-56.

第9章　马蔺种质资源分子遗传多样性分析

【内容提要】本章应用ISSR分子标记技术，对收集自中国北方4省（区、市）的20份马蔺种质材料进行遗传多样性分析，结果显示，利用筛选出的多态性强、重复性好的14条ISSR引物，共扩增出303条带，其中241条带呈多态性，多态性位点百分率为77.29%。遗传相似系数（GS）居于0.340 2~0.824 7，分布幅度较广，遗传多样性丰富。利用非加权算术平均法（UPGMA）进行聚类，当GS为0.587 6时，可将20份马蔺种质材料划分为3个类群。主成分分析（PCA）分析的结果与UPGMA聚类分析结果一致，表明20份马蔺种质材料的遗传距离与其野生分布的地理距离存在较密切相关关系，旨在从分子水平上重点揭示马蔺种质资源的遗传多样性，为马蔺遗传育种和开发利用奠定重要基础。

生物多样性包含3个层次，即遗传多样性、物种多样性和生态系统多样性。所有遗传信息的综合是遗传多样性，遗传多样性的本质是生物体在遗传物质上的变异，生物进化的内在源泉是遗传变异。王育青和秦艳（2015）对内蒙古11个地区跨越12个经度和12个纬度的20个不同生态区野生马蔺种群的13个数量农艺性状和种群间亲缘关系进行分析，结果表明不同性状在不同材料间表现出不同程度的变异性，变异系数范围在9.72%~300%，变异系数较大的3个性状为种子千粒重300%、胚长166.67%和发芽率91.19%；同时聚类分析为4大类，且表现出明显的地域性，相近生态型群大多聚在一起，但不同来源马蔺群亲缘关系由其地理分布、小生境和农艺性状特性共同决定，个别种质材料呈现不一致并没有聚在一起。随着分子生物技术的快速发展，随机扩增多态性DNA标记（Random amplified polymorphism DNA，RAPD）、简单重复序列标记（Simple sequence repeat，SSR）、简单序列重复区间标记（Inter-simple sequence repea，ISSR）和扩增片段长度多态性标记（Amplified fragment length polymorphism，AFLP）等分子标记技术已经被广泛应用于植物分子遗传图谱的构建、基因的标记与定位和克隆、品种纯度鉴定、物种进化关系和辅助育种等领域，其中 ISSR 分子标记技术标记是由加拿大蒙特利尔大学 Zietkiewicz 等于 1994 创建的一种分子标记，基本原理是：在 SSR 的 5 端或 3 端加锚 1～4 个嘌呤或嘧啶碱基，然后以此为引物（通常为 16～18 个 bp 序列），对两侧具有反向排列 SSR 的一段基因组 DNA 序列进行扩增，然后进行电泳、染色，根据谱带的有无以及相对位置，分析不同样间 ISSR 标记的多态性，ISSR 的原理和操作与 SSR、RAPD 非常相似，但其产物多态性远比 RFLP、SSR、RAPD 丰富，可提供更多关于基因组的信息，具有可靠性高、操作简单、成本低、重复性好等优点（朱岩芳 等，2010），广泛应用于植物遗传多样性等研究工作中，例如用于主要农作物——小麦族、玉米（Liet 等，2011）、稻属（Joshi 等，2000）、高粱属（Fang 等，2008）等，优质牧草——苜蓿（李红 等，2012）、鸭茅（曾兵 等，2006）等的基因图谱构建、遗传多样性和亲缘关系等的研究。

近些年来，利用各种分子标记技术开展了包括马蔺在内的鸢尾属植物分子遗传多样性分析研究也屡见报道。例如张敏等（2007）应用 RAPD 和 ISSR 标记技术对来自我国 7 个省（区、市）和美国的喜盐鸢尾、马蔺、蝴蝶花和鸢尾 4 个野生种 23 份材料的遗传多样性进行了分析，表明鸢尾属种间变异大于种内变异，种内遗传关系与地理分布和环境差异存在一定的相关性，还对鸢尾属 37 份材料开展 ISSR 分析，结果进一步说明了鸢尾属物种间具有丰富的遗传多样性（张敏和黄苏珍，2008）。牟少华等（2008）利用 AFLP 技术研究了来自我国华北、西北和华东的 10 个马蔺种群的遗传多样性，结果显示不同来源马蔺材料间遗传多样性程度很高，群体间的亲缘关系远近与其所处的地理位置有很大的关系，尤其与纬度因子的关系十分密切。王康等（2008）和王育青等（2010）分别利用引物 834 和引物 AW60474，建立和优化了马蔺种质材料 ISSR-PCR 反应体系，为利用 ISSR 分子标记技术研究马蔺种质资源的遗传多样性奠定了基础并提供了技术支持。王育青和秦艳（2015）采用 20 对 ISSR 引物对采集自内蒙古草甸草原、典型草原、荒漠化草原、草原化荒漠和荒漠 5 个草原类型的 20 个野生马蔺居群材料遗传多样性分析结果显示，其多态性条带比例高达 91.1%，且聚类为 4 大类与地理来源息息相关，与经度、纬度和海拔高度相关性明显，与小生境也存在一定相关性。童俊等（2019）利用 SRAP 技术对 40 份鸢尾属种质资源进行遗传特性及亲缘关系的分析研究，结果显示多态性条带比例为 100%。

本章重点介绍本团队毛培春等（2013）采用 ISSR 分子标记技术，对中国北方不同生境条件下野生马蔺种质材料分子遗传多样性的分析结果，旨在为阐述马蔺种质的亲缘关系、遗传学特性及其开发利用奠定科学理论基础。

9.1 材料与方法

9.1.1 试验材料

以收集到的中国内蒙古、新疆、北京和山西 4 个省（区、市）不同生境下的 20 份野生马蔺种质材料为试验材料，采集地点及生境见表 9-1。

表 9-1 参试的 20 份马蔺种质材料及其来源

序号	材料	采集地	生境	经纬度（N，E）	海拔（m）
1	BJCY-ML001	北京市海淀区四季青镇	果园田边，壤土	39°56′32″，116°16′44″	57
2	BJCY-ML005	内蒙古赤峰阿鲁科尔沁旗	羊草、绣线菊草甸草原，砂壤土	42°10′12″，118°31′12″	926
3	BJCY-ML006	山西省太原市	荒漠草原、公路旁，砂砾质	37°31′12″，112°19′00″	760
4	BJCY-ML007	内蒙古赤峰克什克腾旗	草甸草原，砂壤土	43°15′54″，117°32′45″	1 100
5	BJCY-ML008	内蒙古鄂尔多斯西部	盐化低地草甸，盐渍化草甸土，砂砾质	39°48′00″，109°49′48″	1 480
6	BJCY-ML011	内蒙古临河八一镇丰收村	公路边盐碱荒地，盐碱土	40°48′56″，107°29′24″	1 038
7	BJCY-ML012	内蒙古临河隆胜镇新明村	黎科植物、马蔺等组成的盐化低地草甸	40°53′09″，107°34′18″	1 034
8	BJCY-ML013	内蒙古临河城关镇万来村	多年生禾草、马蔺等组成的盐生草甸	40°47′43″，107°26′18″	1 037
9	BJCY-ML014	内蒙古临河双河镇丰河村	盐化低地草甸，砂砾质	40°42′15″，107°25′09″	1 040
10	BJCY-ML015	新疆伊犁州昭苏县	盐碱化较强的盐化低地草甸，砂砾质	43°08′23″，81°07′39″	1 846
11	BJCY-ML016	内蒙古临河曙光镇永强村	盐化低地草甸，砂砾质	40°46′14″，107°25′20″	1 039
12	BJCY-ML018	内蒙古呼和浩特市大青山	干旱荒漠草原带，公路边，砂壤土	40°52′38″，111°35′27″	1 160

（续表）

序号	材料	采集地	生境	经纬度（N，E）	海拔（m）
13	BJCY-ML020	新疆伊犁州巩留县七乡伊犁河南岸	盐化低地草甸	43°36′49″，81°50′39″	703
14	BJCY-ML021	新疆伊犁州特克斯县四乡	轻度盐化低地草甸	43°07′18″，81°43′35″	1 270
15	BJCY-ML023	新疆伊犁州奶牛场伊犁河边	重度盐化低地草甸，盐碱土	43°53′02″，81°17′11″	603
16	BJCY-ML024	新疆伊犁州察布查尔县羊场	中度盐化低地草甸，盐碱土	43°53′24″，81°00′20″	562
17	BJCY-ML029	内蒙古科尔沁左翼中旗保康镇	轻度盐化低地草甸	44°07′48″，123°21′12″	144
18	BJCY-ML031	内蒙古科尔沁左翼后旗努古斯台镇套海爱勒嘎查村	中度盐碱化低地草甸，暗栗钙土	43°13′46″，122°14′01″	193
19	BJCY-ML032	内蒙古通辽市科尔沁区余粮堡镇瓦房村	羊草、绣线菊草甸草原，砂壤土	43°18′26″，122°38′06″	262
20	BJCY-ML035	新疆伊宁县胡地亚于孜镇阔旦塔木村	中度盐碱化低地草甸，盐化灰钙土	43°45′15″，83°10′30″	1 071

9.1.2　试验方法

（1）DNA 提取

采用 CTAB 法，分别选取 20 份马蔺种质苗期的新鲜幼叶 1 g 左右，于液氮中研磨成粉末，使用植物基因组提取试剂盒（北京索莱宝科技有限公司）分别进行其叶片总 DNA 的提取，用 TE 溶解并于 4 ℃冰箱内过夜，用 1%琼脂糖凝胶电泳检测其质量，并用超纯水稀释至 10 ng · μL^{-1}用于 ISSR 标记分析。

（2）引物筛选及 PCR 扩增

所用引物为加拿大哥伦比亚大学已发表的 100 条 ISSR 引物，由北京三博远志生物技术有限责任公司合成。PCR 反应体系参照王康等（2008）方法，并进一步微调为 25 μL 反应体系中含有 50 ng 模板 DNA，2.5 mmol · L^{-1} $MgCl_2$，0.32 mmol · L^{-1} dNTPs，0.4 μmol · L^{-1}引物，1.5U Taq 酶以及 1× PCR buffer。PCR 反应程序为：94 ℃预变性 5 min；94 ℃ 变性 45 s，53 ℃退火 30 s，72 ℃延伸 1 min，44 个循环；72 ℃延伸 5 min；10 ℃保存。

（3）电泳

PCR 扩增产物用 6%利用聚丙烯酰胺凝胶电泳进行检测（其中：电泳槽型号为 DYCZ-28D，电泳仪型号为 DYY-10C 型，均由北京六一电泳仪器厂生产），每孔加量 5 μL，260 V 电泳 3 h。利用硝酸银进行银染，拍照保存。

（4）数据处理

以扩增条带在相对迁移位置的有、无，分别记为“1”或“0”。按 Nei 的方法，计算各种质材料间的遗传相似系数（GS），计算公式为：$GS=\frac{2N_{ij}}{N_i+N_j}$，其中 N_{ij} 为材料 i 和 j 共有的扩增条带数，N_i 为材料 i 的扩增条带数，N_j 为材料 j 的扩增条带数。依据 GS 值，按不加权成对群算术平均法（UPGMA）对进行遗传相似性聚类。利用 NTSYS-2.1 进行聚类分析和主成分分析（Principal component analysis，PCA）。

9.2 研究结果

9.2.1 引物筛选及扩增结果

利用筛选出多态性较好的 14 条 ISSR 引物（表 9-2），对 20 份马蔺种质材料进行 PCR 扩增，共扩增出 303 条带，其中多态性条带 241 条，多态性位点百分率为 77.29%，每条引物平均 17.21 条多态性条带，不同引物间多态性条带数差异较大，扩增出 6~33 条多态性条带，表明马蔺种质材料具有较丰富的遗传多样性（图 9-1）。

表 9-2 ISSR 引物序列和扩增结果

引物	引物序列（5′-3′）	总条带数	多态性条带数	多态位点百分率（%）
UBC 810	GAG AGA GAG AGA GAG AT	30	26	86.67
UBC 811	GAG AGA GAG AGA GAG AC	17	14	82.35
UBC 834	AGA GAG AGA GAG AGA GYT	22	16	72.73
UBC 835	AGA GAG AGA GAG AGA GYC	30	24	80.00
UBC 815	CTC TCTC TCT CTC TCT G	14	7	50.00
UBC 816	CAC ACA CAC ACA CAC AT	21	16	76.19
UBC 817	CAC ACA CAC ACA CAC AA	13	11	84.62
UBC 821	GTG TGT GTG TGT GTG TT	8	6	75.00

（续表）

引物	引物序列（5′-3′）	总条带数	多态性条带数	多态位点百分率（%）
UBC 824	TCT CTC TCT CTC TCT CG	15	9	60.00
UBC 826	ACA CAC ACA CAC ACA CC	20	16	80.00
UBC 827	ACA CAC ACA CAC ACA CG	17	14	82.35
UBC 828	TGT GTG TGT GTG TGT GA	23	17	73.91
UBC 844	CTC TCT CTC TCT CTC TRC	38	33	86.84
UBC 876	GAT AGA TAG ACA GAC A	35	32	91.43
	合计	303	241	—
	平均	21.64	17.21	77.29

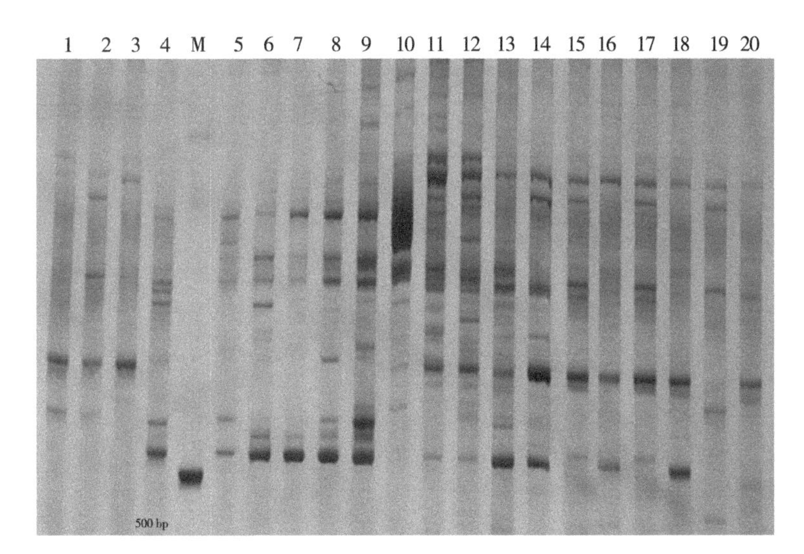

图 9-1　引物 835 对 20 份马蔺种质材料的 ISSR 扩增图谱

注：数字 1～20 分别为 20 份马蔺种质材料 BJCY-ML001、BJCY-ML005、BJCY-ML006、BJCY-ML007、BJCY-ML008、BJCY-ML011、BJCY-ML012、BJCY-ML013、BJCY-ML014、BJCY-ML015、BJCY-ML016、BJCY-ML018、BJCY-ML020、BJCY-ML021、BJCY-ML023、BJCY-ML024、BJCY-ML029、BJCY-ML031、BJCY-ML032、BJCY-ML035（下同），M 为 Marker D2000（引自毛培春 等，2013）。

9.2.2　遗传相似性分析

由表 9-3 可见，20 份马蔺种质材料遗传相似系数（GS）居于 0.340 2～

表 9-3 基于 ISSR 标记的 20 份马蔺种质材料遗传相似系数矩阵

	1	2	3	4	5	6	7	8	9	10	11	12	13	14	15	16	17	18	19	20
1	1.000 0																			
2	0.793 8	1.000 0																		
3	0.783 5	0.783 5	1.000 0																	
4	0.453 6	0.494 8	0.422 7	1.000 0																
5	0.567 0	0.546 4	0.453 6	0.824 7	1.000 0															
6	0.556 7	0.474 2	0.402 1	0.690 7	0.742 3	1.000 0														
7	0.505 2	0.505 2	0.412 4	0.742 3	0.773 2	0.721 6	1.000 0													
8	0.505 2	0.463 9	0.433 0	0.639 2	0.732 0	0.804 1	0.690 7	1.000 0												
9	0.474 2	0.494 8	0.443 3	0.732 0	0.721 6	0.773 2	0.762 9	0.701 0	1.000 0											
10	0.721 6	0.597 9	0.587 6	0.628 9	0.639 2	0.608 2	0.556 7	0.577 3	0.567 0	1.000 0										
11	0.742 3	0.742 3	0.773 2	0.505 2	0.536 1	0.505 2	0.494 8	0.474 2	0.505 2	0.567 0	1.000 0									
12	0.721 6	0.742 3	0.732 0	0.484 5	0.474 2	0.505 2	0.494 8	0.494 8	0.484 5	0.505 2	0.732 0	1.000 0								
13	0.690 7	0.711 3	0.659 8	0.474 2	0.546 4	0.597 9	0.587 6	0.525 8	0.536 1	0.536 1	0.659 8	0.659 8	1.000 0							
14	0.567 0	0.649 5	0.701 0	0.371 1	0.360 8	0.391 8	0.340 2	0.402 1	0.371 1	0.453 6	0.639 2	0.618 6	0.608 2	1.000 0						
15	0.670 1	0.670 1	0.597 9	0.577 3	0.587 6	0.597 9	0.546 4	0.546 4	0.556 7	0.639 2	0.556 7	0.556 7	0.670 1	0.422 7	1.000 0					
16	0.711 3	0.752 6	0.721 6	0.515 5	0.525 8	0.474 2	0.463 9	0.463 9	0.515 5	0.556 7	0.680 4	0.618 6	0.732 0	0.690 7	0.670 1	1.000 0				
17	0.680 4	0.721 6	0.752 6	0.525 8	0.515 5	0.484 5	0.453 6	0.453 6	0.525 8	0.608 2	0.690 7	0.690 7	0.597 9	0.659 8	0.597 9	0.639 2	1.000 0			
18	0.711 3	0.793 8	0.742 3	0.515 5	0.546 4	0.494 8	0.484 5	0.525 8	0.515 5	0.556 7	0.701 0	0.701 0	0.670 1	0.690 7	0.587 6	0.711 3	0.824 7	1.000 0		
19	0.732 0	0.711 3	0.701 0	0.556 7	0.608 2	0.556 7	0.525 8	0.505 2	0.536 1	0.618 6	0.721 6	0.721 6	0.649 5	0.587 6	0.670 1	0.670 1	0.783 5	0.773 2	1.000 0	
20	0.701 0	0.701 0	0.670 1	0.484 5	0.453 6	0.525 8	0.433 0	0.474 2	0.463 9	0.546 4	0.628 9	0.732 0	0.618 6	0.680 4	0.597 9	0.701 0	0.711 3	0.701 0	0.680 4	1.000 0

0.824 7，变幅为 0.484 5，平均 GS 值为 0.600 9，表现出丰富的遗传多样性，其中 BJCY-ML007 和 BJCY-ML008、BJCY-ML029 和 BJCY-ML031 的遗传相似系数最大（GS 值达 0.824 7），亲缘关系最近；BJCY-ML012 和 BJCY-ML021 遗传相似系数最小（GS 值仅为 0.340 2），亲缘关系最远。各种质材料间 GS 值大于 0.8 的占 1.58%，0.7～0.8 的占 25.26%，0.6～0.7 的占 21.05%，0.5～0.6 的占 30.53%，0.4～0.5 的占 18.95%，小于 0.4 的占 2.63%，由此可见，供试的 20 份马蔺种质材料的遗传基础较宽，相对遗传距离较远，遗传差异显著，遗传多样性较丰富。

9.2.3 聚类分析

应用 UPGMA 聚类分析的结果显示（图 9-2），在 GS 为 0.587 6 时，将 20 份马蔺种质材料划分为 3 个类群，其中 BJCY-ML001、BJCY-ML005、BJCY-ML006、BJCY-ML016、BJCY-ML018、BJCY-ML020、BJCY-ML021、BJCY-ML024、BJCY-ML029、BJCY-ML031、BJCY-ML032、BJCY-ML035 为第Ⅰ类，主要来自华北地区及新疆伊犁地区，其中来自华北地区 BJCY-ML001、BJCY-ML005、BJCY-ML006，在 GS 值为 0.783 5 处即聚为一类，表现出较近的亲缘关系。BJCY-ML015、BJCY-ML023 为第Ⅱ类，生长于重度盐化低地草甸。BJCY-ML007、BJCY-ML008、BJCY-ML011、BJCY-ML012、BJCY-ML013、BJCY-ML014 为第Ⅲ类，均来自内蒙古临河的盐化低地草甸。

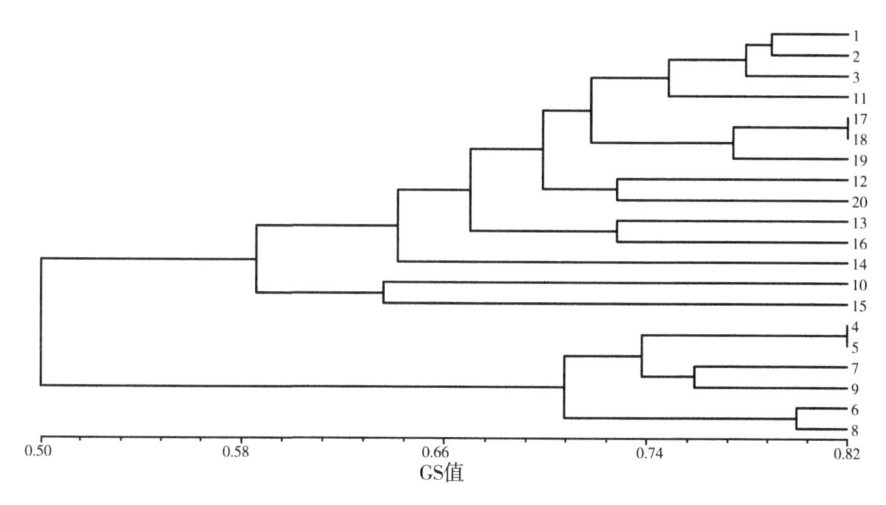

图 9-2　基于 ISSR 分子标记的 20 份马蔺种质材料聚类分析图

（资料来源：毛培春 等，2013）。

9.2.4 基于 ISSR 标记的主成分分析

主成分分析（PCA）是一种常用的多变量数据分析方法。本研究对 20 份马蔺种质材料的遗传相似系数的主成分分析结果显示，第一主成分贡献率为 60.97%，第二主成分贡献率为 13.77%，绘制第一、第二主成分散点分布图（图 9-3），20 份马蔺种质材料可划分为 3 组，其中 BJCY-ML001、BJCY-ML005、BJCY-ML006、BJCY-ML016、BJCY-ML018、BJCY-ML020、BJCY-ML021、BJCY-ML024、BJCY-ML029、BJCY-ML031、BJCY-ML032、BJCY-ML035 为一组，BJCY-ML015、BJCY-ML023 为一组，BJCY-ML007、BJCY-ML008、BJCY-ML011、BJCY-ML012、BJCY-ML013、BJCY-ML014 为一组，与聚类分析结果一致，更加直观地表明了各种质材料间的亲缘关系。

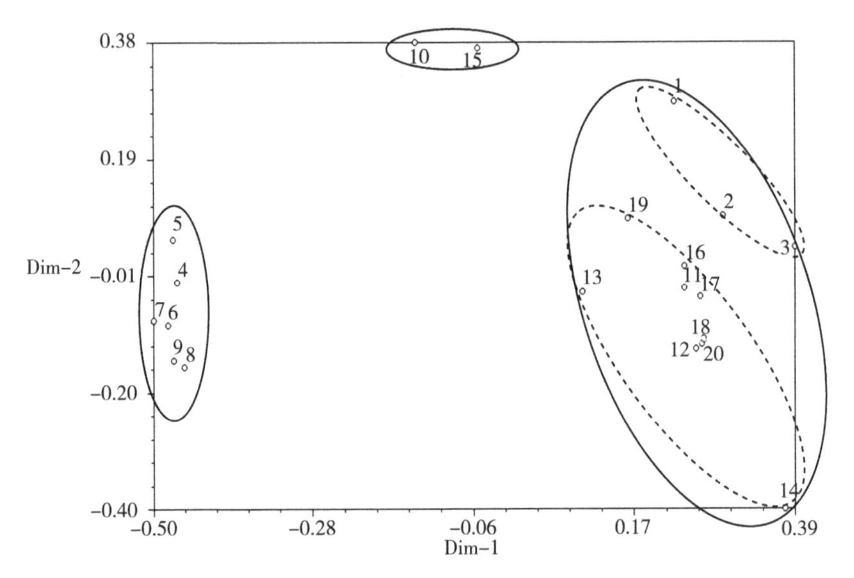

图 9-3 基于 ISSR 标记的 20 份马蔺种质材料主成分分析

（资料来源：毛培春 等，2013）。

注：1，BJCY-ML001；2，BJCY-ML005；3，BJCY-ML006；4，BJCY-ML007；5，BJCY-ML008；6，BJCY-ML011；7，BJCY-ML012；8，BJCY-ML013；9，BJCY-ML014；10，BJCY-ML015；11，BJCY-ML016；12，BJCY-ML018；13，BJCY-ML020；14，BJCY-ML021；15，BJCY-ML023；16，BJCY-ML024；17，BJCY-ML029；18，BJCY-ML031；19，BJCY-ML032；20，BJCY-ML035。

9.3　讨论与结论

采用ISSR分子标记技术开展马蔺分子遗传多样性分析的关键技术是建立高效的ISSR－PCR反应体系。例如，毛培春等（2013）建立的25 μL反应体系中含有50 ng模板DNA，2.5 mmol·L^{-1} $MgCl_2$，0.32 mmol·L^{-1} dNTPs 0.4 μmol·L^{-1}引物，1.5U *Taq* DNA聚酶及1×PCR Buffer；PCR反应程序为94 ℃预变性5 min；94 ℃变性45 s。53 ℃退火30 s。72 ℃延伸1 min。44个循环；72 ℃延伸5 min；10 ℃保存。王育青和秦艳（2015）建立优化的ISSR-PCR反应体系为：在25 μL体系中，含2.0 mmol·$L^{-1}$$Mg^{2+}$、2.5 μL 10×PCR Buffer、1.25 μmol·L^{-1}引物、2.5 μmol·L^{-1}dNTP、1.5 UTaqDNA聚合酶、2.0 ng·$μL^{-1}$模板DNA。PCR扩增程序为：94 ℃预变性3 min；然后进行40个循环，94 ℃变性45 s，56 ℃退火（引物AW60474）30 s，72 ℃延伸1.5 min；循环结束后，72 ℃延伸5 min，4 ℃保存。

目前，分子标记技术较多地应用于鸢尾属植物遗传多样分析研究中，例如牟少华等（2008）利用AFLP技术对10个马蔺种群进行遗传多样性分析，利用从48对引物组合中筛选出18对扩增较整齐、多态性高的引物，共扩增出1 164个遗传位点，其中752个多态位点，多态率为65.11%，遗传相似性系数（GS）在0.69～0.87，表现出丰富的遗传多样性。张敏等（2007，2008）应用RAPD和ISSR标记技术对鸢尾属的马蔺、鸢尾、喜盐鸢尾和蝴蝶花4个野生种23份种质材料的遗传多样性进行分析，利用筛选出的条带清晰且重复性好RAPD和ISSR的引物各12对，分别扩增出多态性条带215条和196条，多态性条带百分率分别为95.56%和100.00%，也证明利用ISSR分析方法得到的多态性条带百分率大于RAPD方法，较RAPD方法可检测到更多的遗传多态；采用利用ISSR技术完成了鸢尾属（含马蔺）的37份种质材料遗传多样性分析，利用从80个随机引物中筛选出的多态性强、重复性好且稳定性高的15个引物，共扩增出327条多态性条带，多态性比例达99.7%，进一步说明鸢尾属物种间具有丰富的遗传多样性。童俊等（2019）利用SRAP分子标记对40份鸢尾属种质资源进行遗传特性分析研究，从170个随机引物中筛选出条带清晰、多态性高、重复性好且稳定性强的引物10个，共检测到168个位点且全部为多态位点，多态性条带比例为100%，表明供试材料具有丰富的遗传多态性。毛培春等（2013）应用ISSR

分子标记技术，对20份马蔺种质材料进行PCR扩增，共扩增出303条带，每条引物平均17.21条多态性条带，多态性位点百分率为77.29%，表现了较为丰富的遗传多样性。从DNA分子水平来说，遗传距离的变幅越大，说明其遗传分化越大，遗传多样性越高，遗传相似系数（GS）居于0.340 2~0.824 7，平均值为0.600 9，分布幅度较大，具有较丰富的遗传多样性和较宽的遗传选择基础。

植物种群间的遗传变异与其地理分布和生态环境特征有关（Loveless和Hamrick，1984）。牟少华等（2008）利用AFLP分子标记技术，对马蔺群体的研究结果显示，在10个马蔺种群中，长春和涿州种群与其他种群亲缘关系较远，各自单独成为一类，其余8个种群主要是以北纬40°为分界线聚成2类：低于北纬40°的宁夏固原、甘肃民勤、甘肃武威、北京、山东泰山5个种群亲缘关系较近，聚为一类；高于北纬40°的内蒙古太仆寺和西乌旗、新疆乌鲁木齐聚种群为一类，可见，马蔺群体间的亲缘关系远近与其所处的地理位置存在较大的相关关系。张敏等（2007）利用RAPD和ISSR法，对鸢尾属4个种23个居群的研究，同样表明地理位置相同或相近的居群首先聚在一起，地理分布较近的居群间的遗传距离也相对较小，地理环境的差异在一定程度上可能对鸢尾属植物种的种内遗传变异产生较大影响。本研究利用遗传相似系数（GS）的聚类分析结果显示，当GS为0.587 6时，可将20份马蔺种质材料划分为3个类群，其中BJCY-ML001、BJCY-ML005、BJCY-ML006、BJCY-ML016、BJCY-ML018、BJCY-ML020、BJCY-ML021、BJCY-ML024、BJCY-ML029、BJCY-ML031、BJCY-ML032、BJCY-ML035为第Ⅰ类，主要来自华北地区及新疆伊犁地区，BJCY-ML015、BJCY-ML023为第Ⅱ类，生长于重度盐化低地草甸，BJCY-ML007、BJCY-ML008、BJCY-ML011、BJCY-ML012、BJCY-ML013、BJCY-ML014为第Ⅲ类，均来自内蒙古临河的盐化低地草甸，可见地理位置相同或者相近的种质材料聚为一类，亲缘关系较近，与前人研究结果相似。

李新蕊（2007）认为UPGMA聚类分析时，由于指标较为烦琐，且指标间易涵盖相同的信息量，使聚类结果会产生一定的偏差，而主成分分析可以压缩指标，使数据更加简约，且结果包含了多种信息，能更好地进行分类，二者在使用中的侧重点和优缺点也各不相同，因此使用时候应充分考虑各方面实际情况，更多情况下应该联合使用以求达到我们的研究目的。本研究基于ISSR分子标记的主成分分析结果与UPGMA聚类分析结果呈较强一致性。

参考文献

李红，李波，赵洪波，等，2012. 苜蓿种质资源遗传关系的 ISSR 分析 [J]. 草地学报，20 (1)：96-101.

李新蕊，2007. 主成分分析、因子分析、聚类分析的比较与应用 [J]. 山东教育学院学报 (6)：23-26.

毛培春，孟林，田小霞，2013. 马蔺种质资源 ISSR 分子遗传多样性分析 [J]. 华北农学报，28 (6)：129-135.

牟少华，彭镇华，郄光发，等，2008. 马蔺种质资源 AFLP 标记遗传多样性分析 [J]. 安徽农业大学学报，35 (1)：95-98.

童俊，毛静，董艳芳，等，2019. 鸢尾属部分种质资源遗传多样性的 SRAP 分析 [J]. 湖北农业科学，58 (4)：88-92.

王康，董宽虎，孙彦，等，2008. 马蔺 ISSR -PCR 反应体系的建立与优化 [J]. 草地学报，16 (6)：580-585.

王育青，秦艳，2015. 马蔺繁殖生物学特性及遗传多样性研究 [M]. 北京：中国农业科学技术出版社.

王育青，王晓晶，王建光，2010. 马蔺 ISSR -PCR 反应体系的建立与优化 [J]. 中国草地学报，32 (2)：80-85.

曾兵，张新全，范彦，等，2006. 鸭茅种质遗传多样性的 ISSR 研究 [J]. 遗传，28 (9)：1093-1100.

张敏，黄苏珍，2008. 鸢尾属种质资源的 ISSR 分析 [J]. 南京农业大学学报，31 (4)：43-48.

张敏，黄苏珍，仇硕，等，2007. 鸢尾属植物遗传多样性的 RAPD 和 ISSR 分析 [J]. 植物资源与环境学报，16 (2)：6-11.

朱岩芳，祝水金，李永平，等，2010. ISSR 分子标记技术在植物种质资源研究中的应用 [J]. 种子，29 (2)：55-59.

CARVALHO A, MATOS M, BRIT J L, et al., 2005. DNA fingerprint of F1 interspecific hybrids from the *Triticeae tribe* using ISSRs [J]. Euphytica, 143: 93- 99.

FANG X E, CHEN Q, YIN L P, et al., 2008. Application of ISSR in genetic relationship analysis of Sorghum species [J]. Acta Agronomica Sinica, 34 (8): 1480-1483.

JOSHI S P, GUPTA V S, AGGARWAL R K, et al., 2000. Genetic diversity and phylogenetic relationship as revealed by inter simple sequence repeat (ISSR) polymorphism in the genus *Oryza* [J]. Theoretical and Applied Genetics, 100 (8): 1311-1320.

LOVELESS M D, HAMRICK J L, 1984. Ecological determinants of genetic structure in plant populations [J]. Annual Review Ecological System, 15: 65-95.

LIET V V, LINH N T T, THUY N T, et al., 2011. Genetic diversity of maize (*Zea mays* L.) accessions using inter-simple sequence repeat (ISSR) markers [J]. Journal of Southern Agriculture, 42 (9): 1029-1034.

第 10 章　马蔺组织培养快繁再生体系建立

【内容提要】本章重点阐述了以马蔺种子为外植体，MS 为基本培养基，与不同浓度比例的 2,4-D、BA、NAA、KT 等植物生长调节剂构成愈伤组织诱导、分化、生根等培养基的组合方案，对马蔺组织培养快繁技术开展系统研究。结果表明，不同植物生长调节剂组合的培养基对愈伤组织的诱导率有显著影响，MS+2,4-D 4 mg·L^{-1}+BA 2 mg·L^{-1}、MS+2,4-D 4 mg·L^{-1}+BA 5 mg·L^{-1}和 MS+2,4-D 2 mg·L^{-1}+KT 1.5 mg·L^{-1}为最佳诱导培养基，诱导出愈率均在 58%以上，显著高于其他培养基组合方案（$P<0.05$）；最佳分化培养基为 MS +BA 4 mg·L^{-1}和 MS+BA 1 mg·L^{-1}+NAA 0.15 mg·L^{-1}，绿苗分化率高达 100%，生长势好，状态叶和分化芽丛质量好；适宜继代增殖培养基为 MS+BA 2 mg·L^{-1}+NAA 0.1 mg·L^{-1}、MS+BA 1 mg·L^{-1}+NAA 0.2 mg·L^{-1}；1/2MS 为最适宜的生根培养基，1/2MS+IBA 0.5 mg·L^{-1}、1/2MS+IBA 0.5 mg·L^{-1}+NAA 0.5 mg·L^{-1}两种组合也相对较好；试管苗不需炼苗可直接出瓶移栽于 $V_{田土}:V_{河沙}=2:1$ 的土壤基质，成活率在 95%以上。从而为马蔺提供了一套从“成熟种胚—诱导愈伤组织—绿苗分化—继代增殖—生根—试管苗移栽”等整个过程中各环节的最佳培养基和操作规程的组织培养快繁体系。

马蔺是鸢尾科鸢尾属多年生草本宿根植物，在我国北方野生分布广泛，抗旱、抗寒、耐盐碱、耐粗放管理，同时叶片色泽青绿、花淡雅美丽、修剪频率少、病虫害少，是优良的观叶赏花地被植物（孟林 等，2003）。近年来在中国逐渐被用作水保护坡、园林绿化观赏地被建设的优良材料，还是极具开发潜力的药用、饲用和经济植物资源，同时优异耐盐、抗旱基因也有待开发（孟林 等，2003）。然而，由于存在马蔺种子硬实率高和常温培养条件下的发芽率与发芽势低的繁殖局限性，以及异型杂交使种子繁殖不能保证品种基因型一致的缺点，因此，非常迫切需要去寻求一套马蔺组织培养快速繁殖的技术体系。欧美国家和日本对鸢尾属植物（特别是德国鸢尾、日本鸢尾、荷兰鸢尾、香根鸢尾等）的组织培养技术开展了许多研究工作（黄苏珍 等，1999；江明和谢文申，1995；Kawase，1995；Wang，1999；Yoko，1993；Shimizu，1997），采用不同的外植体（如茎尖、幼花序、鳞茎等），通过不同类型与浓度的培养基和培养条件，经过愈伤组织诱导、绿苗分化、生根培养，获得再生植株，此项技术已基本成熟。中国科学家针对中国特有野生资源——马蔺的组织培养快繁技术开始探索研究，如刘孟颖等（2007）以马蔺的根茎不定芽为外植体，筛选出 1/2 MS + GA 0.5 mg · L^{-1} + BA 0.3 mg · L^{-1}+IAA 0.5 mg · L^{-1}为诱导根茎不定芽生长的理想培养基，MS+GA 0.2 mg · L^{-1}+BA 0.6 mg · L^{-1}+IAA 0.3 mg · L^{-1}为生长不定芽分化培养的理想培养基，1/3 MS+IAA 0.4～0.6 mg · L^{-1}为生根培养的理想培养基；孟林等（2009）以成熟且具活力的马蔺种子为外植体，以 MS 为基本培养基，与不同浓度比例的 2,4-D、BA、NAA、KT 等植物生长调节剂构成愈伤组织诱导、分化、生根等培养基的组合方案，优选出 MS+2,4-D 4 mg · L^{-1}+BA 2 mg · L^{-1}、MS+2,4-D 4 mg · L^{-1}+BA 5 mg · L^{-1}和 MS+2,4-D 2 mg · L^{-1}+KT 1.5 mg · L^{-1}为最佳诱导培养基，诱导出愈率均在 58%以上，最佳分化培养基为 MS+BA 4 mg · L^{-1}和 MS+BA 1 mg · L^{-1}+NAA 0.15 mg · L^{-1}，绿苗分化率达 100%，1/2 MS 为最佳生根培养基。

通过马蔺组织培养快繁技术获得再生植株的研究不仅可以加快马蔺繁殖速度，节约成本，种苗不受季节限制成批上市，还可以为马蔺种苗产业化提供技术保障，而且为城市园林绿化观赏地被建设和道路、河堤护坡、药用等大量提供种苗奠定基础。

10.1 材料与方法

10.1.1 试验材料及外植体制备

马蔺种子采集于吉林省大安市盐化低地草甸，选取成熟饱满且具有活力的马蔺种子，去除坚硬种皮后，用纱布包好，经 2.33%次氯酸钠溶液浸泡，搅动，消毒灭菌 25 min，在超净工作台上用无菌水清洗 7 次，每次 2～3 min，用无菌滤纸吸干材料表面的水分，后接种到诱导培养基上。

10.1.2 培养基配备

培养基均采用 MS 加入 0.3%琼脂为基础培养基，设计诱导愈伤组织培养基 15 种、分化及继代培养基 12 种、生根培养基 5 种。其中诱导愈伤培养基加入蔗糖 60 g · L^{-1}；分化、生根培养基加入蔗糖 30 g · L^{-1}。所有培养基的 pH 值为 6. 0。诱导愈伤、分化、生根培养基的方案与配备详见表 10-1。

表 10-1　各种培养基方案及其配备

培养基种类	编号	方案	培养基种类	编号	方案
诱导培养基	C1	MS+2,4-D 2	分化培养基	F1	MS+BA 2+NAA 0. 5
	C2	MS+2,4-D 4		F2	MS+BA 4+NAA 0. 5
	C3	MS+2,4-D 6		F3	MS+BA 2+NAA 0. 1
	C4	MS+2,4-D 2+BA 1		F4	MS+BA 2+NAA 0. 2
	C5	MS+2,4-D 2+BA 2		F5	MS+BA 1
	C6	MS+2,4-D 2+BA 5		F6	MS+BA 2
	C7	MS+2,4-D 4+BA 1		F7	MS+BA 4
	C8	MS+2,4-D 4+BA 2		F8	MS+BA 0. 5
	C9	MS+2,4-D 4+BA 5		F9	MS+BA 0. 5+NAA 0. 1
	C10	MS+2,4-D 2+KT 0. 5		F10	MS+BA 1+NAA 0. 1
	C11	MS+2,4-D 2+ KT 1. 0		F11	MS+BA 1+NAA 0. 15
	C12	MS+2,4-D 2+ KT 1. 5		F12	MS+BA 1+NAA 0. 2
	C13	MS+2,4-D 4+KT 0. 5	生根培养基	G1	1/2MS
	C14	MS+2,4-D 4+ KT 1. 0		G2	1/2MS+IBA 0. 5
	C15	MS+2,4-D 4+ KT 1. 5		G3	1/2MS+NAA 0. 5
	—	—		G4	1/2MS+BA 0. 1+NAA 0. 5
	—	—		G5	1/2MS+IBA 0. 5+NAA 0. 5

注：BA，苄基腺嘌呤；KT，激动素；NAA，萘乙酸；IBA，吲哚-3-丁酸；2,4-D，2,4-二氯苯氧乙酸。组合方案中如 2,4-D 2 代表 2,4-D 2 mg · L^{-1}，BA 1 代表 BA 1 mg · L^{-1}，以此类推。

10. 1. 3　培养条件

诱导愈伤条件为 24 h · d^{-1}黑暗、室温 26 ℃；分化培养条件为 24 h · d^{-1}光照、室温 26 ℃、光照强度 1 000 lx；生根培养条件为 24 h · d^{-1}光照、室温 24 ℃、光照强度 1 000 lx；各种培养基均实行每 4 周继代 1 次。

10. 1. 4　观察与统计方法

愈伤组织培养每个处理 3 次重复。每个培养皿 6 ~ 10 个外植体，统计 2 个月时的正常愈伤组织率、褐化率、污染率，后将每个处理方案的正常愈伤组织等移入分化培养基中，测定分析 2 个月的分化结果。并将分化的不定芽或体胚转入生根培养基，统计小植株再生率。出愈（伤）天数是按照该处理外植体诱导产生愈伤组织的天数来统计。运用数理统计分析软件 SPSS11.0 进行方差分析。

10.2 研究结果

10.2.1 优选出最佳诱导愈伤组织培养基

在 MS 基本培养基上组合和添加不同种类和浓度的 2,4-D、KT 和 BA 等植物生长调节剂，直接影响马蔺愈伤组织的产生和诱导率的大小（表 10-2，图 10-1）。仅添加 2,4-D，随浓度的增加，出愈率也随之增加，2 mg · L^{-1} 时出愈率最低，仅 9.52%，而 6 mg · L^{-1} 时出愈率高达 50%左右。2,4-D 4 mg · L^{-1} 添加 BA 不同浓度下的出愈率均比 2,4-D 2 mg · L^{-1} 添加 BA 不同相应浓度的出愈率显著提高（$P<0.05$），而 2,4-D 4 mg · L^{-1}+BA 2 mg · L^{-1} 与 2,4-D 4 mg · L^{-1}+BA 5 mg · L^{-1} 的出愈率分别为 58.33%和 60.71%，二者之间没有显著差异（$P>0.05$），2,4-D 4 mg · L^{-1}，2,4-D 2 mg · L^{-1}+BA 2mg · L^{-1} 与 2,4-D 4 mg · L^{-1}+BA 1 mg · L^{-1} 的出愈率分别为 42.86%，41.67%和 42.86%。2,4-D 2 mg · L^{-1}+KT 1.5 mg · L^{-1} 的出愈率达 58.33%，显著高于 2,4-D 与 KT 的其他组合（$P<0.05$），2,4-D 2 mg · L^{-1}+KT 0.5 mg · L^{-1}，2,4-D 4 mg · L^{-1}+KT 110 mg · L^{-1} 和 2,4-D 4 mg · L^{-1}+ KT 1.5 mg · L^{-1} 的出愈率分别达到 30.95%，37.50%和 39.58%，差异不显著（$P>0.05$）。

表 10-2 不同植物生长调节剂组合对马蔺愈伤组织的影响

培养基	出愈率（%）	愈伤质量
C1	$9.52±4.76^{a}$	++
C2	$42.86±0.00^{bc}$	+++
C3	$50.00±4.12^{c}$	+++
C4	$25.02±8.32^{b}$	++
C5	$41.67±4.81^{bc}$	+++
C6	$25.00±4.81^{b}$	++

（续表）

培养基	出愈率（%）	愈伤质量
C7	42.86±8.25[bc]	+
C8	58.33±4.81[d]	+++
C9	60.71±6.19[d]	++
C10	30.95±1.37[bc]	++
C11	25.00±4.81[b]	++
C12	58.33 ±4.81[d]	+++
C13	14.58±1.20[a]	+++
C14	37.50±7.22[bc]	+
C15	39.58±15.64[bc]	++

注：+++表示颜色明黄、质地密实且体积大；++表示颜色明黄、质地密实或体积大；+表示愈伤一般。同列数字后标有不同小写字母者表示差异显著（$P<0.05$），相同小写字母者表示差异不显著（$P>0.05$），下同。

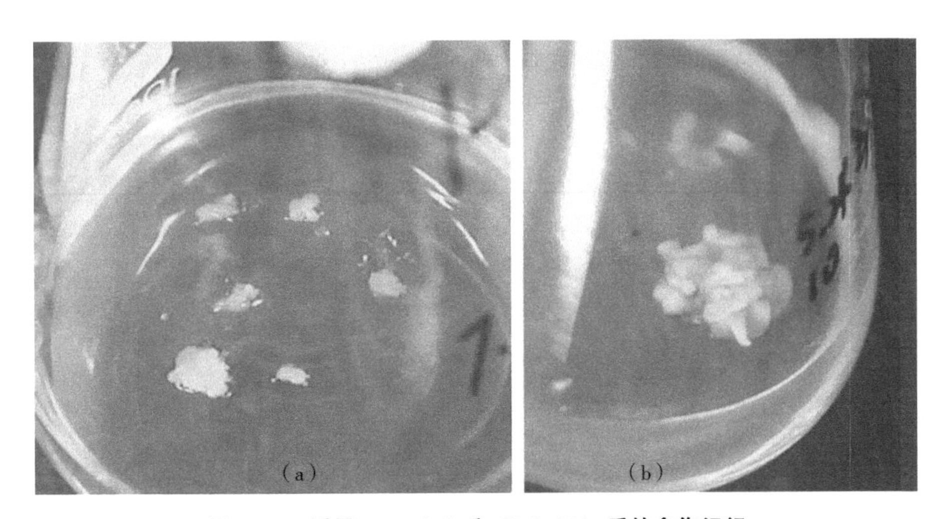

图 10-1　诱导 15 d（a）和 45 d（b）后的愈伤组织

10.2.2　优选出高效的分化培养基

将诱导出相对较好的愈伤组织，移入不同激素种类和配比的分化培养基中，测定分析其 2 个月后的绿苗分化率、褐化率、分化后的质量等（表 10-3，图 10-2，图 10-3）。由表 10-3 显示，相对较好的愈伤经过 F1 到 F12 分化培养基的选择，从绿苗分化率看，F1、F12 的绿苗分化率最低，分别为 33.54%和 36.94%，白苗分化率和褐化率分别达到 27%和 12%以上，而 F3、F7、F11 的绿苗分化率达 100%，综合分化 2 个月后的芽苗生长势、状态叶和分化芽丛质量表征，F7（MS + BA 4 mg · L^{-1}）和 F11（MS + BA 1 mg · L^{-1}+NAA 0.15 mg · L^{-1}）是理想的分化培养基。

表 10-3 分化培养基选择

分化培养基	绿苗分化率	白苗分化率	褐化率	分化后质量
F1	33.54±3.68[a]	37.78±2.22	15.25±3.23	+
F2	56.67±3.33[b]	18.28±9.64	0.00±0.00	+++
F3	100.00±0.00[d]	0.00±0.00	0.00±0.00	++
F4	80.55±4.69[c]	11.33±1.60	0.00±0.00	++
F5	79.11±6.33[c]	10.56±2.13	10.00±1.23	++
F6	82.33±3.46[c]	12.11±3.56	6.40±2.34	++
F7	100.00±0.00[d]	0.00±0.00	0.00±0.00	+++
F8	76.59±3.53[c]	23.41±3.53	0.00±0.00	+
F9	66.67±9.62[bc]	33.33±9.62	0.00±0.00	+
F10	68.25±1.59[bc]	31.75±1.59	0.00±0.00	+
F11	100.00±0.00[d]	0.00±0.00	0.00±0.00	+++
F12	36.94±1.94[a]	27.22±6.83	12.22±6.19	+

图 10-2 不同分化培养基条件下 50~60 d 的分化情况

注：(a) F7：MS+BA 4 mg · L^{-1}；(b) F2：MS+BA 4 mg · L^{-1}+NAA 0.5 mg · L^{-1}；(c) F10：MS+BA 1 mg · L^{-1}+NAA 0.1 mg · L^{-1}；(d) F9：MS+BA 0.5 mg · L^{-1}+NAA 0.1 mg · L^{-1}；(e) F12：MS+BA 1 mg · L^{-1}+NAA 0.2 mg · L^{-1}。

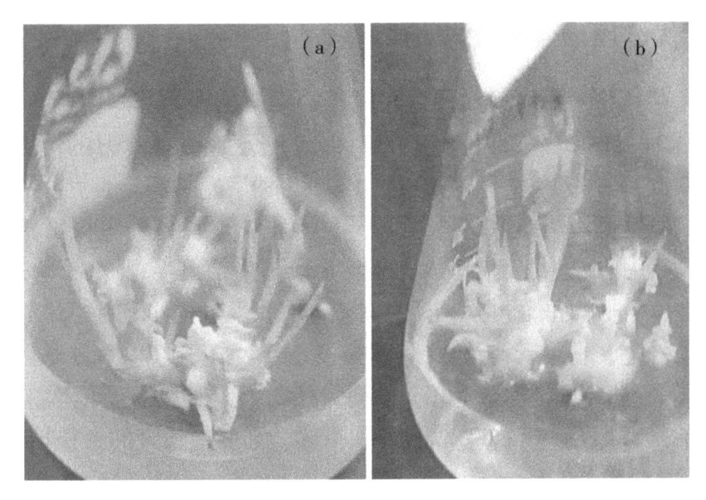

图 10-3　愈伤组织分化 50~60 d 的状态

注：(a) F7：MS+BA 4 mg · L^{-1}；(b) F11：MS+BA 1 mg · L^{-1}+NAA 0. 15 mg · L^{-1}。

芽丛继代增殖培养：将分化到的叶芽、胚状体的愈伤转移到继代培养基上，使叶芽、胚状体进一步增殖生长。将由分化芽或胚状体经过继代增殖培养效果显著不同（表 10-4），F3（MS+BA 2 mg · L^{-1}+NAA 0. 1 mg · L^{-1}）和 F12（MS+BA 1 mg · L^{-1}+NAA 0. 2 mg · L^{-1}）条件下的绿苗分化率达 100%，与其他培养基的绿苗分化率差异显著（$P<0.05$），适宜进行继代增殖培养。

表 10-4　继代培养基的筛选

继代培养基	绿苗分化率	白苗分化率	褐化率
F2	80. 56±5. 80^{c}	0. 00±0. 00	19. 44±5. 80
F3	100. 00±0. 00^{d}	0. 00±0. 00	0. 00±0. 00
F4	74. 44±2. 69^{c}	0. 00±0. 00	25. 56±3. 24
F8	32. 80±1. 64^{a}	0. 00±0. 00	67. 20±3. 24
F9	32. 80±1. 64^{a}	32. 20±1. 62	0. 00±0. 00
F10	63. 30±2. 36^{b}	9. 10±3. 03	10. 10±2. 08
F11	53. 30±2. 01^{b}	0. 00±0. 00	28. 90±2. 87
F12	100. 00±0. 00^{d}	0. 00±0. 00	0. 00±0. 00

10.2.3 优选出最佳的生根培养基

将分化芽丛移入不同激素种类和配比的绿苗生根培养基中，在 24 h · d^{-1} 光照、室温 24~26 ℃、光照强度 1 000 lx 条件下，经过 1 个月的再生苗生根性状的测定分析，由图 10-4 和表 10-5 可知，5 种培养基都能够使再生苗顺利生根，不定根发生率均达到 100%，无差异；但根密度在各种生根培养基内的表现不一致，其中 G1 的根密度最大，平均每个再生苗可生根 3.33 个，而 G4 产生的根量最少，平均每个再生苗仅生根 1.44 个。每根平均生长长度也不同，G1 和 G2 条件下，根最长，达 8 cm 和 6~7 cm，而 G3、G4、G5 条件下的根长相对较短仅 1~3 cm；平均株高 G1 最高，达 9~10 cm，余下依次为 G2、G5、G3，最矮的是 G4 仅 6~7 cm。综合各项指标，马蔺最适宜的生根培养基是1/2 MS，而 1/2MS+IBA 0.5 mg · L^{-1}、1/2MS+IBA 0.5 mg · L^{-1}+NAA 0.5 mg · L^{-1} 两种组合生根表现也较好。

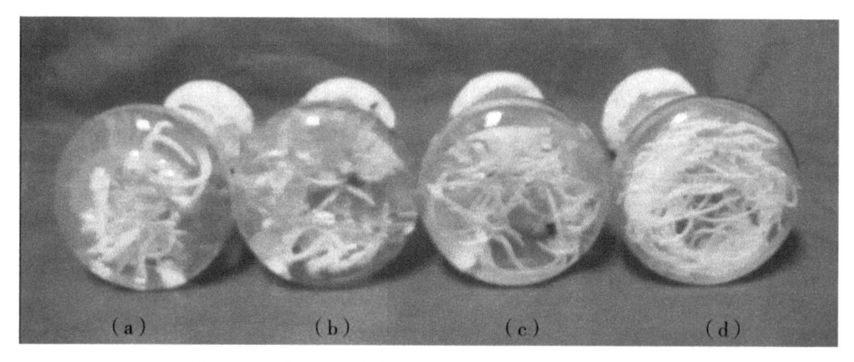

图 10-4 不同生根培养基处理 30 d 的生根状态

注：(a) 1/2MS+IBA 0.5 mg · L^{-1}+NAA 0.5 mg · L^{-1}；(b) 1/2MS+BA 0.1 mg · L^{-1}+NAA 0.5 mg · L^{-1}；(c) 1/2MS+IBA 0.5 mg · L^{-1}；(d) 1/2MS。

表 10-5 不同生根培养基下根生长的相关指标（1 个月）

编号	不定根发生率（%）	根密度（根 · 株$^{-1}$）	根长（cm）	平均株高（cm）
G1	100	3.33	8	9~10
G2	100	2.63	6~7	8~9
G3	100	2.06	2~3	7~8

（续表）

编号	不定根发生率（%）	根密度（根·株$^{-1}$）	根长（cm）	平均株高（cm）
G4	100	1.44	1~2	6~7
G5	100	2.50	2~3	8~9

10.3　讨论与结论

植物愈伤组织的诱导，增殖及形态建成主要受外植体本身、培养基和培养环境三大因素的调控（谭文澄和戴策刚，1991）。通常选择植物细胞分裂最旺盛的幼嫩组织为外植体，如幼胚、幼穗、茎尖、胚珠、幼花序轴等（谭文澄和戴策刚，1991；贾利敏 等，2006），而本研究以成熟饱满的马蔺种子为外植体，诱导获得了较好的愈伤。以马蔺的茎尖和分蘖点等营养器官为外植体能否诱导获得较好愈伤有待于进一步研究。植物生长调节物质对愈伤组织的诱导及分化具有十分复杂而重要的影响，在植物组织培养过程中，外植体的内源激素水平不断变化，生长素类物质存在极性运输现象，由此导致了其体内分布的特异性改变，这一变化与器官发生和愈伤组织的形成密切相关（谭文澄和戴策刚，1991；田志宏和严寒，2003）。同时，因植物种类、外植体、培养条件等的不同而诱导组织形成也存在差异。如黄苏珍等（1992）以荷兰鸢尾的鳞茎片为外植体块（20 mm×20 mm×20 mm），筛选出MS+BA 1.0 mg·L^{-1}+NAA 0.2 mg·L^{-1}为理想的诱导培养基，诱导率达70%。陈德芬等（1997）以德国鸢尾和法国鸢尾的花茎为外植体，筛选出MS+6-BA 1~2 mg·L^{-1}+IBA 0.5~1 mg·L^{-1}为理想的诱导培养基。而本研究以成熟饱满的马蔺种子为外植体，筛选出MS+2,4-D 4 mg·L^{-1}+BA 2 mg·L^{-1}、MS+2,4-D 4 mg·L^{-1}+BA 5 mg·L^{-1}和MS+2,4-D 2 mg·L^{-1}+KT 1.5 mg·L^{-1} 3 种组合方案，为最佳诱导培养基（表 10-2），诱导出愈率均在 58%以上，显著高于其他培养基（$P<0.05$）。

激素对细胞的分化起着重要的调节作用，生长素和细胞分裂素的比例控制着细胞的分化和器官的形成，高浓度的细胞分裂素与低浓度的生长素合理组合有利于芽的形成，反之促进根的形成（黄苏珍 等，1992；陈德芬 等，1997；田志宏和严寒，2003;）。如黄苏珍等（1992）对荷兰鸢尾的研究发现，细胞分裂素 BA 1.0 mg·L^{-1}和生长素 NAA 0.2mg·L^{-1}为最适搭配比例，利于芽的诱导分化。陈德芬等（1997）对德国鸢尾、法国鸢尾、意大利鸢尾和燕子花 4 种鸢尾离体花茎的研究发现，同一分化培养基因品种不同而芽丛分化的启动时间和分化率差异显著，如 MS + 6 - BA 2 mg · L^{-1} + IBA 0.5 mg · L^{-1}分化培养基下，德国鸢尾接种 25 d 后进入分化高峰，较其他 3 种鸢尾提早 5~10 d，芽丛分化率达 75.56%，这可能由于 4 种鸢尾品种的内源激素水平不一致而造成的。

本研究在 MS 培养基中添加不同组合浓度 BA 和 NAA 的分化结果比较分析，筛选出 MS+BA 4 mg · L^{-1}和 MS+BA1 mg · L^{-1}+NAA 0.15 mg · L^{-1}为最佳分化培养基，绿苗分化率达 100%，生长势好，状态叶和分化芽丛质量好，高于或低于 BA 和 NAA 的这个浓度组合均不利于愈伤组织的诱导分化。虽然 MS+BA 2 mg · L^{-1}+NAA 0.1mg · L^{-1}的绿苗分化率也能达到 100%，但其分化芽丛质量较差，不宜作为首选的分化培养基（表 10-3）。适宜的继代增殖培养基为 MS+BA 2 mg · L^{-1}+NAA 0.1 mg · L^{-1}、MS+BA 1 mg · L^{-1}+ NAA 0.2 mg · L^{-1}，与其他培养基的绿苗分化率差异显著（$P<0.05$）（表 10-4）。

黄苏珍等（1992）、江明和谢文申（1995）研究表明，荷兰鸢尾和香根鸢尾的试管苗生根后不需炼苗可直接出瓶移栽，成活率均在 95%以上。而本研究从不定根发生率、根长、植株高等指标综合分析，筛选出 1/2MS 为最适宜的生根培养基，1/2MS + IBA 0.5 mg · L^{-1}、1/2MS + IBA 0.5 mg · L^{-1} + NAA 0.5 mg · L^{-1}次之（孟林 等，2009），同样证实马蔺试管苗不需炼苗直接出瓶，移栽于 $V_{田土}$: $V_{河沙}$ = 2 : 1 的土壤基质中，稍加遮阴，其成活率高达 95%以上，这与马蔺叶表皮的蜡质层厚，植株水分不易蒸发有关。

参考文献

陈德芬，杨焕婷，马钟艳，1997. 外源激素对鸢尾组织培养的影响 [J]. 天津农业科学，3（3）：18-20.

黄苏珍，谢明云，佟海英，1999. 荷兰鸢尾（*Iris xiphium* L. var. *hybridum*）的组织培养 [J]. 植物资源与环境，8（3）：48-52.

贾利敏，傅晓峰，孙国琴，等，2006. 燕麦愈伤组织诱导和分化再生影响因素的研究 [J]. 华北农学报，21（4）：31-34.

江明，谢文申，1995. 香根鸢尾的组织培养和快速繁殖 [J]. 园艺学报，22（3）：301-302.

刘孟颖，高洋，于世达，等，2007. 马蔺的组织培养及无性系建立的研究［J］. 辽宁农业科学（6）：4-6.

孟林，肖阔，赵茂林，等，2009. 马蔺组织培养快繁技术体系研究［J］. 植物研究，29（1）：193-197.

孟林，张国芳，赵茂林，2003. 水保护坡观赏优良地被植物—马蔺［J］. 农业新技术（3）：38-39.

谭文澄，戴策刚，1991. 观赏植物组织培养技术［M］. 北京：中国林业出版社.

田志宏，严寒，2003. 马蹄金子叶的愈伤诱导与植株再生研究［J］. 四川草原（4）：24-26.

KAWASE K，1995. Shoot formation on floral organs of Japanese Iris in vitro［J］. Journal of the Japanese Society for Horticultural Science，64（1）：143-148.

SHIMIZU K，NAGAIKE H，YABUYA T，1997. Plant regeneration from suspension culture of *Iris germanica*［J］. Plant Cell Tissueand Organ Culture，50（1）：27-31.

WANG Y X，1999. Improved plant regeneration from suspension - cultured cells of *Iris germanica* L.［J］. Hort Science，1999，34（7）：1271-1276.

YOKO G，MINEYNKI Y，1993. In vitro propagation of *Iris pallida*［J］. Plant Cell Reports，13（1）：12-16.

第 11 章　马蔺液泡膜 H^+-PPase 基因 *IlVP* 的克隆及其功能分析

【内容提要】本章以马蔺为实验材料，采用 cDNA 末端快速扩增（RACE）技术，获得马蔺 *IlVP* 的全长 cDNA 序列 2 738 bp，包含开放阅读框（ORF）2 316 bp，5′非翻译区（UTR）103 bp 和 3′-UTR 319 bp，编码 771 个氨基酸；利用原子吸收分光光度计和 real-time RT-PCR 技术，对不同浓度 NaCl 处理下马蔺地下部和地上部中的 *IlVP* 表达水平进行定量分析，证明不同浓度 NaCl（0～200 mmol · L^{-1}）处理下，马蔺 *IlVP* 主要在其地上部表达，其转录丰度随处理浓度的增加呈递增趋势。成功构建了重组质粒 pBI121-35S-*IlVP*-Nos，采用根癌农杆菌介导的叶盘转化法，将马蔺 *IlVP* 基因导入烟草 W38 中，获得转基因烟草植株，并通过了 Northern 和 Southern 杂交的试验验证；对转基因烟草植株 T18 和 T3，与野生型烟草植株叶片的渗透势、相对质膜透性、RWC、K^+、Na^+等生理指标的测定分析，充分说明过量表达马蔺 *IlVP* 基因可提高烟草的抗旱耐盐性。

马蔺野生分布于中国西北、东北和华北等地区的山坡荒野、低地盐碱化草甸、荒漠草原草地等，具有极强的抗旱耐盐性。本课题组已经筛选出了 5 份抗旱性较强和 8 份耐盐性较强的马蔺种质（史晓霞 等，2007；毛培春 等，2013），以种子为外植体、MS 为基本培养基，成功建立了马蔺组织培养快繁技术体系（孟林 等，2009），挖掘出 1 个与马蔺耐盐性紧密连锁的 ISSR841-320 标记特异位点，经测序发现与其他植物液泡膜 H^+-PPsae 基因 *VP* 同源性达 60%以上，其中与大麦 H^+-PPsae 基因 *HvVP* 同源性高达 80%。而液泡膜 H^+-PPsae 结构非常简单，所特有的液泡超强离子区域化能力，在增强植物抗旱耐盐性中发挥着极其重要的作用。

众所周知，造成植物生理干旱的原因是土壤中钠离子浓度过高，破坏了细胞的离子平衡，细胞膜的功能和代谢活动都将受到抑制，严重的可导致细胞死亡（Zhu，2001）。研究表明，Na^+外排和区域化是植物细胞抵御 Na^+毒害的主要策略（Guo 等，2012）。在 Na^+区域化的过程中，细胞质中过多的 Na^+区域化到液泡中，液泡膜 Na^+/H^+逆向转运蛋白的功能依赖于 H^+-ATPase 和 H^+-PPase（H^+转运无机焦磷酸酶，H^+-translocating inorganic pyrophosphatase）共同构成的液泡膜质子泵形成的 H^+跨膜电化学梯度提供驱动力（郭静雅 等，2015），降低 Na^+对细胞质中代谢酶的损害，维持细胞膨压，最终提高植物的抗旱耐盐能力（Blumwald & Poole，1985；Apse 等，1999；Wei 等，2011）。从理论上讲，过量表达液泡膜上任意一个 H^+泵均可实现将细胞质中过多的 Na^+区域化到液泡内的过程（Gaxiola 等，2001）。然而，液泡膜 H^+-ATPase 结构较为复杂，受多基因编码，在拟南芥中至少有 26 个这样的基因（Sze 等，2002），若要超表达液泡膜 H^+-ATPase，必须同时将编码这些亚基的基因过量表达（Gaxiola 等，2001）。液泡膜 H^+-PPase 则由单基因编码（Maeshima，2000），且在建立跨膜电化学势梯度上的作用与 H^+-ATPase 相当，甚至具有更大的作用（Britten 等，1992）。

基于此，本章重点介绍从马蔺种质中分离鉴定出马蔺液泡膜 H^+-PPase 基因 *IlVP*，分析其表达模式，以解析 *IlVP* 在马蔺抗旱耐盐中的作用机制，并将马蔺离子区域化功能基因 *IlVP* 导入模式植物烟草中，对转基因烟草的抗旱耐盐性进行分析，旨在为农作物和优良草资源的抗旱耐盐遗传改良和新品种选育提供重要的科学理论依据。

11.1　材料与方法

11.1.1　试验材料及培养

马蔺种子采自位于北京市昌平区小汤山镇的国家精准农业研究示范基地。烟草 W38、大肠杆菌菌株 *Escherichia coli* DH5α、根癌农杆菌 EHA105、植物表达载体 pBI121 由本实验室保存。

选取成熟饱满的马蔺种子，用 5%次氯酸钠溶液消毒，再经 40 ℃浸泡 56 h 后，均匀地播种在铺有滤纸的培养皿中，浇蒸馏水发芽，约 10 d 后，将发芽一致的种子移入培养盒（长 19 cm，宽 13.5 cm，高 7.5 cm），水培。浇灌 Hoagland 营养液【2 mmol · L^{-1} KNO_3，0.5 mmol · L^{-1} $NH_4H_2PO_4$，0.25 mmol · L^{-1} $MgSO_4 \cdot 7H_2O$，1.5 mmol · L^{-1} $Ca(NO_3)_2 \cdot 4H_2O$，0.5 mmol · L^{-1} Fe-citrate，92 μmol · L^{-1} H_3BO_3，18 μmol · L^{-1} $MnCl_2 \cdot 4H_2O$，1.6 μmol · L^{-1} $ZnSO_4 \cdot 7H_2O$，0.6 μmol · L^{-1} $CuSO_4 \cdot 5H_2O$，0.7 μmol · L^{-1}

$(NH_4)_6Mo_7O_{24} \cdot 4H_2O$】，3 d 左右更换一次营养液。培养室光照培养 16 h（昼）/8 h（夜），昼夜温度为 25 ℃/18 ℃，光强约为 600 μmol · m^{-2} · s^{-1}。用 100 mmol · L^{-1}的 NaCl 溶液胁迫培养至 6 周龄的马蔺幼苗，处理 24 h，以诱导马蔺 *IlVP* 基因表达。将处理 24 h 后的马蔺幼苗用无菌水冲洗，置于消毒滤纸上吸干水分，取其鲜根 100 mg，称重后装入离心管中，液氮中速冻后于-80 ℃保存。

11.1.2 RNA 的提取及检测

根据 MiniBEST Plant RNA 试剂盒说明书提取马蔺总 RNA，具体方法如下：使用液氮对马蔺鲜根进行研磨，至粉末状；将 700 μL Buffer PE 加入 1.5 mL RNase-free 管中，移液枪反复吹打至无明显沉淀，4 ℃ 12 000r · min^{-1}离心 5 min；将上清液移入新的 RNase-free 管中。加入 Buffer NB，体积为上清液体积的 1/10，Vortex 震荡混匀，4 ℃ 12 000 r · min^{-1}离心 5 min，将上清液吸取到新的 RNase-free 管中，再加入 450 μL Buffer RL（使用前加入 50×DTT Solution），混合均匀；加入上清液 1/2 体积的无水乙醇，混合均匀。将混合液全部移到 RNA Spin Column 中，4 ℃ 12 000 r · min^{-1}离心 1 min，弃滤液，将 RNA Spin Column 放回到 collection tube 上，加入 500 μL Buffer RWA 至 RNA Spin Column 中，4 ℃ 12 000 r · min^{-1}离心 30 s，弃滤液；将 600 μL 的 Buffer RWB，4 ℃ 12 000r · min^{-1}离心 30 s，弃滤液。重复此步骤一次；将 RNA Spin Column 重新安置于 collection tube 上，离心 2 min；加入 50 μL RNase-free dH_2O，静置 5 min，4 ℃ 12 000r · min^{-1}离心 2 min；提取获得总 RNA 于-80 ℃保存或用于后续试验。

吸取 5 μL RNA 原液，依次加入 1 μL 5×甲醛变性胶加样缓冲液、1 μL 核酸染料溶液，在 1.2 %琼脂糖凝胶电泳检测总 RNA 质量；使用 Quawell Q5000 核酸蛋白检测仪检测总 RNA 的浓度和 OD 值，$OD_{280/260}$值在 1.8~2.0 的可用于后续试验。

11.1.3 *IlVP* 基因核心片段的克隆

简并性引物设计与合成：根据已报道植物中 *VP* 基因核苷酸序列进行同源性比较，找出高度保守的区段。根据同源性高和简并性低的原则，利用 DNA-MAN 8.0 和 Primer 5.0 生物软件设计一对简并引物 PF（5′- TATGGTGATGAY-TGGGAAGG-3′）与 PR（5′-GCAATRCCWCCAGCATTRTCA-3′），用于扩增马蔺 *IlVP* 基因片段。引物由生工生物工程（上海）股份有限公司合成。

cDNA 第一链合成：根据 PrimeScriptTM RTase cDNA 第一链合成试剂盒说明书进行反转录：DNA 消除反应包括 2 μL 5 × gDNA Eraser 缓冲液、1 μL gDNA Eraser、4 μL 总 RNA、3 μL RNase Free ddH_2O，于 42 ℃反应 2 min；反转录反应包括 10 μL 上述合成反应液、4 μL 5×PrimerScript 缓冲液、1 μL PrimerScript 反转录酶混合液、1 μL 反转录引物和 4 μL 无 RNA 酶 ddH_2O，共 20 μL 反应体系，于 37 ℃反应 15 min，85 ℃反应 5 s，4 ℃保存或用于后续试验。

PCR 扩增：在 200 μL PCR 管中依次加入下列各组分：2 μL cDNA、5 μL 10×PCR 缓冲液、5 μL 2.5 mmol · L^{-1} dNTP、3 μL Mg^{2+}、0.5 μL TaqDNA 聚合酶、1 μL PF/PR，加 ddH_2O 至 50 μL，轻轻混匀，瞬时离心后按下列条件进行反应：94 ℃预变性 2 min，94 ℃变性 30 s，56 ℃退火 30 s，72 ℃延伸 1 min，30 个循环；最后 72 ℃延伸 10 min，4 ℃保存。PCR 产物在 1.2%的琼脂糖凝胶上电泳，检测是否扩增出目的片段。

PCR 产物的胶回收和纯化：采用磁珠法微量 DNA 胶回收试剂盒说明书方法按如下程序进行，通过凝胶电泳将目的基因片段用干净的手术刀片切下，放入 1.5 mL 离心管中并称重；按每 100 mg 琼脂糖加入 200 μL 缓冲液 MB2；将 1.5 mL 的离心管放置于 65 ℃水浴 10 min，间或振荡混匀，至胶块完全溶化；取出离心管，加入 75 μL QuiMag Beads，吸打或点振混匀，室温静置 3~5 min，间或混匀；将离心管置于磁力架上 3 min，待 QuiMag Beads 完全吸至管壁上后，吸弃上清，从磁力架上取出离心管；加入 700 μL 70%乙醇，吸打或点振混匀，然后将离心管置于磁力架上 1 min，待 QuiMag Beads 完全吸至管壁上后，吸弃上清，从磁力架上取出离心管，并重复上述步骤一次，室温开盖干燥 15 min 至管内无液体残留；加入 15 μL TE Buffer（pH 8.0），室温放置 5 min，间或混匀；离心管于磁力架上静置 1 min，待 QuiMag Beads 完全吸至管壁上后，将上清液小心吸取至新的离心管，即获得回收的目的片段，收集 DNA 于−20 ℃保存或用于后续试验。

连接反应及转化：参照 pMD19-T Vector 克隆试剂盒说明书进行，将回收的 PCR 产物与 pMD19-T 载体连接，反应体系为 4 μL PCR 产物、5 μL Solution Ⅰ、1 μL pMD19-T 载体共 10 μL 体系，振荡混匀，瞬时离心收集液体，16 ℃连接反应 3 h，−20 ℃保存或用于后续试验；连接产物转化，于超净工作台内，将 10 μL 连接产物加入 100 μL 的 *E. coli* DH5α 感受态细胞中，轻轻混匀，冰浴 30 min，而后 42 ℃热激 90 s，加入 400 μL LB 含有氨苄西林（Amp）的液体培养基，37 ℃、180 r · min^{-1} 振荡培养 1 h；将 50 mg · mL^{-1} X-gal、

50 mg · mL^{-1} IPTG 混匀后，用涂布器涂布到含有 50 mg · L^{-1} Amp 固体培养基上，放置使之充分吸附渗透 10 min；将培养 1 h 后的细胞菌液涂布到平板上，然后放置 1 h 使之充分吸附，于 37 ℃培养箱内倒置 LB 固体进行黑暗避光培养，次日观察蓝白斑。

阳性克隆的筛选与鉴定：从转化的 LB 固体培养基上，用灭菌的牙签随机挑取白斑单菌落，接种于含有 50 mg · mL^{-1} Amp 的 LB 液体培养基中，37 ℃、180 r · min^{-1}振荡培养 12 h。阳性克隆经质粒 PCR 鉴定确认后，样品编号并送至生工生物工程（上海）股份有限公司测序。

11.1.4 *IlVP* 基因 5′端的克隆

（1）特异性引物设计与合成

根据已克隆的马蔺 *VP* 基因部分序列设计扩增基因 5′端的引物 5′VPF1（5′-GTCAGCAATCACAGCTGGGTTTCTA-3′）与 5′VPR1（5′-CAACATCAG-CAGCTTTAGTGTAGATA-3′）。按照 MiniBEST Plant RNA 提取试剂盒操作步骤提取马蔺根中总 RNA。按照 Clontech SMARTer™ RACE cDNA 扩增试剂盒说明书方法进行 5′RACE-Ready cDNA 的准备：

①将 2 μL 5× First-Stand 缓冲液、1 μL DTT（20 mmol · L^{-1}）、1 μL dNTP Mix（10 mmol · L^{-1}）混合液试剂混合均匀，瞬时离心；

②向①反应管中加入 2.75 μL RNA、1 μL 5′-CDS 引物 A，加 dH_2O 定容至 3.75 μL，混匀试剂，瞬时离心，72 ℃孵育 3 min，然后 42 ℃冷却 2 min，14 000 r · min^{-1}离心 10 s，而后向反应管中加入 1 μL SMARTer Ⅱ A oligo，混匀后瞬时离心；

③在室温条件下，向②中加入 4 μL 缓冲液 Mix、0.25 μL RNase 抑制剂（40 U · $μL^{-1}$）、1 μL SMARTScribe TM 反转录酶（100 U），瞬时离心混匀，42 ℃孵育 90 min，70 ℃加热 10 min 终止反应，而后 20 μL TE 缓冲液稀释，用于后续试验或-20 ℃保存。

外侧 PCR 扩增：在 200 μL PCR 管中依次加入下列各组分：2.5 μL 5′RACE cDNA、1 μL 5′VPR1（10 μmol · L^{-1}）、5 μL UPM（10 μmol · L^{-1}）、25 μL TaKaRa LA Taq（5U · $μL^{-1}$）缓冲液、加 16.5 μL ddH_2O 至 50 μL，轻轻混匀，瞬时离心后按下列条件进行反应：94 ℃预变性 2 min，98 ℃变性 30 s，60 ℃退火 50 s，72 ℃延伸 1 min，30 个循环；最后 72 ℃延伸 10 min，4 ℃保存。PCR 产物在 1.2%的琼脂糖凝胶上电泳，检测是否扩增出目的片段。

（2）巢式 PCR 扩增

在 200 μL PCR 管中依次加入下列各组分：1 μL 外侧 PCR 产物、1 μL 5′ VPF1（10 μmol · L^{-1}）、1 μL NUP（10 μmol · L^{-1}）、25 μL TaKaRa LA Taq 缓冲液（5 U · μL^{-1}），加 22 μL ddH_2O 至 50 μL，轻轻混匀，瞬时离心后按下列条件进行反应：94 ℃预变性 2 min，98 ℃变性 30 s，60 ℃退火 50 s，72 ℃延伸 1 min，30 个循环；最后 72 ℃延伸 10 min，4 ℃保存。PCR 产物在 1.2%琼脂糖凝胶上电泳，检测是否扩增出目的片段；5′RACE PCR 产物的胶回收和纯化方法同前。

11.1.5　*IlVP* 基因 3′端的克隆

（1）特异性引物设计与合成

根据 TaKaRa 3′-Full RACE 试剂盒说明书，结合马蔺 *IlVP* 基因部分序列，设计 3′端的外侧特异引物 3′VPF1（5′-GCTGATGTTGGTGCTGATCTTGT-3′），内侧特异引物 3′VPR1（5′- TATGGCCCCATCAGTGACAATGCT-3′）。

马蔺根中总 RNA 提取按照 TaKaRa 3′-Full RACE Core Set With PrimerScroptTMRTase 试剂盒说明书的方法进行 3′ RACE-Ready cDNA 的准备，1 μL 3′ RACE Adaptor（5 μmol · L^{-1}）、2 μL 5× PrimerScript 缓冲液、1 μL dNTP 混合液（10 mmol · L^{-1}）、0.25 μL RNase 抑制剂（40 U · μL^{-1}）、0.25 μL PrimerScript RTase（200 U · μL^{-1}）、4 μL 总 RNA、加 1.5 μL 无 RNase 酶 ddH_2O 至 10 μL，将反应产物放置 PCR 42 ℃，60 min；72 ℃，15 min，用于后续试验或-80 ℃保存。

（2）外侧 PCR 扩增

在 200 μL PCR 管中依次加入下列各组分：3 μL 上述反转录反应液、7 μL 1× cDNA Diution 缓冲液Ⅱ、2 μL 3′ VPF1（10 μmol · L^{-1}）、2 μL 3′ O（10 μmol · L^{-1}）、25 μL TaKaRa LA Taq 混合液（5 U · μL^{-1}）、加 11 μL ddH_2O 至50 μL，轻轻混匀，瞬时离心后按下列条件进行反应：94 ℃预变性 2 min，94 ℃变性 30 s，56 ℃退火 50 s，72 ℃延伸 1 min，30 个循环；最后 72 ℃延伸 10 min，4 ℃保存。PCR 产物在 1.2%琼脂糖凝胶上电泳，检测是否扩增出目的片段。

（3）巢式 PCR 扩增

在 200 μL PCR 管中依次加入下列各组分：1 μL 外侧 PCR 产物、2 μL 3′ VPF1（10 μmol · L^{-1}）、2 μL 3′ I（10 μmol · L^{-1}）、25 μL TaKaRa LA Taq 混合液（5 U · μL^{-1}）、加 20 μL ddH_2O 至 50 μL，轻轻混匀，瞬时离心后，按下列条件进行反应：94 ℃预变性 2 min，94 ℃变性 30 s，56 ℃退火 50 s，72 ℃

延伸 1 min，30 个循环；最后 72℃延伸 10 min，4 ℃保存。PCR 产物在 1.2% 琼脂糖凝胶上电泳，检测是否扩增出目的片段；3′RACE PCR 产物的胶回收和纯化方法、连接反应及转化方法及阳性克隆的筛选与鉴定方法同前。

11.1.6 *IlVP* 基因全长序列的获得

将克隆得到的马蔺 *IlVP* 基因核心片段，利用 DNAMAN 6.0 软件进行 3′及 5′序列拼接，并使用 Primer 5.0 软件设计基因全长扩增引物：

VP-F1（上游）：5′-CATCGAAGCTAACTAAGTGATGGTG -3′

VP-R1（下游）：5′-GAGAGATGCAAGATGGTCGACAGGT-3′

VP-CDS-F1：5′-TCCCCCGGGGAATGGTGGCGGCGATGCT-3′

Sma I

VP-CDS-R1：5′-CGAGCTCGTTAGAAGATCTTGAAGAGGATGCC-3′

Sac I

提取马蔺根中的总 RNA，利用 PrimeScript RTase cDNA 第一链合成试剂盒进行反转录，合成 cDNA，用于扩增基因全长序列。将 2 μL cDNA、1 μL VP-F1（10 μmol·L^{-1}）、1 μL VP-R1（10 μmol·L^{-1}）、25 μL TaKaRa LA Taq（5 U·$μL^{-1}$），加 21 μL ddH_2O 至 50 μL，轻轻混匀，瞬时离心，外侧 PCR 扩增程序为将 2 μL 外侧 PCR 产物、1 μL VP-CDS-F1（10 μmol·L^{-1}）、1 μL 3′ VP-CDS-R1（10 μmol·L^{-1}）、25 μL TaKaRa LA Taq 混合液（5 U·$μL^{-1}$）、加 21 μL ddH_2O 至 50 μL，轻轻混匀，瞬时离心，巢式 PCR 扩增程序同前。凝胶电泳检测外侧和巢式 PCR 的产物，将 DNA 目的条带进行胶回收，并将胶回收产物进行连接转化克隆，菌液 PCR 鉴定阳性菌株，进行测序。

11.1.7 *IlVP* 基因表达模式分析

将 6 周龄的马蔺幼苗用 200 mmol·L^{-1} NaCl 处理 24 h 后，无菌水终止胁迫，无菌滤纸上将水分吸干，再分别采集马蔺根和叶各 200 mg 装至 1.5 mL 离心管中，于液氮中快速冷冻，-80 ℃保存，用于提取 RNA，分析 *IlVP* 在地上部和根中的表达模式。

采用实时荧光定量 PCR 方法，分析 6 周龄马蔺幼苗在不同浓度（0 mmol·L^{-1}、25 mmol·L^{-1}、50 mmol·L^{-1}、100 mmol·L^{-1} 和 200 mmol·L^{-1}）NaCl 处理 0 h、6 h、12 h、24 h 和 48 h 后对其地上部 *IlVP* 表达模式的影响。以马蔺 *IlActin* 为内参，设计两对基因表达引物：

Actin-F：5′-TATTGTGCTGGATTCTGGTGATG-3′

Actin-R：5′-GGAGGATAGCATGGGGAAGAG-3′

VP-F：5′-CGAACTGACTGCTATGATGTACCC-3′

VP-R：5′-CCAACTAACAACCGCAATACCA-3′

按照 MiniBEST Plant RNA 提取试剂盒操作步骤提取马蔺根中的总 RNA，按照 SYBR© Premix Eix Taq™（Tli RNaseH Plus）试剂盒进行 Real Time PCR。反应体系：cDNA 1 μL，SYBR© Premix Ex Taq Ⅱ 10 μL，ROX Reference Dye 0.4 μL，正、反向引物为 1.6 μL，加 ddH_2O 补至 20 μL。扩增程序为：95 ℃ 30 s，95 ℃ 5 s，60 ℃ 1 min，40 个循环。采用 $2^{-\Delta\Delta C}T$ 方法计算不同浓度 NaCl 处理下 *IlVP* 基因的相对表达量，设置 3 次重复。

11.1.8　马蔺 *IlVP* 基因功能鉴定分析

（1）马蔺 *IlVP* 阳性菌株质粒提取

按照 SanPrep 柱式质粒 DNA 小量抽提试剂盒的方法提取马蔺 *IlVP* 阳性菌株质粒。将马蔺 *IlVP* 阳性菌株接种于含 50 mg · L^{-1} Kan 抗生素的 LB 液体培养基中，共 30 管，37 ℃、180 r · min^{-1} 振荡培养 12 h；室温条件下 1 000 r · min^{-1} 离心 2 min 收集菌体，倒掉并吸干培养基；加入 50 μL Buffer P1 每管，吸打或震荡至彻底悬浮菌体；每管加入 70 μL Buffer P2，颠倒离心管 5~10 次后，静置 2~4 min；每管加入 70 μL Buffer P3，温和颠倒离心管 5~10 次，15 000 r · min^{-1} 离心 10 min，上清液全部移入吸附柱，12 000 r · min^{-1} 离心 30 s，弃滤液；加入 500 μL Buffer DW1 至吸附柱，12 000 r · min^{-1} 离心 30 s，弃滤液；向吸附柱中加入 500 μL Wash Solution，12 000 r · min^{-1} 离心 30 s，弃滤液，重复此步骤一次；12 000 r · min^{-1} 离心空吸附柱和离心管 1 min；在吸附柱中央加入 50 μL Elution Buffer，室温静置 2 min，12 000 r · min^{-1} 离心 1 min，-80 ℃保存。

（2）马蔺 *IlVP* 质粒双酶切

马蔺 *IlVP* 质粒双酶切体系为 20 μL *IlVP* 质粒、10 μL 10× QuickCut 缓冲液、1μL *Sma* Ⅰ（10 U · μL^{-1}）、1μL *Sca* Ⅰ（10 U · μL^{-1}，加 ddH_2O 至 50 μL，经 30 ℃酶切 15 min 后，凝胶电泳检测酶切产物并回收，命名为 *IlVP*-A。

（3）pBI121 载体线性片段获得

将 10 μL 连接产物与 100 μL 的 *E. coli* DH5α 感受态细胞混匀，冰浴 30 min；42 ℃热激 90 s；加入 400 μL LB 液体培养基，37 ℃、180 r · min^{-1} 振荡培养 1 h；将菌液涂布到平板上，放置 1 h 使之充分吸附；将 LB 固体培养基倒置于培养箱内，37 ℃遮光过夜培养。然后随机挑选 30 个白斑单菌落接种于 LB 液体培养基中（含有 50 mg · mL^{-1} Kan），37 ℃、180 r · min^{-1}振荡培养 12 h，提取 pBI121 质粒。

（4）植物表达载体的构建

经 *Sca* Ⅰ 和 *Sma* Ⅰ 限制性内切酶，双酶切植物表达载体 pBI121，双酶切体系为 20 μL pBI121 质粒、10 μL 10× QuickCut 缓冲液、1 μL *Sma* Ⅰ（10 U · μL^{-1}）、1μL *Sca* Ⅰ（10 U · μL^{-1}，加 ddH_2O 至 50 μL，经 30 ℃酶切 15 min 后，切胶回收大片段，命名为 pBI121-B；再按照 DNA Ligation 试剂盒的操作要求，建立重组载体反应体系为 4 μL *IlVP*-A、1 μL pBI121-B、4 μL内切酶溶液和 1 μL 转化增强剂，于 16 ℃反应 30 min，-20 ℃保存待用，并将重组质粒命名为 pBI121-35S-*IlVP*-Nos。

（5）重组载体 pBI121-35S-*IlVP*-Nos 的转化

将重组载体克隆到大肠杆菌，并将其涂布于 LB 培养基平板上（含 50 mg · L^{-1} Kan），37 ℃暗培养过夜，挑选单菌落，以 VP-CDS-F1/VP-CDS-R1 为引物，PCR 检测阳性菌株，参照上述提取质粒的方法提取阳性菌株的质粒，使用 *Sac* Ⅰ、*Sma* Ⅰ对阳性菌株进行双酶切检测，以验证载体构建是否成功。

（6）农杆菌转化

采用冻融法将 100 μL 农杆菌 EHA105 与 5 μL pBI121-35S-*IlVP*-Nos 重组载体均匀混合，冰浴 30 min，液氮速冻 1 min 后，立即于 37 ℃水浴锅中水浴 5 min。加入 1 mL LB 液体培养基，28 ℃，150 r · min^{-1}，振荡培养 3 h；4 000 r · min^{-1}离心 30 s，弃上清，留约 100 μL 菌液，将菌体重悬；28 ℃避光倒置培养，2～3 d 后长出单菌落，用接种环挑取单菌落，接种于 5 mL 含 50 mg · L^{-1}卡那霉素和 50 mg · L^{-1}的利福平的液体 LB 培养基中，振荡过夜培养，提取质粒。质粒 PCR 鉴定确认阳性克隆后，扩大培养保存在-80 ℃冰箱备用。

（7）阳性克隆鉴定

挑取农杆菌单菌落接种到 LB 液体培养液中（含 50 mg · L^{-1}利福平、50 mg · L^{-1}卡那霉素），28 ℃、180 r · min^{-1}振荡过夜培养；按照上述方法提取菌液质粒 DNA，PCR 鉴定阳性农杆菌，以质粒 DNA 为模板，VP-CDS-F1 和 VP-CDS-R1 为引物进行扩增。凝胶电泳检测 PCR 扩增产物，将出现特异性条带的阳性菌株于-80 ℃保存。

（8）烟草遗传转化体系建立

将烟草 W38 的种子先用 70%乙醇处理 1～2 min，再用 5% NaClO 进行表面消毒 5 min，用无菌蒸馏水漂洗 3～5 次，每次大约 2 min，用已灭菌的滤纸将种子表面的水分吸干，将处理完毕的烟草 W38 种子接种到 MS 培养基中（MS +30 g·L^{-1}蔗糖+7 g·L^{-1}琼脂，pH 5.8），进行黑暗培养，待种子萌芽后移入光照培养室继续培养，在无菌苗长至3~5叶龄时，可用于叶盘侵染转化。

采用农杆菌介导叶盘法进行马蔺*IlVP*基因对烟草W38的转化。首先取携带重组质粒的农杆菌菌液，接种到20 mL LB液体培养基（含50 mg·L^{-1}利福平与50 mg·L^{-1}卡那霉素）中，28 ℃避光振荡过夜培养；将菌液OD_{600}值培养至0.6~0.8后，5 000 r·min^{-1}离心5 min收集菌体，使用LB液体培养基重悬洗涤菌体2~3次，然后用LB液体培养基将菌液OD_{600}值稀释至0.5；将无菌烟草成熟叶片切成约1 cm^2的叶盘，接种于MS分化培养基中，培养至叶盘边缘膨大；将培养好的叶盘放入农杆菌菌液中，28 ℃，150 r·min^{-1}进行侵染，7 min后取出；无菌滤纸吸干叶盘表面的残留菌液，叶面向下移入MS分化培养基中，暗培养2~3 d；用双蒸水冲洗暗培养结束的叶盘2~3次，再用含500 mg·L^{-1}羧苄西林（Carb）与50 mg·L^{-1}卡那霉素的双蒸水冲洗，再用双蒸水冲洗，各3次。结束后滤纸吸干叶盘表面水分，将边缘膨大的叶盘接种于MS筛选分化培养基（MS+1 mg·L^{-1} 6-BA+0.1 mg·L^{-1} NAA+50 mg·L^{-1} Kan+500 mg·L^{-1} Carb）继续培养，每2~3周更换一次培养基。待叶盘分化的抗性芽长至1~1.5 cm时，将其切下移入含有抗生素的MS培养基上，获得转基因抗性植株。

（9）转基因烟草植株分子鉴定

按照TaKaRa MiniBEST通用基因组DNA提取试剂盒说明书提取野生型WT和T1代转基因烟草植株叶片的DNA，利用Quawell 5000核酸蛋白仪测定浓度，用正向引物YCF1（5′-CATTGCTGGGATGGGTTC-3′）和反向引物YCR1（5′-TCGTGGCTGCTCCTGTTC-3′）检测转基因阳性植株。PCR反应体系为2 μL烟草DNA、1 μL YCF1、1μL YCR1、25 μL 2× Gflex PCR缓冲液、1 μL Tks Gflex DNA聚合酶，加ddH_2O至50 μL；反应条件为：94 ℃预变性1 min；98 ℃变性30 s，55 ℃退火15 s，68 ℃延伸1 min，30个循环；最后72 ℃延伸10 min，4 ℃保存。PCR产物在1.2%的琼脂糖凝胶上电泳，检测是否扩增出目的片段；并采用Northern和Southern杂交技术，对转基因烟草植株进行进一步鉴定评价。

（10）转基因烟草的培养

将经Northern杂交检测出的*IlVP*基因表达量最高的转基因烟草植株、表达量最低的转基因烟草植株及野生型烟草WT植株进行扩繁培养，取无菌烟草植株3~5片成熟叶片切成约1 cm^2的叶盘，移栽到MS分化培养基

（MS+1 mg·L^{-1} 6-BA+0.1 mg·L^{-1} NAA）中，每2~3周更换培养基一次。待叶盘分化的抗性芽长至1~1.5 cm时，将其切下移入MS培养基上进行培养。待植株长至适当大小后，在无菌组培室中撤掉封口膜，缓苗2~3 d，待烟草缓苗结束后，蒸馏水洗净植株根部培养基，分别移栽至装有蛭石和珍珠岩（3∶1）的花盆中，用Hoagland营养液进行浇灌，移入温室培养。

（11）转基因烟草抗旱耐盐性的鉴定评价

将长势一致的*IlVP*基因表达量最高的转基因烟草T18植株、表达量最低的转基因烟草T3植株及野生型烟草WT植株分别开展盐胁迫和干旱胁迫处理如下：

①盐胁迫：分别将T3、T18和WT的烟草苗移至装有蛭石和珍珠岩（3∶1）的花盆中，用Hoagland营养液进行浇灌，移入温室培养。选取长势一致的野生型WT烟草和转基因T3、T18烟草植株分别使用含0 mmol·L^{-1}、50 mmol·L^{-1}、100 mmol·L^{-1}和200 mmol·L^{-1} NaCl的Hoagland营养液浇灌，每株为1个重复，设6个重复，7 d后测定相关生长与生理指标。

②干旱胁迫：分别将T3、T18和WT的烟草苗移至装有蛭石、珍珠岩和草炭（1∶1∶1）的花盆中，于25 ℃、光周期16 h、光照强度600 μmol·m^{-2}·s^{-1}、相对湿度60%下培养，用1/8的Hoagland营养液每隔2 d浇灌一次，持续4周后停止浇灌直至叶片萎蔫，之后复水达到田间持水量并于复水后的第7 d测定相关生长与生理指标。

根茎叶的鲜重及干重：在每个处理下，称取烟草植株根茎叶鲜样并经80 ℃烘干，每12 h称重一次，直到恒重，称其干重。

叶面积：使用Li-3000C叶面积仪测定。

叶片RWC：称取烟草叶片鲜重后，将叶片浸入蒸馏水使叶片吸水，确保叶片重量不再变化后，取出叶片并吸干叶片表面水分，称重，计此时叶片重量为饱和重。再将叶片在80 ℃烘箱内烘干至恒重，称其干重，计算其RWC=（鲜重-干重）/（饱和重-干重）×100%。

叶片质膜透性（REC）：取叶龄相似的烟草叶片，剪下后用湿布包住。将烟草叶片表面污物冲洗干净，再用蒸馏水冲洗1~2次，用滤纸吸干叶片表面水分，然后剪成约1 cm^2的小叶片。称取植物鲜样0.1 g放入试管中，加入蒸馏水20 mL，抽气至叶片下沉，除去叶表面和细胞间隙中的空气，使叶组织内电导液易渗出，称重后测定外渗液的电导值（L_1）。90 ℃水浴锅内煮沸15 min，室温静置使其冷却，并加蒸馏水至原重，继续浸泡叶片。放置室温下浸提1 h左右，测定外渗液的电导值（L_2）。电导率测定用电导仪分别测定，同时测定蒸馏水（空白）的电导率（L_0），计算其相对质膜透性=

(L_1-L_0) / (L_2-L_0) ×100%。

Na^+、K^+、Ca^{2+}含量：盐处理结束后，用蒸馏水冲洗烟草地上部以去除表面的盐分，然后将植株根部置于预冷的 20 mmol · L^{-1}的 $CaCl_2$溶液中润洗两次，共 8 min，以交换细胞壁间的 Na^+，用滤纸吸干烟草叶片表面水分后，将植株根、茎以及叶片分开装于信封中，80 ℃烘箱内烘干至恒重。将烘干的干样放入到 20 mL 试管中，加入 10 mL 100 mmol · L^{-1}的冰乙酸，在 90 ℃水浴锅中温浴 2 h，冷却后过滤，稀释适当倍数后使用火焰分光光度计测定 Na^+、K^+、Ca^{2+}含量。

植株光合参数：用 LI-6400 光合仪测定叶片净光合速率（Pn）、蒸腾速率（Tr）。叶片水分利用效率（WUE）= Pn/Tr×100%。

11.2　研究结果

11.2.1　马蔺 *IlVP* 基因的克隆及生物信息学分析

（1）克隆到马蔺 *IlVP* 基因及获得了 cDNA 全长序列

以马蔺 cDNA 为模板，PCR 扩增产物经凝胶电泳检测，得到约在 900 bp 长度的单一亮带，与目的片段的大小一致，经测序结果分析发现，阳性克隆序列长度为 893 bp，编码 297 个氨基酸（图 11-1b）。

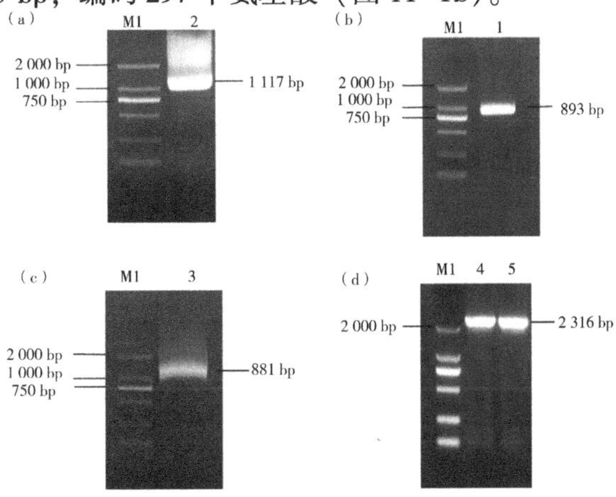

图 11-1　*IlVP* cDNA 的凝胶电泳图

注：M1，DL2000 DNA Marker；(a) 1-*IlVP* 片段的 RT-PCR 产物；(b) 2，3′RACE RT-PCR 结果；(c) 3，5′RACE RT-PCR 结果；(d) 4，5-*IlVP* 全长 RT-PCR 扩增结果。

以3′ RACEcDNA为模板，使用3′ VPF1与3′ VPR1引物进行巢式PCR，凝胶电泳检测内侧PCR扩增产物在约1 000 bp出现DNA特异性条带，经测序，其阳性克隆序列长度为1 117 bp（图11-1a）；以5′ RACE cDNA为模板，使用5′ VPF1与5′ VPR1引物进行巢式PCR，经凝胶电泳检测内侧PCR扩增产物约在900 bp出现特异性条带，经测序，阳性克隆序列长度为881 bp（图11-1c）。采用RT-PCR和RACE技术，获得*IlVP*全长cDNA为2 738 bp，包含2316 bp的开放阅读框（ORF）（图11-1d），cDNA编码一个由771个氨基酸残基构成的多肽蛋白，推测等电点为5.16，分子量为80.7 kDa（图11-2）。

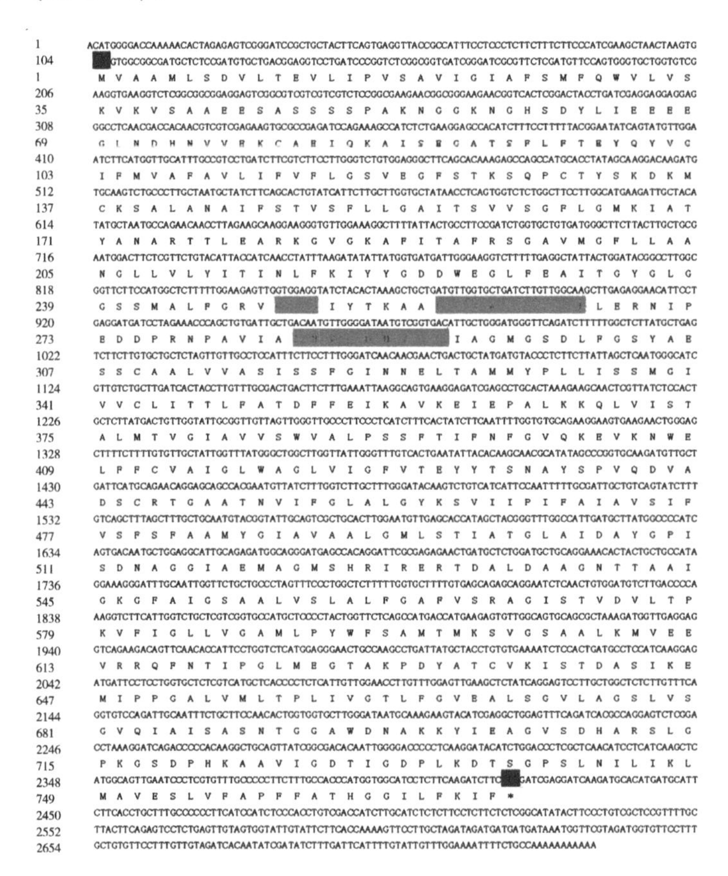

图11-2　马蔺*IlVP*基因cDNA核酸序列及其推测的氨基酸序列

注：左侧的数字分别代表核苷酸和氨基酸位点，绿色阴影为H^+-PPase的PPi结合位点和活性部位。紫色阴影处为起始密码子（ATG）和终止密码子（TGA）。

（2）揭示了马蔺 *IlVP* 生物信息学特征

运用 TMpred 程序分析发现，确定了马蔺 *IlVP* 含有 14 个跨膜区域，N 端在细胞质外，C 端在细胞质内（图 11-3）。多重序列比较表明，*IlVP* 跨膜区氨基酸序列位置分别为：13-33、100-117、144-164、196-212、231-252、301-322、334-351、370-389、409-427、464-482、547-565、575-

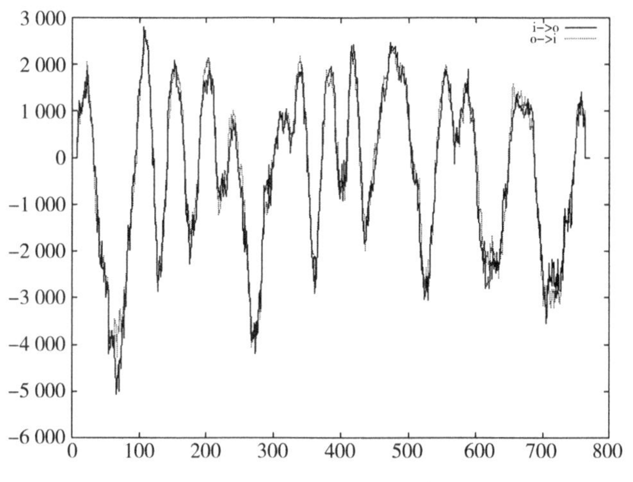

图 11-3　*IlVP* 的疏水性分析

595、652-678、744-768，其中在细胞质中的连接跨膜区 TM5 和 TM6 的环上含有液泡膜 H^+-PPase 的 PPi 结合位点，序列为 GGG、DVGADLVGK 和 KAADVGADLVGKVE，这些序列基元不仅是 H^+-PPase 实现质子转运功能所必需的，而且还是高度保守的，与海枣（*Phoenix dactylifera*）*PdVP*、水稻 *OsVP* 及拟南芥 *AtVP* 的完全一致；将推测的 *IlVP* 与其他植物液泡膜 H^+-PPase 的氨基酸序列进行比较发现：它与海枣 *PdVP*、水稻 *OsVP* 及拟南芥 *AtVP* 的同源性分别为 96%、93%和 92%（图 11-4）。利用在线的 SOPMA（https：//npsa - prabi. ibcp. fr/cgi - bin/npsa _ automat. pl? page = npsa _ sopma. html）软件对 *IlVP* 蛋白质二级结构进行了预测（图 11-5），发现其含有 49. 16% α 螺旋、19. 97%延伸链、8. 56% β 转角和 22. 31%无规卷曲。α 螺旋和无规卷曲结构交错构成了其蛋白质二级结构的主要部分。系统进化树分析表明，马蔺 *IlVP* 与海枣 *PdVP* 和小果野蕉（*Musa acuminata*）*MaVP* 亲缘关系最近，而与黄豆（*Glycine max*）*GmVP* 的亲缘关系较远（图 11-6）。马蔺 H^+-PPase 基因 *IlVP* 定位在液泡膜上，可能与其他植物液泡膜 H^+-PPase 如拟南芥 *AtVP* 具有相同的功能，在马蔺的抗旱耐盐中发挥重要作用。

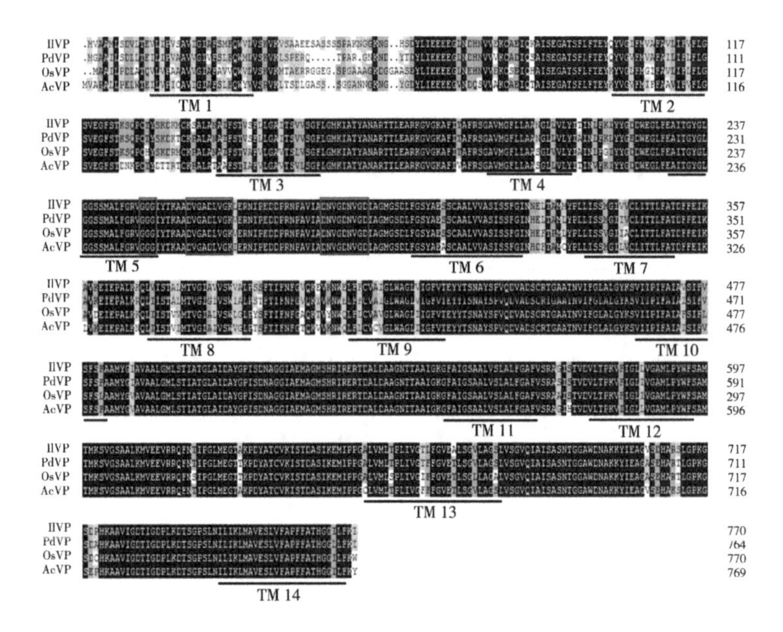

图 11-4　马蔺 *IlVP* 与海枣 *PdVP*、水稻 *OsVP* 和拟南芥 *AtVP* 氨基酸多重比较

注：红色方框表示 H⁺-PPase 的结合位点和活性部位。

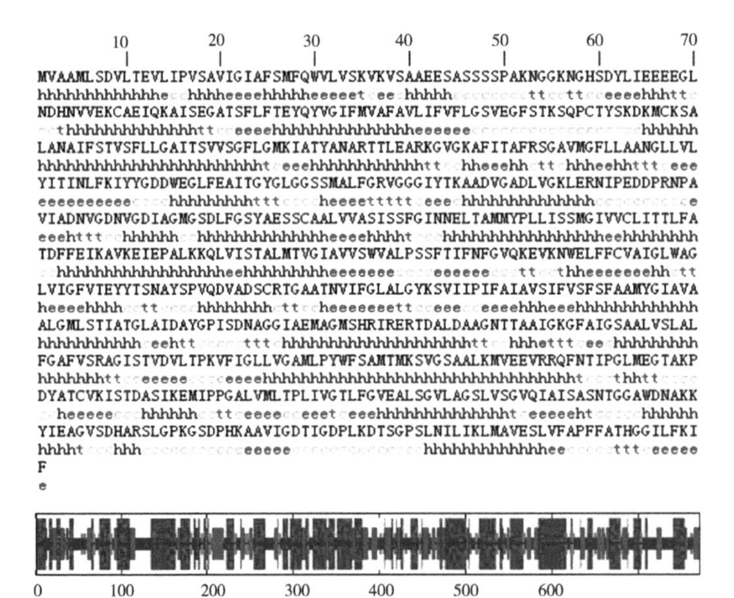

图 11-5　*IlVP* 蛋白质二级结构

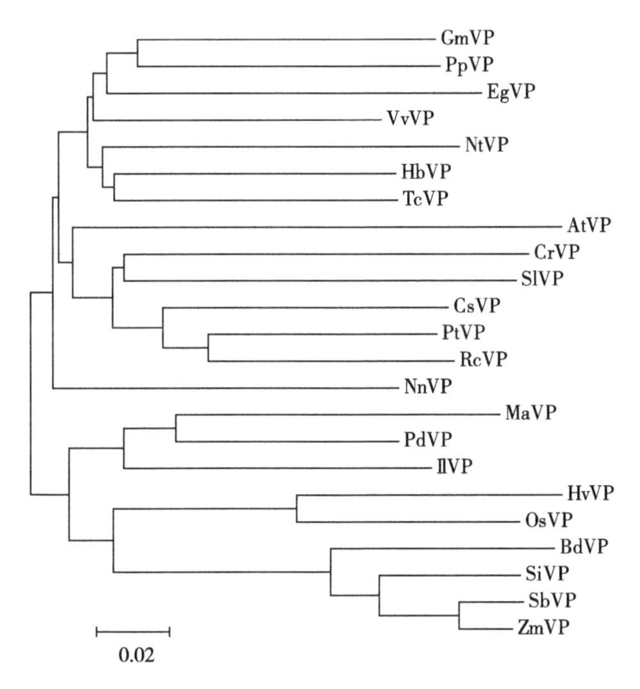

图 11-6　多种植物 *VP* 基因的系统进化树分析

注：*AtVP*（*Arabidopsis thaliana*，NM_ 101437），*BdVP*（*Brachypodium distachyon*，XM_ 003564169），*CrVP*（*Chenopodium rubrum*，AF533336），*CsVP*（*Citrus sinensis*，XM_ 006474322），*EgVP*（*Eucalyptus grandis*，XM_ 010035677），*GmVP*（*Glycine max*，XM_ 003528254），*HbVP*（*Hevea brasiliensis*，AY514019），*HvVP*（*Hordeum vulgare*，AK360389），*IlVP*（*Iris lactea* var. chinensis，KY406740），*MaVP*（*Musa acuminate*，XM_ 009386846），*NtVP*（*Nicotiana tomentosiformis*，XM_ 009630002），*NnVP*（*Nelumbo nucifera*，XM_ 010246610），*OsVP*（*Oryza sativa*，D45383），*PdVP*（*Phoenix dactylifera*，XM_ 008790581），*PpVP*（*Prunus persica*，AF367446），*PtVP*（*Populus trichocarpa*，XM_ 006381029），*RcVP*（*Ricinus communis*，XM_ 002530709），*SbVP*（*Sorghum bicolor*，HM143921），*SiVP*（*Setaria italic*，XM_ 004964638），*SlVP*（*Solanum lycopersicum*，NM_ 001278976），*TcVP*（*Theobroma cacao*，XM_ 007023235），*VvVP*（*Vitis vinifera*，XM_ 002273171），*ZmVP*（*Zea mays*，BT086232）。

11.2.2　盐处理下马蔺 *IlVP* 基因表达模式分析

选取 6 周龄的马蔺幼苗用 200 $mmol \cdot L^{-1}$ NaCl 处理 24 h，分别取根和叶各 200 mg 提取 RNA，分析 *IlVP* 在地上部和根中的表达模式，并进一步分析不同浓度（0 $mmol \cdot L^{-1}$、25 $mmol \cdot L^{-1}$、50 $mmol \cdot L^{-1}$、100 $mmol \cdot L^{-1}$ 和 200 $mmol \cdot L^{-1}$）NaCl 处理 0 h、6 h、12 h、24 h 和 48 h 后对幼苗地上部 *IlVP* 基因表达模式的影响。

在 200 mmol · L^{-1} NaCl 处理下马蔺 *IlVP* 表达模式的结果表明，马蔺 *IlVP* 主要在地上部表达，与对照（0 mmol · L^{-1} NaCl）相比，马蔺地上部 *IlVP* 表达显著上调，而根中的表达很少，地上部的转录丰度是根中的 33. 34 倍（图 11-7a）。分别用 25 mmol · L^{-1}、50 mmol · L^{-1}、100 mmol · L^{-1}、200 mmol · L^{-1} NaCl 处理 6 周龄马蔺幼苗 0 h、6 h、12 h、24 h 和 48 h，结果显示，与对照相比，不同浓度 NaCl 处理 0 h、6 h、12 h、24 h 和 48 h，其地上部 *IlVP* 表达水平呈递增趋势，且随着 NaCl 浓度（50～200 mmol · L^{-1}）的增加而增加（图 11-7b）。由此可见，随着 NaCl 盐浓度及处理的时间增加地上部 *IlVP* 转录丰度显著上调，马蔺地上部 *IlVP* 表达受 NaCl 盐处理的诱导，且这有利于将其地上部细胞质中的 Na^+ 及时有效区域化在液泡中，从而减轻盐对植物的伤害。

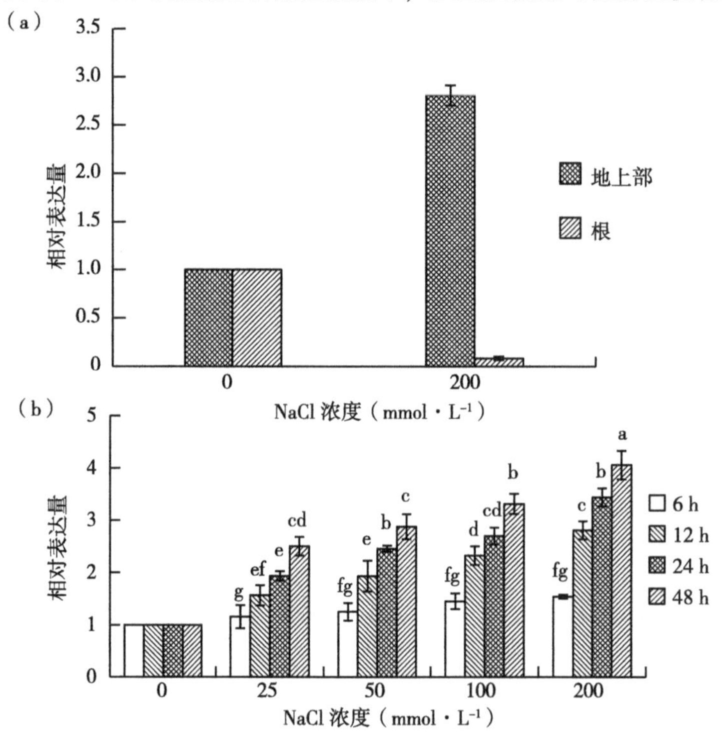

图 11-7　Real time TR-PCR 分析 200 mmol · L^{-1} NaCl 处理 24 h 后对马蔺地上部和根 *IlVP* 表达水平的影响（a），及不同 NaCl 浓度（0 mmol · L^{-1}，25 mmol · L^{-1}，50 mmol · L^{-1}，100 mmol · L^{-1}，200 mmol · L^{-1}）处理 0 h，6 h，12 h，24 h 和 48 h 后马蔺地上部 *IlVP* 表达的影响（b）

注：图中的柱形代表平均值±标准误。

11.2.3　马蔺 *IlVP* 基因单价植物表达载体的成功构建

马蔺 *IlVP* 基因全长经 *Sma* Ⅰ与 *Sca* Ⅰ双酶切后，使用 1.2%凝胶电泳检测酶切产物，胶回收载体小片段，命名为 *IlVP*-A（图 11-8a）。使用 *Sma* Ⅰ与 *Sca* Ⅰ对植物真核表达载体 pBI121 进行双酶切，凝胶电泳检测酶切产物，如图 11-8b 所示获得 pBI121 线性载体，将 pBI121 线性载体进行胶回收大片段，命名为 pBI121-B。连接 *IlVP*-A、pBI121-B 构成重组载体，命名为 pBI121-35S-*IlVP*-Nos，将重组质粒转化到大肠杆菌 *E. coli* DH5α 中，筛选阳性菌株，以 VP-CDS-F1/VP-CDS-R1 为引物，PCR 检测阳性菌株，PCR 产物使用 *Sma* Ⅰ、*Sma* Ⅰ对阳性菌株进行双酶切检测（图 11-8c），得到 2 316 bp 大小的特异条带，说明成功构建马蔺 *IlVP* 基因植物表达载体。

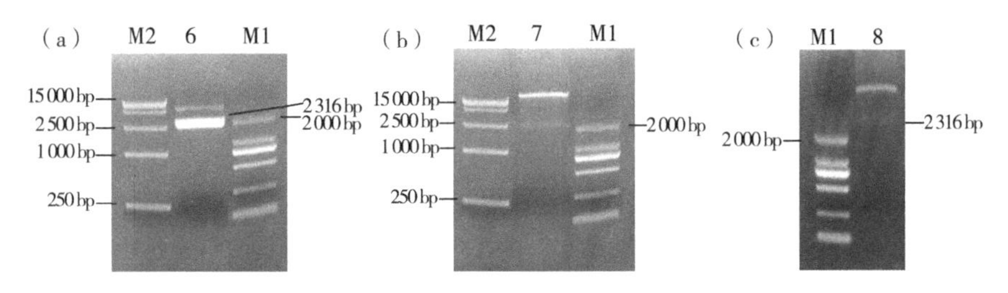

图 11-8　*IlVP* 基因表达载体构建

注：(a) IlVP 质粒 Sma I/Sac I 双酶切产物；(b) PBI121 载体酶切产物；(c) pBI121-35S-*ILVP*-Nos 载体酶切鉴定。M1，DL2000 DNA Marker；M2，DL-15000 DNA Marker。

11.2.4　转 *IlVP* 基因烟草阳性植株的鉴定

制备农杆菌感受态，将得到的植物超表达载体质粒，用冻融法将构建的植物表达载体 pBI121-*IlVP* 导入根癌农杆菌 EHA105 中，叶盘法转化烟草。挑取阳性菌落摇菌后提取质粒 DNA，经双酶切鉴定得到与预期一致的两条带，说明植物表达载体已成功转入农杆菌中。侵染的烟草叶盘于卡纳霉素抗性培养基中培养，转基因烟草再生体系具体流程如下，将野生型烟草 W38 叶盘接种于 MS 分化培养基中（图 11-9a）预培养至边缘膨大（图 11-9b）后，将其在阳性农杆菌液中进行侵染，倒置叶片黑暗共培养 2~3 d，将叶盘接种于 MS 筛选分化培养基中（图 11-9c），待分化出抗性苗（图 11-9d、e），抗性苗长至 1~3 cm 时，即可移入 MS 培养基中培养（图 11-9f）。

以野生型烟草为阴性对照，YCF1/YCR1 为引物，进行 PCR 检测鉴定 28

株转基因烟草阳性植株，结果显示有 25 株在 500 bp 左右处出现 DNA 特异性条带，经测序长度为 479 bp（图 11-10），初步认定为转基因阳性植株，阳性植株转化率为 89.3%。

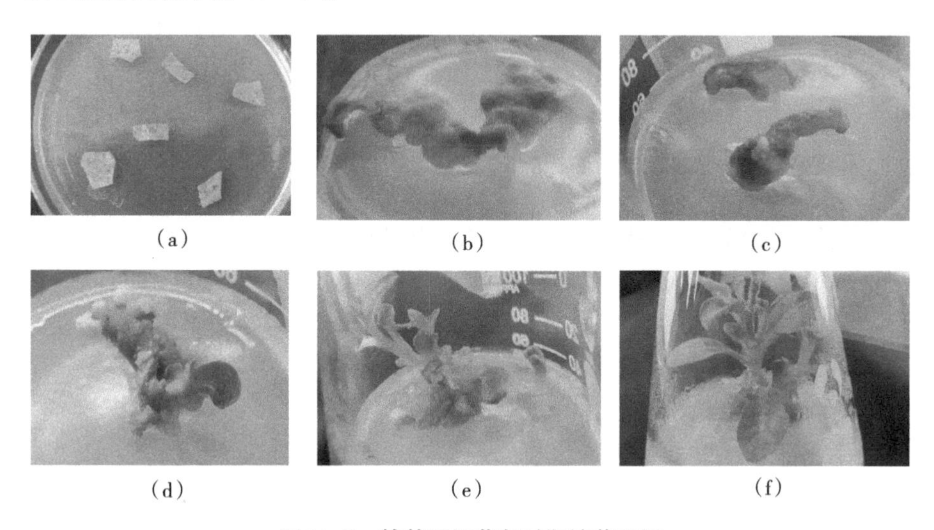

图 11-9 转基因烟草各时期培养流程

注：(a) 叶盘预培养；(b) 叶盘边缘膨大；(c) 愈伤组织分化；(d) 抗性芽培养；(e) 抗性苗生长；(f) 抗性植株。

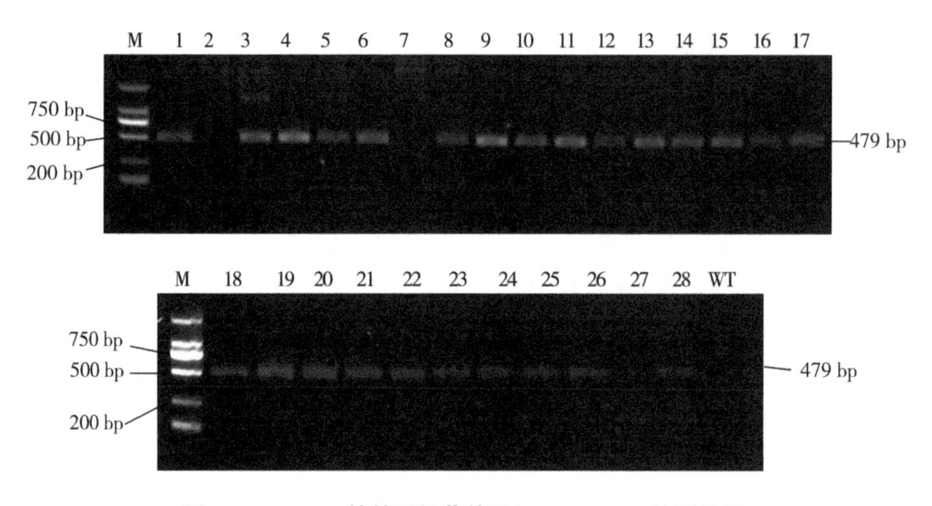

图 11-10 *IlVP* 转基因烟草基因组 DNA PCR 检测结果

注：M，DL2000 DNA Marker；WT，野生型烟草植株；1-28，转基因烟草植株。

11.2.5　Southern 和 Northern 杂交验证

随机选择 4 株转基因烟草植株，以叶片为材料提取 DNA，通过 PCR 技术扩增地高辛（DIG）标记的杂交探针进行 Southern 杂交分析，结果表明 4、6、14 号转基因烟草经杂交后均得到单一条带，而 10 号材料却呈现双条带（图 11-11），表明马蔺 *IlVP* 基因已成功整合到烟草植株中。然后再随机选择 8 株转基因烟草植株，以叶片为材料提取 RNA，经酶切、电泳分离、转膜后，PCR 扩增地高辛（DIG）标记的杂交探针进行 Northern 杂交分析，可明显观察到 18 号烟草材料条带最亮，而 3 号材料得到的条带最弱，说明 *VP* 基因在烟草 18 号材料中表达丰度最高，在 3 号材料中表达丰度最低（图 11-12）。

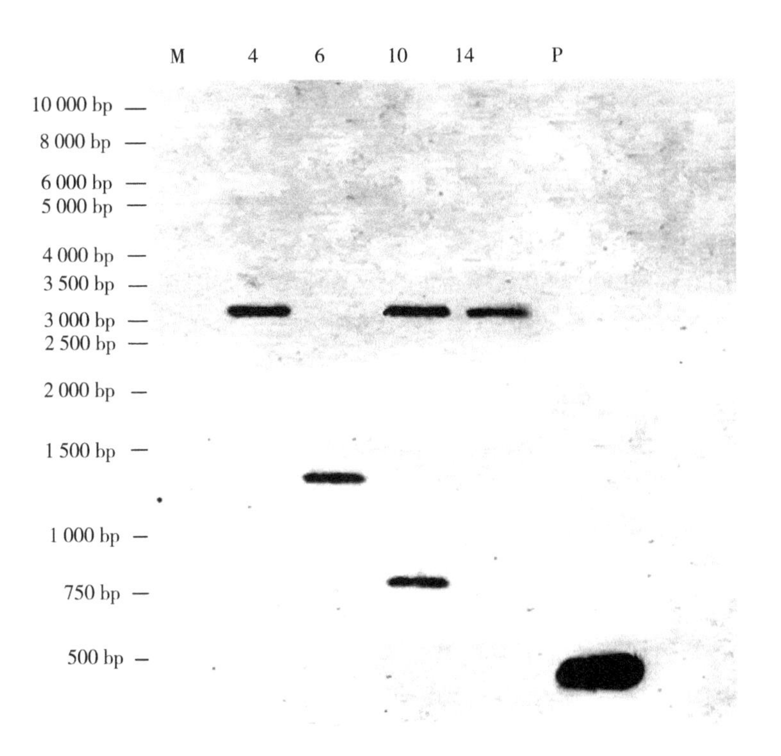

图 11-11　转基因烟草植株 Southern 杂交鉴定

注：M，DNA Marker；4，6，10，14 为转基因烟草植株；P 为阳性对照。

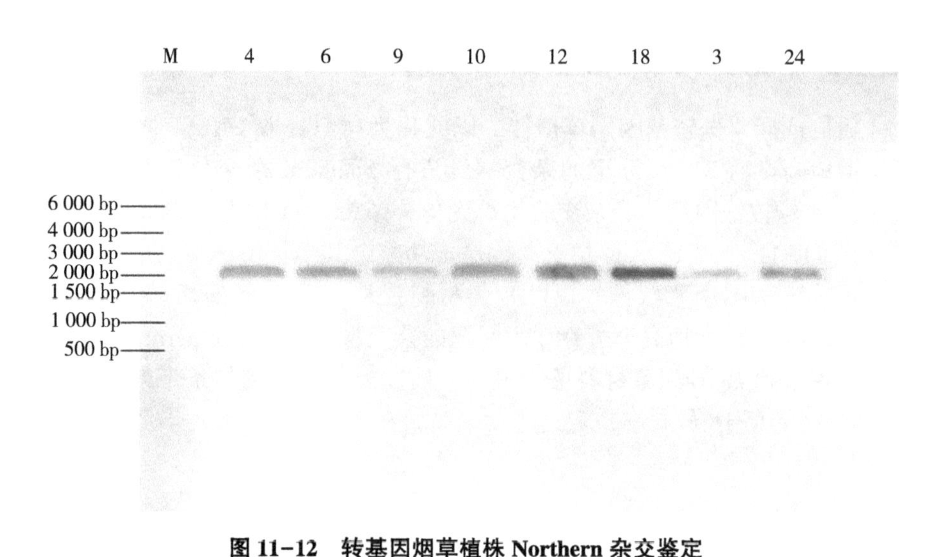

图 11-12　转基因烟草植株 Northern 杂交鉴定

注：M，DNA Marker；4，6，9，10，12，18，3，24 为转基因烟草植株。

11.2.6　转基因烟草耐盐性评价

（1）植株表型性状的比较

分别用 0 mmol · L^{-1}和 200 mmol · L^{-1} NaCl 对转基因烟草植株和野生型植株处理 7 d 后，其生长状况如图 11-13 所示，正常条件下（0 mmol · L^{-1} NaCl）野生型和转基因植株在生长形态上没有明显差异，但在 200 mmol · L^{-1} NaCl 胁迫下，转基因植株生长基本正常，只有靠近根部的老叶片有发黄的现象，而野生型植株生长则受到抑制，长势变缓，叶片枯黄萎蔫严重。说明转基因型烟草具有较强的耐盐性。

（2）植株干重的比较

马蔺 *IlVP* 表达量较高的 T18 植株、表达量较低的 T3 植株及野生型烟草 W38（WT）植株（图 11-14），经 NaCl 或干旱处理后，植株的干重均有所下降，但转基因烟草植株下降趋势缓慢，且数值上均显著高于野生型，呈 T18>T3>WT 的趋势。随 NaCl 处理浓度的增加，T3、T18 和 WT 烟草植株干重均呈递减趋势，在 200 mmol · L^{-1} NaCl 处理下，野生型烟草植株干重下降了 73.9%，而转基因 T18 烟草植株干重仅下降了 30.9%，T18 干重是野生型的 2.46 倍。干旱处理后野生型植株干重下降了 62.4%，而 T18 和 T3 分别下降了 43.7%和 44.1%，T18 植株干重是野生型的 1.52 倍。这表明转基因烟草植株在 NaCl 及干旱处理下的生长状况要明显优于野生型植株，且马蔺

图 11-13　NaCl 胁迫 7 d 对野生型（WT）和转基因（T）烟草生长状况的影响

IlVP 基因在烟草植株中的表达量越高，植株生长状况越好。

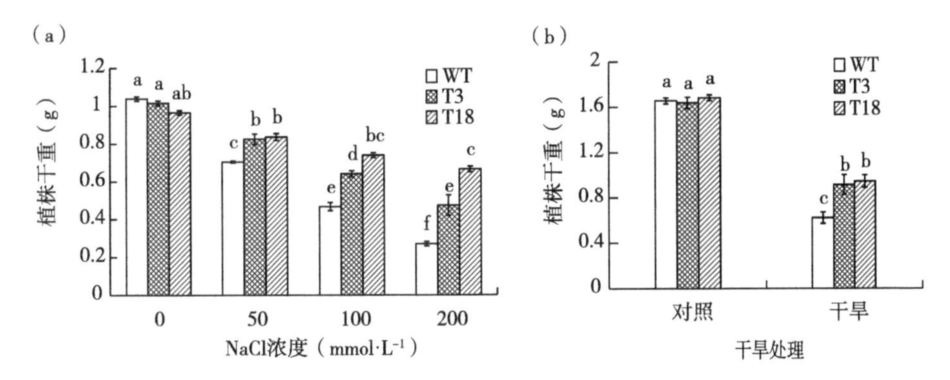

图 11-14　NaCl 胁迫（a）及干旱处理（b）对野生型 WT 和转基因 T3、T18 烟草植株干重的影响

（3）植株叶面积的比较

由图 11-15 可见，经 NaCl 或干旱处理后，T3、T18 和 WT 烟草叶面积均减小，但与 WT 相比，转基因 T3 和 T18 烟草植株的叶面积下降幅度小且相对平缓，呈 T18>T3>WT 趋势。随 NaCl 浓度的增加，T3、T18 和 WT 烟草植株叶面积均呈逐渐减小趋势，在 200 mmol · L^{-1} NaCl 处理下，T18、T3 和 WT 植株的叶面积分别下降了 38.7%、42.2%和 63.4%，T18 的叶面积是野生型的 1.69 倍。干旱处理后，T18、T3 和 WT 植株的叶面积分别减小了 19.2%、20.5%和 31.6%，其减小幅度呈 T18<T3<WT 的趋势，T18 的叶面积是野生型的 1.17 倍。这表明，在 NaCl 及干旱处理下，转基因植株的叶片生长状况优于野生型植株。

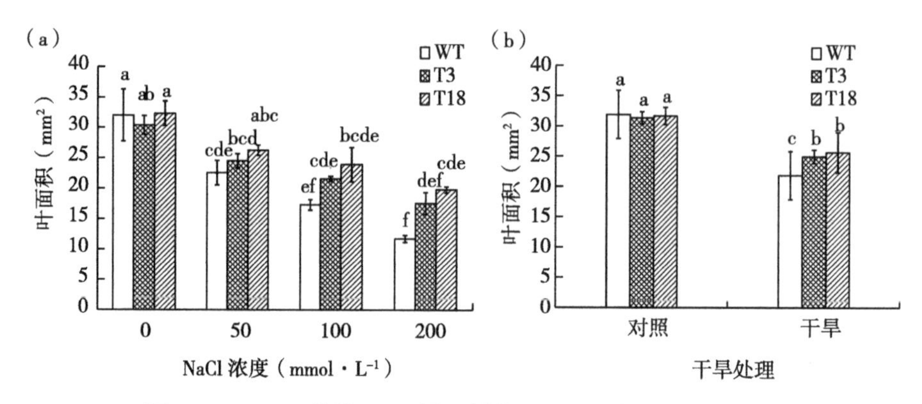

图 11-15 NaCl 胁迫(a)及干旱处理(b)对野生型 WT 和转基因 T3、T18 烟草植株叶面积的影响

(4)叶片 RWC 的比较

与对照(0 mmol·L^{-1} NaCl)相比,随 NaCl 浓度的增加,转基因 T3 和 T18 烟草植株叶片 RWC 下降缓慢,其数值明显高于野生型 WT 烟草植株(图 11-16a),呈 T18>T3>WT 趋势。在 0 mmol·L^{-1}、50 mmol·L^{-1}、100 mmol·L^{-1}和 200 mmol·L^{-1}NaCl 处理下,T18 植株叶片 RWC 分别是 WT 植株的 1.00 倍、1.04 倍、1.06 倍和 1.08 倍。经干旱处理后,野生型 WT 烟草叶片 RWC 下降幅度最大,T18 的叶片 RWC 是野生型的 1.07 倍,T3 与 T18 相差甚微(图 11-16b)。这充分说明 *IlVP* 过量表达对增强烟草的抗旱耐盐性发挥了一定作用,使转基因植株具有较强的渗透调节能力,在受到盐、旱逆境胁迫时具有较强的保水能力。

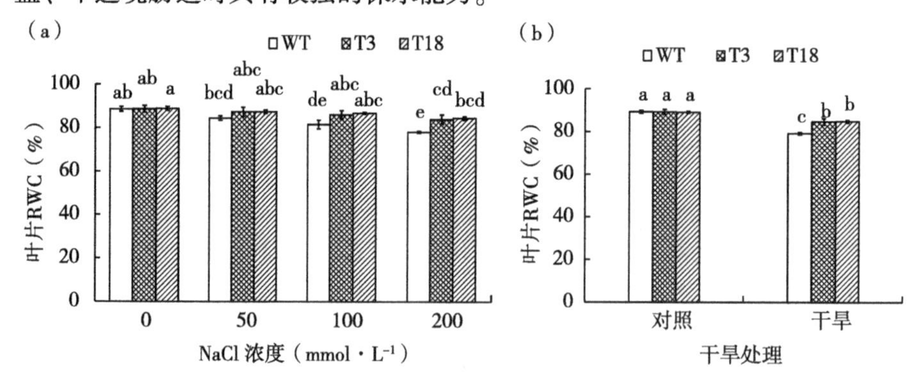

图 11-16 NaCl 胁迫(a)及干旱处理(b)对野生型 WT 和转基因 T3、T18 烟草叶片 RWC 的影响

（5）叶片质膜透性的比较

在 NaCl 及干旱胁迫下，野生型 WT 烟草植株和转基因 T3、T18 烟草植株的相对质膜透性均有所增加，但 T3 和 T18 植株的增加缓慢（图 11-17）。在 200 mmol · L^{-1} NaCl 处理 7 d 后，T18 和 T3 的相对质膜透性分别比 WT 的低 43. 2%和 28. 3%。经干旱处理后，WT 的质膜透性增加最为显著，增幅达 45. 5%，而 T18 和 T3 增幅仅为 21. 4%和 24. 2%。这充分说明在 NaCl 胁迫及干旱处理下，转基因烟草植株的细胞膜受损程度较轻，其抗旱耐盐性显著高于野生型。

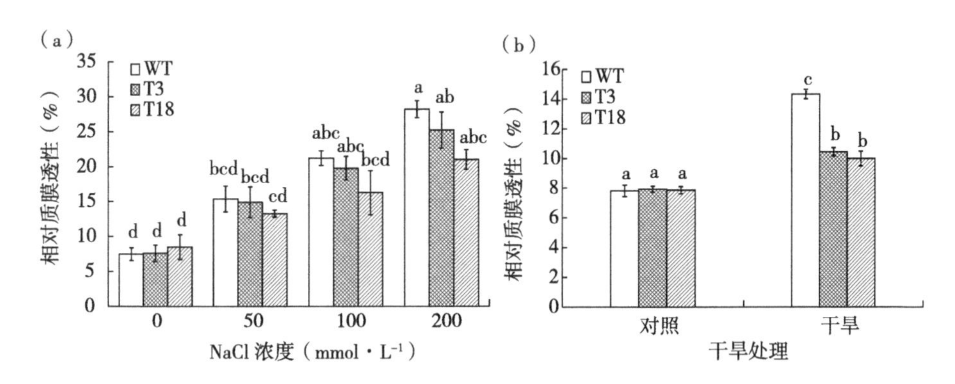

图 11-17　NaCl 胁迫（a）及干旱处理（b）对野生型 WT 和转基因 T3、T18 烟草植株相对质膜透性的影响

（6）植株 Na^+、K^+含量的比较

由图 11-18 和图 11-19 可知，经 NaCl 及干旱处理后，T3、T18 和 WT 烟草植株根、茎、叶中的 Na^+含量均有所增加，而 K^+含量则均降低。在不同浓度 NaCl 及干旱处理下，转基因 T3 和 T18 烟草植株中的 Na^+、K^+的增减量均低于野生型 WT 植株，但 T3 和 T18 烟草植株中的 Na^+、K^+含量均高于野生型 WT。在 200 mmol · L^{-1} NaCl 处理下，T18 根、茎、叶中 Na^+含量分别比 WT 高出 65. 6%、23. 1%和 16. 7%，K^+含量高出 79. 7%、54. 3%和 55%。干旱处理后，T18 植株根、茎、叶中 Na^+含量分别比 WT 高出 29. 6%、19. 9%和 22. 2%，K^+含量分别比 WT 高出 23. 7%、24. 4%和 25. 1%，这说明转基因 T3 和 T18 烟草根、茎、叶中积累了较多含量的 Na^+和 K^+。

（7）叶片水分利用效率的比较

在 NaCl 及干旱处理下，T3、T18 和 WT 烟草植株叶片水分利用率均有所下降，其中 WT 的 WUE 下降幅度较明显，T3 和 T18 的下降较缓，但 T3

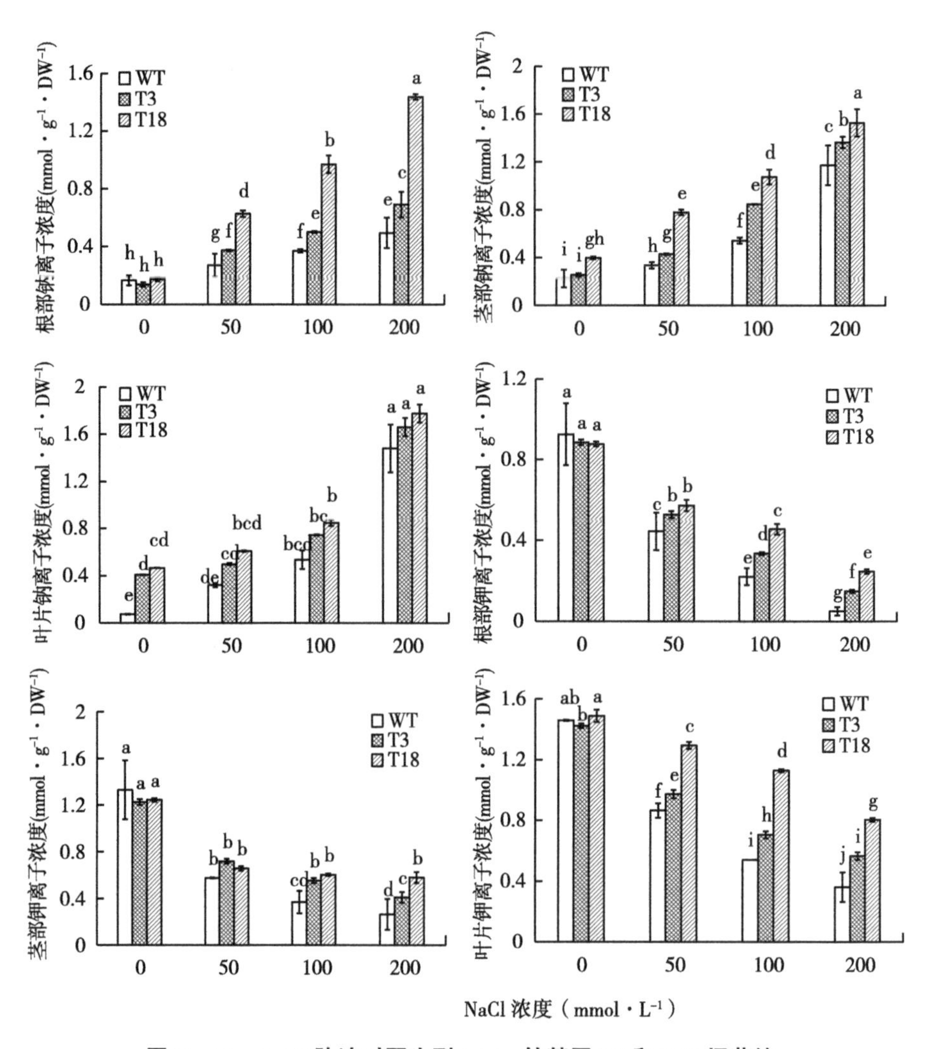

图 11-18　NaCl 胁迫对野生型 WT、转基因 T3 和 T18 烟草植株根、茎、叶中 Na^+ 和 K^+ 含量的影响

和 T18 植株的水分利用率却显著高于 WT，且 T3 与 T18 之间相差无几。在 200 mmol · L^{-1} NaCl 处理下，WT、T18 和 T3 与未处理时相比，WUE 分别下降了 86.9%，58.1%和 56.9%（图 11-20a），T18 和 T3 的 WUE 分别是野生型的 3.48 倍和 3.2 倍。经干旱处理后，T18、T3 和 WT 植株 WUE 分别下降了 7.7%、8.7%和 35%（图 11-20b），T18 和 T3 的 WUE 分别是 WT 的 1.41 倍和 1.39 倍。

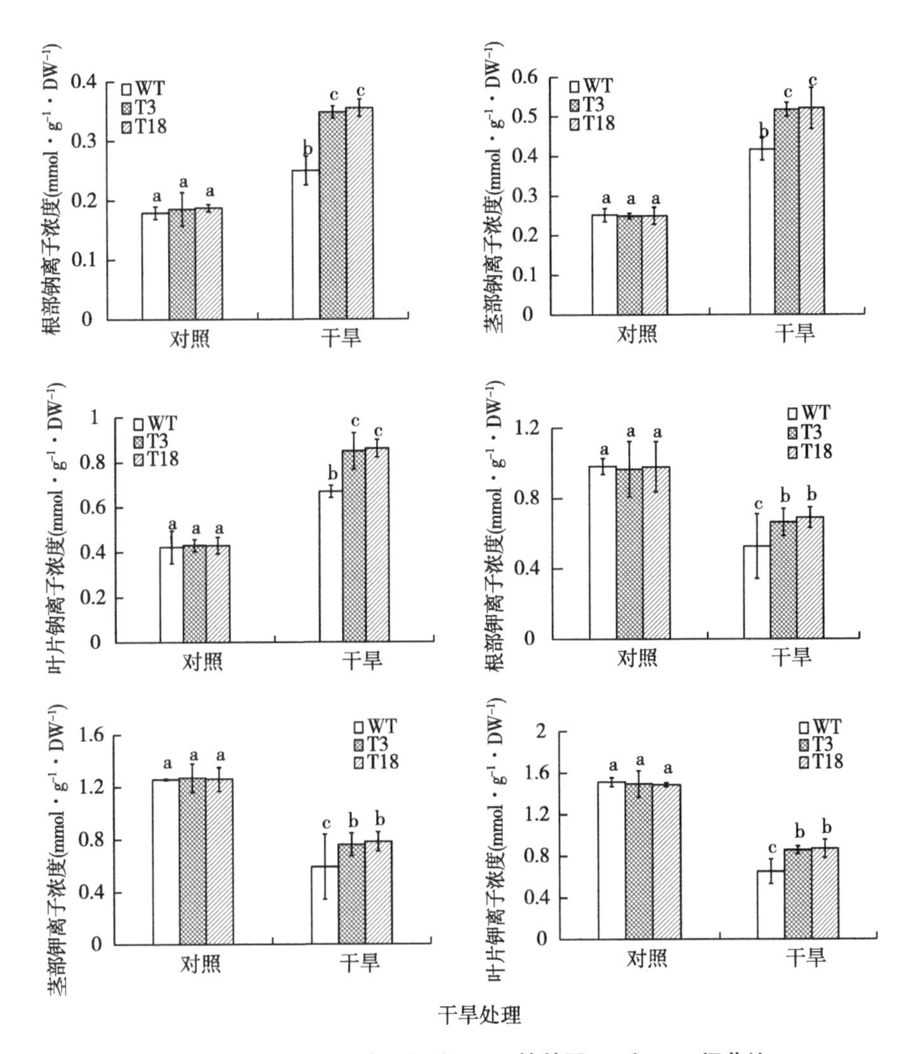

图 11-19　干旱处理对野生型 WT、转基因 T3 和 T18 烟草植株根、茎、叶中 Na^+和 K^+含量的影响

11.3　讨论与结论

①液泡膜 H^+-PPase 由单基因编码约 80 kDa 的高疏水性单亚基质子泵，在古细菌（Bahscheffsky，1999）、真细菌（Maeshima，2000）、藻类（Zhen

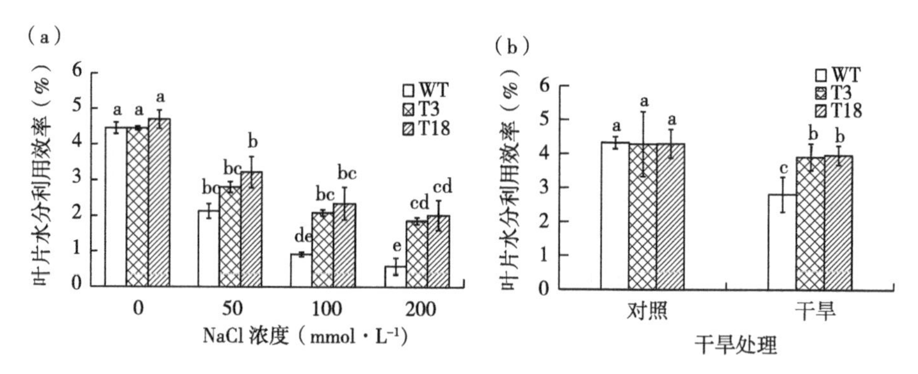

图 11-20 NaCl 胁迫(a)及干旱处理(b)对野生型 WT、转基因 T3 和 T18 烟草植株叶片水分利用率的影响

等,1997)和高等植物以及原生动物(Blumwald,1987)中都有发现,属于生物界四类质子泵中的一类(席杰军 等,2011)。大量研究表明,大多数陆生植物 H^+-PPase cDNA 的开放阅读框架约包含有 2 283~2 319 个核苷酸,编码 761~773 个氨基酸残基(Maeshima,2001;Lü 等,2005),推测分子量为 80~81 kDa。由于 H^+-PPase 蛋白属疏水性的膜蛋白,导致其在 SDS 凝胶上迁移距离过远(Branden & Tooze,1991;Sarafian 等,1992),因此检测得到的分子量多为 70~73 kDa(Rea & Poole,1993)。本研究成功从马蔺中分离到液泡膜 H^+-PPase *IlVP* 基因,全长 cDNA 序列 2 738 bp,包含开放阅读框(ORF)2 316 bp,5′非翻译区(UTR)103 bp 和 3′-UTR 319 bp;编码 771 个氨基酸,推测分子量为 80.7 kDa,等电点为 5.16,与其他高等植物液泡膜 H^+-PPase 核苷酸碱基排列顺序的同源性均在 70%以上、氨基酸序列的同源性达 79%以上,有 14 个跨膜区域,在细胞质中的连接跨膜区 TM5 和 TM6 的环上存在 3 个保守片段(GGG、DVGADLVGK 和 KAADV-GADLVGKVE),是液泡膜 H^+-PPase 基因的 PPi 结合位点,与海枣 *PdVP*、水稻 *OsVP* 及拟南芥 *AtVP* 的完全一致。

②在不同浓度 NaCl 处理下,马蔺 *IlVP* 主要在地上部中表达,且随着 NaCl(50~200 mmol·L^{-1})处理浓度的增加,*IlVP* 在其叶片转录丰度呈增加趋势,这有利于将其地上部细胞质中的 Na^+及时有效地区域化在液泡中,从而减轻盐对植物的伤害。实现 Na^+/H^+逆向转运蛋白的离子区域化的过程(Blumwald,1987;Blumwald & Gelli,1997),需要 H^+跨膜电化学梯度提供驱动力,而此驱动力由液泡膜 H^+-ATPase 和 H^+-PPase 共同形成的质子泵提

供。在盐胁迫条件下，液泡膜 H^+-PPase 基因过量表达能够增强 H^+跨液泡膜电化学梯度，提高液泡膜上各种次级运输载体的运输效率，使液泡中积累大量的无机离子，从而使细胞内环境维持在离子平衡、渗透平衡和膨压稳定的状态，无机离子对细胞造成的伤害降低，进而增强细胞对盐胁迫和渗透胁迫的耐受性。

③本研究成功运用传统酶切、连接方法，构建了适用于植物农杆菌介导法的马蔺植物过表达载体 pBI121-35S-*IlVP*-Nos。农杆菌介导的植物基因转化，将携带目的基因的农杆菌菌液与植物外植体接触，把外源目的基因转入植物外植体（王晓娇，2011）。侵染时间是转化过程中一个重要因素。适宜的侵染时间可减轻细菌对植物细胞的毒害，减小后继培养中可能造成的污染，并可提高转化率。本研究表明 7 min 是烟草最佳侵染时间。若侵染时间过短，则农杆菌不能充分接触外植体伤口，培养过程中无农杆菌生长，导致转化效率低；时间过长会使农杆菌在外植体伤口处聚集过多，外植体受伤严重，在随后的共培养过程中难以恢复，亦导致转化效率降低。与农杆菌共培养后，外植体表面及浅层组织中仍共生有大量农杆菌。为使外植体更好地生长发育，必须杀死和抑制农杆菌的生长，进行脱菌培养，本试验选用羧苄西林 Carb 敏感的 EHA105 对烟草进行遗传转化，500 mg · L^{-1}的 Carb 即可完全抑制 EHA105 菌株生长。并采用传统的载体构建方法成功构建了马蔺 *IlVP* 基因的植物表达载体 pBI121-35S-*IlVP*-Nos，使用农杆菌介导叶盘转化法获取转基因烟草 T0 代植株。在转基因烟草培养过程中经 50 mg · L^{-1} Kan 及 PCR 筛选，对 28 株转基因植株进行测定，其中 25 株呈阳性，阳性植株转化率为 89. 3%。

④经 200 mmol · L^{-1}NaCl 处理 7 d 后，转基因烟草植株的耐盐性较强，生长状况无明显变化，但 200 mmol · L^{-1} NaCl 处理野生型植株，抑制了其正常生长，叶片呈现干枯萎蔫状态，植株生长变得缓慢。

Southern 印迹杂交是进行基因组 DNA 特定序列定位的通用方法。其基本原理是：具有一定同源性的两条核酸单链在一定的条件下，可按碱基互补的原则特异性地杂交形成双链。一般利用琼脂糖凝胶电泳分离经限制性内切酶消化的 DNA 片段，将胶上的 DNA 变性并在原位将单链 DNA 片段转移至尼龙膜或其他固相支持物上，经干烤或者紫外线照射固定，再与相对应结构的标记探针进行杂交，用放射自显影或酶反应显色，从而检测特定 DNA 分子的含量。离子强度越低，温度越高，杂交的严格程度越高，也就是说，只有探针和待测顺序之间有非常高的同源性时，才能在低盐高温的杂交条件下结合。地高辛标记法（McCabe 等，1997；Hêltke 等，1995）进行的 Southern 杂交具有操作简便、试验时间灵活、试验周期短的特点。RNA 定量和定性分析是目前常用的 Northern 杂交技术，不仅可以鉴定总 RNA 或 poly（A）$^+$ RNA 样品中同源 RNA 的存在与否，还可以测定样品中特定 mRNA 分子的大小和丰度。具有结果可靠，操作相对简单的优势，因此得到广泛应用（马静静，2008）。本研究获得的转基因烟草株系，经 Northern 和 Southern 杂交技术得到进一步验证，已经成功将马蔺 *IlVP* 基因整合到烟草植株中，并得到 *IlVP* 表达丰度最高的 T18 株系和表达丰度最低的 T3 株系。

⑤转基因烟草植株较野生型植株具有较强的抗旱耐盐性。在 NaCl 或干旱处理下，转基因烟草 T3 和 T18 植株干重、叶面积、叶片 RWC 和水分利用效率均高于野生型 WT 植株，其中 200 mmol · L^{-1} NaCl 处理下 T18 干重、叶面积、叶片 RWC 和水分利用效率分别是 W38 的 2.46 倍、1.69 倍、1.08 倍和 3.84 倍，干旱处理下 T18 的各项指标分别是野生型的 1.52 倍、1.17 倍、1.07 倍和 1.41 倍。转基因和野生型植株的叶片质膜透性均随 NaCl 浓度增加或干旱处理而有所升高，但转基因植株的增量明显低于野生型。转基因及野生型植株根、茎、叶中的 Na^+ 含量均随 NaCl 浓度升高或干旱处理而增加，而 K^+ 含量呈逐渐降低趋势，但转基因 T3 和 T18 烟草根、茎、叶中的 Na^+ 和 K^+ 含量均高于野生型 WT。这说明 NaCl 和干旱胁迫下过量表达 *IlVP* 可增强烟草的液泡离子区域的能力，降低 Na^+ 对细胞质的毒害，进而保护膜的完整性，提高烟草的抗旱性和耐盐性。

综上表明，将马蔺 *IlVP* 整合到烟草植株中后，烟草植株的耐盐性得到了显著提高，为牧草及草坪草品种的耐盐遗传改良奠定了重要的科学理论依据和技术支撑，在城市园林景观和郊野公园绿地建设中发挥重要作用。

参考文献

郭静雅，2016. 马蔺液泡膜 H^+-PPase 基因 *IlVP* 的克隆及其耐盐功能分析 [D]. 太谷：山西农业大学.

郭静雅，李杉杉，郭强，等，2015. 马蔺 *IlVP* 基因片段的克隆及序列分析 [J]. 基因组学与应用生物学，34（12）：2667-2673.

马静静，2008. 黄瓜 4 种 α-半乳糖苷酶的 Southern 杂交及表达分析 [D]. 江苏：扬州大学.

毛培春，田小霞，孟林，2013. 16 份马蔺种质材料苗期耐盐性评价［J］. 草业科学，30（1）：35-43.

孟林，肖阔，赵茂林，2009. 马蔺组织培养快繁技术体系研究［J］. 植物研究，29（2）：193-197.

史晓霞，毛培春，张国芳，等，2007. 15 份马蔺材料苗期抗旱性比较［J］. 草地学报，15（4）：352-358.

王晓娇，2011. 农杆菌介导 *AVP*1 基因转化甜菜的研究［D］. 呼和浩特：内蒙古农业大学.

席杰军，伍国强，包爱科，等，2011. 多浆旱生植物霸王液泡膜 H^+-PPase 基因片段的克隆及序列分析［J］. 草业学报，20（1）：119-124.

APSE M P，AHARON G S，SNEDDEN W A，et al.，1999. Salt tolerance conferred by overexpression of a vacuolar Na^+/H^+ antiporter in *Arabidopsis*［J］. Science，285：1256-1258.

BAHSCHEFFSKY M，SCHUHZ A，BALTSCHEFFSKY H，1999. H^+-proton-pumping in organic pyrophosphatase：a tightly membrane-bound family［J］. FEBS Letters，452：121-127.

BLUMWALD E，GELLI A，1997. Secondary inorganic ion transport in plant vacuoles［J］. Advances in Botanical Research，25：401-407.

BLUMWALD E，POOLE R J，1985. Na^+/H^+ antiporter in isolated tonoplast vesicles from storage tissue of *Beta vulgaris*［J］. Plant Physiology，78：163-167.

BLUMWALD E，1987. Tonoplast vesicles for the study of ion transport in plant vacuoles［J］. Acta Physiology Plant，9：731-734.

BRANDEN C，TOOZE J，1991. Introduction to Protein Structure［M］. New York：Garland Publishing.

BRITTEN C J，ZHEN R C，KIM E J，et al.，1992. Reconstitution of transport function of vacuolar H^+-translocating inorganic pyrophosphatase［J］. The Journal of Biological Chemistry，267：21850-21855.

GAXIOLA R A，LI J，UNDURRAGA S，et al.，2001. Drought-and salt-tolerant plants result from overexpression of the *AVP*1 H^+-pump［J］. PNAS，98：11444-11449.

GUO Q，WANG P，MA Q，et al.，2012. Selective transport capacity for K^+ over Na^+ is linked to the expression levels of *PtSOS*1 in halophyte *Puccinellia tenuiflora*［J］. Functional Plant Biology，39（12）：1047-1057.

HÊLTKE H J, ANKENBAUER W, MUHLEGGER K, et al., 1995. The digoxigenin (DIG) system for nonradioactive labeling and detection of nucleic acids an overview [J]. Cellular and Molecular Biology, 41 (7): 883-905.

LÜ S Y, JING Y X, PANG X B, et al., 2005. cDNA cloning of vacuolar H^+ - pyrophosphatase and its expression in *Hordeum brevisubulatum* (Trin.) Link in response to salt stress [J]. Agricultural Sciences in China, 4 (4): 247-251.

MAESHIMA M, 2001. Tonoplast transporters: organization and function [J]. Annual Review of Plant Physiology and Plant Molecular Biology, 52: 469-497.

MAESHIMA M, 2000. Vacuolar H^+-pyrophosphatase [J]. Biochimica et Biophysica Acta, 1465: 37-51.

MCCABE M S, POWER J B, DE LAAT A M M, et al., 1997. Detection of single-copy genes in DNA from transgenic plants by nonradioactive Southern blot analysis [J]. Molecular Biotechnology, 7 (1): 79-84.

REA P A, POOLE R J, 1993. Vacuolar H^+-translocating pyrophosphatase [J]. Annual Review of Plant Physiology and Plant Molecular Biology, 44: 157-180.

SARAFIAN V, KIM Y, POOLE R J, et al., 1992. Molecular cloning and sequence of cDNA encoding the pyrophosphate-energized vacuolar membrane proton pump of *Arabidopsis thaliana* [J]. Proceedings of the National Academy of Sciences, 89: 1775-1779.

SZE H, SCHUMACHER K, MULLER M L, et al., 2002. A simple nomenclature for a complex proton pump: *VHA* genes encode the vacuolar H^+-ATPase [J]. Trends in Plant Science, 7: 157-161.

WEI A Y, HE C M, LI B, et al., 2011. The pyramid of transgenes *TsVP* and *BetA* effectively enhances the drought tolerance of maize plants [J]. Plant Biotechnology Journal, 9 (2): 26-29.

ZHEN R G, KIM E J, REA P A, 1997. Acidic residues necessary for pyrophosphate energized pumping and inhibition of the vacuolar H^+-inorganic pyrophosphatase by N, N-dicyclohex-ylcarbodiimide [J]. Journal of Experimental Botany, 29: 22340-22348.

ZHU J K, 2001. Plant salt tolerance [J]. Trends in Plant Science, 6: 66-71.

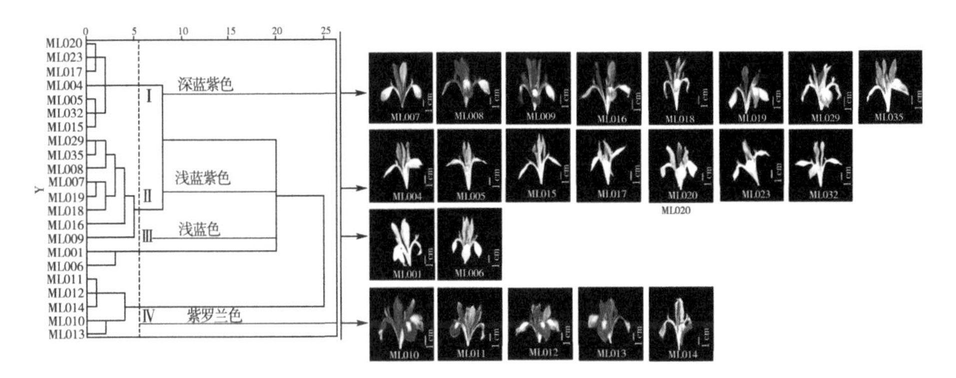

图 3-1　基于 L^*、a^* 和 b^* 值的 22 份马蔺种质花瓣花色表型聚类分析

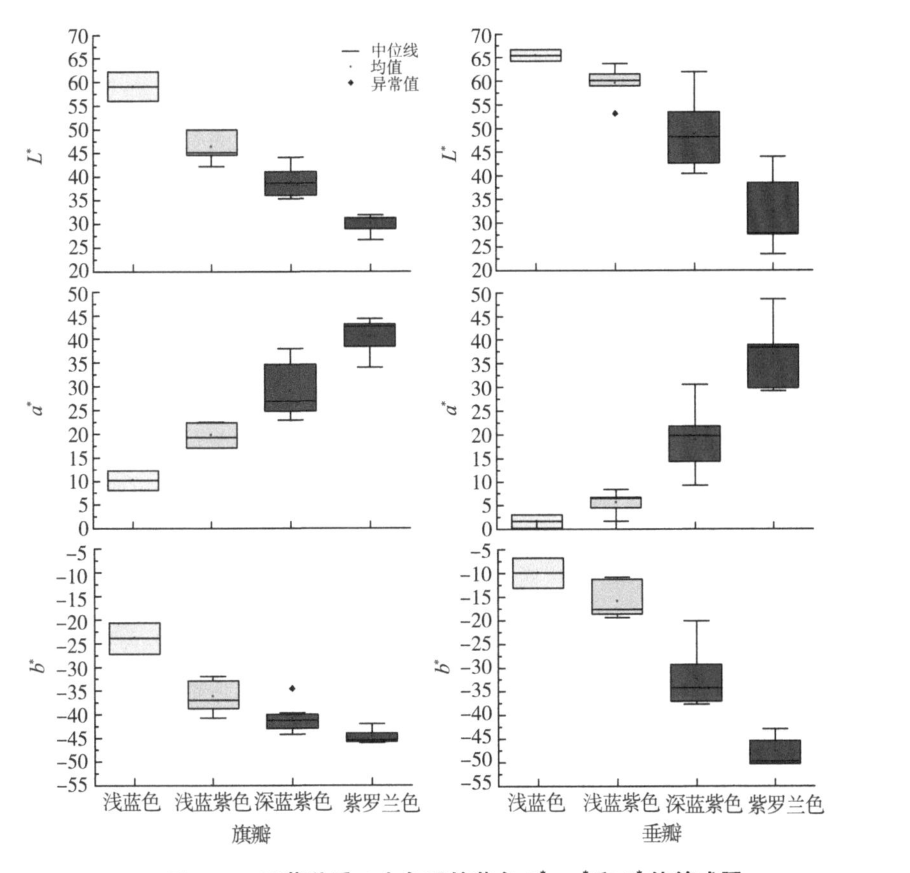

图 3-2　马蔺种质 4 大色系的花色 L^*、a^* 和 b^* 值箱式图

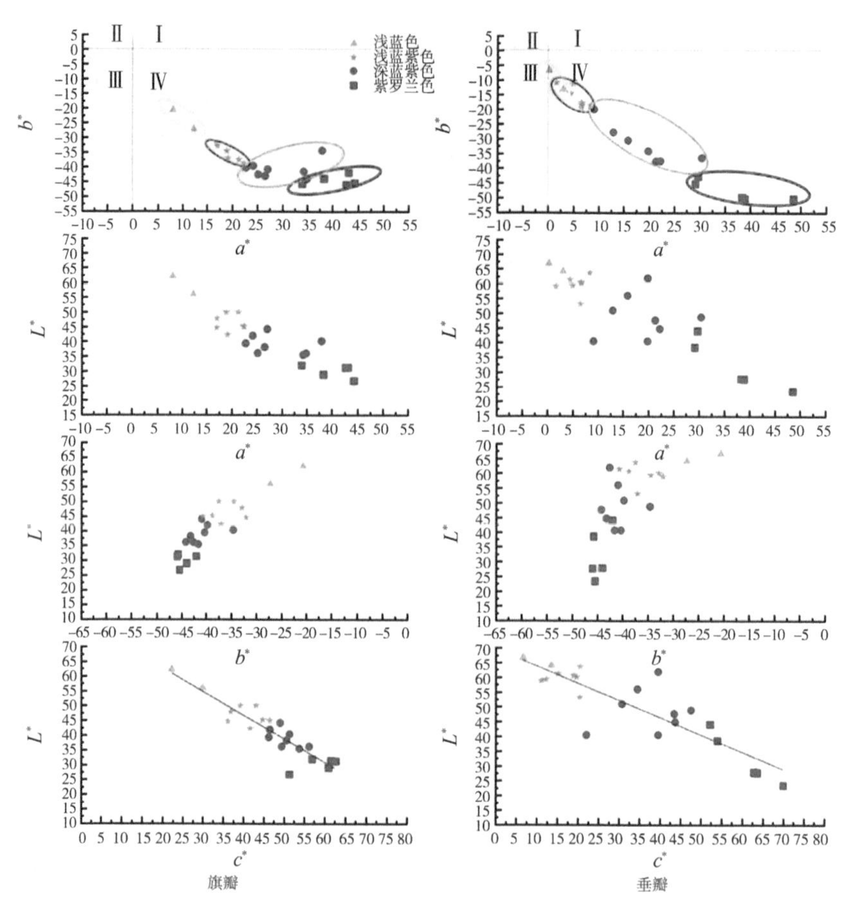

图 3-3　马蔺种质资源花色表型分布图

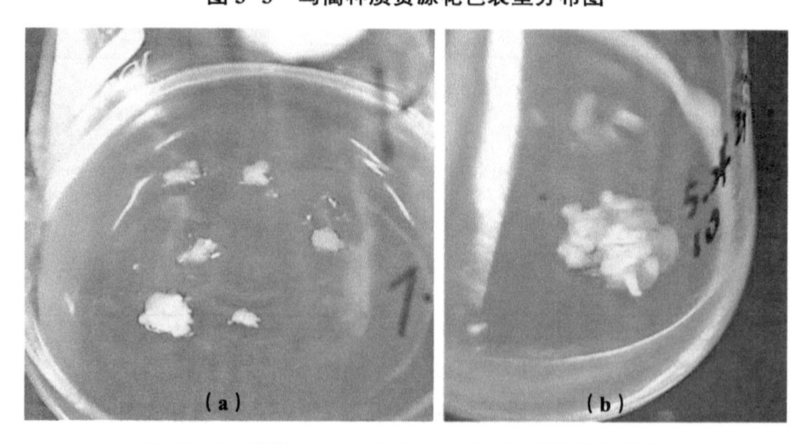

图 10-1　诱导 15d（a）和 45d（b）后的愈伤组织

图 10-2　不同分化培养基条件下 50 ~ 60 d 的分化情况

注：（a）F7：MS+BA 4 mg · L^{-1}；（b）F2：MS+BA 4 mg · L^{-1}+NAA 0.5 mg · L^{-1}；（c）F10：MS+BA 1 mg · L^{-1}+NAA 0.1 mg · L^{-1}；（d）F9：MS+BA 0.5 mg · L^{-1}+NAA 0.1 mg · L^{-1}；（e）F12：MS+BA 1 mg · L^{-1}+NAA 0.2 mg · L^{-1}。

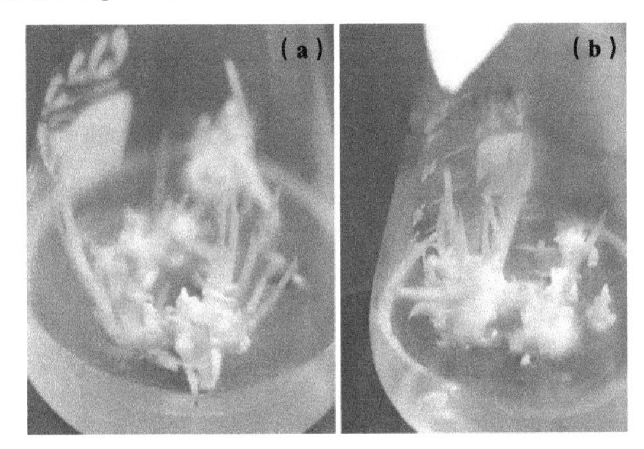

图 10-3　愈伤组织分化 50 ~ 60 d 的状态

注：（a）F7：MS+BA 4 mg · L^{-1}；（b）F11：MS+BA 1 mg · L^{-1}+NAA 0.15 mg · L^{-1}。

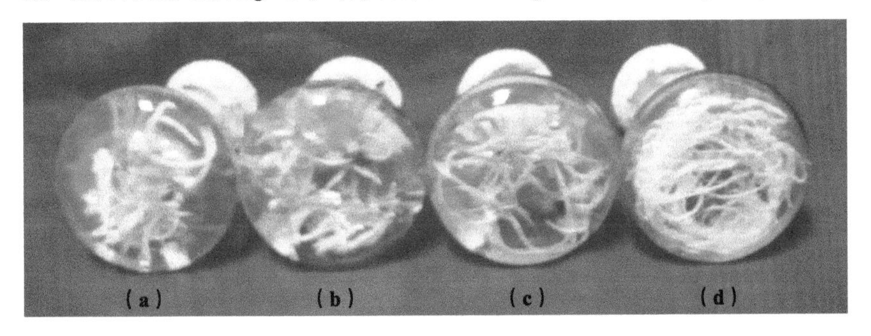

图 10-4　不同生根培养基处理 30 d 的生根状态

注：（a）1/2MS+IBA 0.5 mg · L^{-1}+NAA 0.5 mg · L^{-1}；（b）1/2MS+BA 0.1 mg · L^{-1}+NAA 0.5 mg · L^{-1}；（c）1/2MS+IBA 0.5 mg · L^{-1}；（d）1/2MS。

```
1     ACATGGGGACCAAAAACACTAGAGAGTCGGGATCCGCTGCTACTTCAGTGAGGTTACCGCCATTTCCTCCCTCTTCTTTCTTCCCATCGAAGCTAACTAAGTG
104   [illegible]GTGGCGGCGATGCTCTCCGATGTGCTGACGGAGGTCCTGATCCCGGTCTCGGCGGTGATCGGGATCGCGTTCTCGATGTTCCAGTGGGTGCTGGTGTCG
1     M V A A M L S D V L T E V L I P V S A V I G I A F S M F Q W V L V S
206   AAGGTGAAGGTCTCGGCGGCGGAGGAGTCGGCGTCGTCGTCGTCTCCGGCGAAGAACGGCGGGAAGAACGGTCACTCGGACTACCTGATCGAGGAGGAGGAG
35    K V K V S A A E E S A S S S S P A K N G G K N G H S D Y L I E E E E
308   GGCCTCAACGACCACAACGTCGTCGAGAAGTGCGCCGAGATCCAGAAAGCCATCTCTGAAGGAGCCACATCTTTCCTTTTTACGGAATATCAGTATGTTGGA
69    G L N D H N V V E K C A E I Q K A I S E G A T S F L F T E Y Q Y V G
410   ATCTTCATGGTTGCATTTGCCGTCCTGATCTTCGTCTTCCTTGGGTCTGTGGAGGGCTTCAGCACAAAGAGCCAGCCATGCACCTATAGCAAGGACAAGATG
103   I F M V A F A V L I F V F L G S V E G F S T K S Q P C T Y S K D K M
512   TGCAAGTCTGCCCTTGCTAATGCTATCTTCAGCACTGTATCATTCTTGCTTGGTGCTATAACCTCAGTGGTCTCTGGCTTCCTTGGCATGAAGATTGCTACA
137   C K S A L A N A I F S T V S F L L G A I T S V V S G F L G M K I A T
614   TATGCTAATGCCAGAACAACCTTAGAAGCAAGGAAGGGTGTTGGAAAGGCTTTTATTACTGCCTTCCGATCTGGTGCTGTGATGGGCTTCTTACTTGCTGCG
171   Y A N A R T T L E A R K G V G K A F I T A F R S G A V M G F L L A A
716   AATGGACTTCTCGTTCTGTACATTACCATCAACCTATTTAAGATATATTATGGTGATGATTGGGAAGGTCTTTTTGAGGCTATTACTGGATACGGCCTTGGC
205   N G L L V L Y I T I N L F K I Y Y G D D W E G L F E A I T G Y G L G
818   GGTTCTTCCATGGCTCTTTTTGGAAGAGTTGGTGGAGGTATCTACACTAAAGCTGCTGATGTTGGTGCTGATCTTGTTGGCAAGCTTGAGAGGAACATTCCT
239   G S S M A L F G R V [illegible] I Y T K A A [illegible] L E R N I P
920   GAGGATGATCCTAGAAACCCAGCTGTGATTGCTGACAATGTTGGGGATAATGTCGGTGACATTGCTGGGATGGGTTCAGATCTTTTTGGCTCTTATGCTGAG
273   E D D P R N P A V I A [illegible] I A G M G S D L F G S Y A E
1022  TCTTCTTGTGCTGCTCTAGTTGTTGCCTCCATTTCTTCCTTTGGGATCAACAACGAACTGACTGCTATGATGTACCCTCTTCTTATTAGCTCAATGGGCATC
307   S S C A A L V V A S I S S F G I N N E L T A M M Y P L L I S S M G I
1124  GTTGTCTGCTTGATCACTACCTTGTTTGCGACTGACTTCTTTGAAATTAAGGCAGTGAAGGAGATCGAGCCTGCACTAAAGAAGCAACTCGTTATCTCCACT
341   V V C L I T T L F A T D F F E I K A V K E I E P A L K K Q L V I S T
1226  GCTCTTATGACTGTTGGTATTGCGGTTGTTAGTTGGGTTGCCCTTCCCTCATCTTTCACTATCTTCAATTTTGGTGTGCAGAAGGAAGTGAAGAACTGGGAG
375   A L M T V G I A V V S W V A L P S S F T I F N F G V Q K E V K N W E
1328  CTTTTCTTTTGTGTTGCTATTGGTTTATGGGCTGGCTTGGTTATTGGGTTTGTCACTGAATATTACACAAGCAACGCATATAGCCCGGTGCAAGATGTTGCT
409   L F F C V A I G L W A G L V I G F V T E Y Y T S N A Y S P V Q D V A
1430  GATTCATGCAGAACAGGAGCAGCCACGAATGTTATCTTTGGTCTTGCTTTGGGATACAAGTCTGTCATCATTCCAATTTTTGCGATTGCTGTCAGTATCTTT
443   D S C R T G A A T N V I F G L A L G Y K S V I I P I F A I A V S I F
1532  GTCAGCTTTAGCTTTGCTGCAATGTACGGTATTGCAGTCGCTGCACTTGGAATGTTGAGCACCATAGCTACGGGTTTGGCCATTGATGCTTATGGCCCCATC
477   V S F S F A A M Y G I A V A A L G M L S T I A T G L A I D A Y G P I
1634  AGTGACAATGCTGGAGGCATTGCAGAGATGGCAGGGATGAGCCACAGGATTCGCGAGAGAACTGATGCTCTGGATGCTGCAGGAAACACTACTGCTGCCATA
511   S D N A G G I A E M A G M S H R I R E R T D A L D A A G N T T A A I
1736  GGAAAGGGATTTGCAATTGGTTCTGCTGCCCTAGTTTCCCTGGCTCTTTTTGGTGCTTTTGTGAGCAGAGCAGGAATCTCAACTGTGGATGTCTTGACCCCA
545   G K G F A I G S A A L V S L A L F G A F V S R A G I S T V D V L T P
1838  AAGGTCTTCATTGGTCTGCTCGTCGGTGCCATGCTCCCCTACTGGTTCTCAGCCATGACCATGAAGAGTGTTGGCAGTGCAGCGCTAAAGATGGTTGAGGAG
579   K V F I G L L V G A M L P Y W F S A M T M K S V G S A A L K M V E E
1940  GTCAGAAGACAGTTCAACACCATTCCTGGTCTCATGGAGGGAACTGCCAAGCCTGATTATGCTACCTGTGTGAAAATCTCCACTGATGCCTCCATCAAGGAG
613   V R R Q F N T I P G L M E G T A K P D Y A T C V K I S T D A S I K E
2042  ATGATTCCTCCTGGTGCTCTCGTCATGCTCACCCCTCTCATTGTTGGAACCTTGTTTGGAGTTGAAGCTCTATCAGGAGTCCTTGCTGGCTCTCTTGTTTCA
647   M I P P G A L V M L T P L I V G T L F G V E A L S G V L A G S L V S
2144  GGTGTCCAGATTGCAATTTCTGCTTCCAACACTGGTGGTGCTTGGGATAATGCAAAGAAGTACATCGAGGCTGGAGTTTCAGATCACGCCAGGAGTCTCGGA
681   G V Q I A I S A S N T G G A W D N A K K Y I E A G V S D H A R S L G
2246  CCTAAAGGATCAGACCCCCACAAGGCTGCAGTTATCGGCGACACAATTGGGGACCCCCTCAAGGATACATCTGGACCCTCGCTCAACATCCTCATCAAGCTC
715   P K G S D P H K A A V I G D T I G D P L K D T S G P S L N I L I K L
2348  ATGGCAGTTGAATCCCTCGTGTTTGCCCCCTTCTTTGCCACCCATGGTGGCATCCTCTTCAAGATCTTC[illegible]GATCGAGGATCAAGATGCACATGATGCATT
749   M A V E S L V F A P F F A T H G G I L F K I F *
2450  CTTCACCTGCTTTGCCCCCCTTCATCCATCTCCCACCTGTCGACCATCTTGCATCTCTCTTCCTCTTCTCTCGGCATATACTTCCCTGTCGCTCCGTTTTGC
2552  TTACTTCAGAGTCCTCTGAGTTGTAGTGGTATTGTATTCTTCACCAAAAGTTCCTTGCTAGATAGATGATGATGATAAATGGTTCGTAGATGGTGTTCCTTT
2654  GCTGTGTTCCTTTGTTGTAGATCACAATATCGATATCTTTGATTCATTTTGTATTGTTTGGAAAATTTTCTGCCAAAAAAAAAAA
```

图 11-2　马蔺 *IlVP* 基因 cDNA 核酸序列及其推测的氨基酸序列

注：左侧的数字分别代表核苷酸和氨基酸位点，绿色阴影为H^+-PPase的PPi结合位点和活性部位。紫色阴影处为起始密码子（ATG）和终止密码子（TGA）。

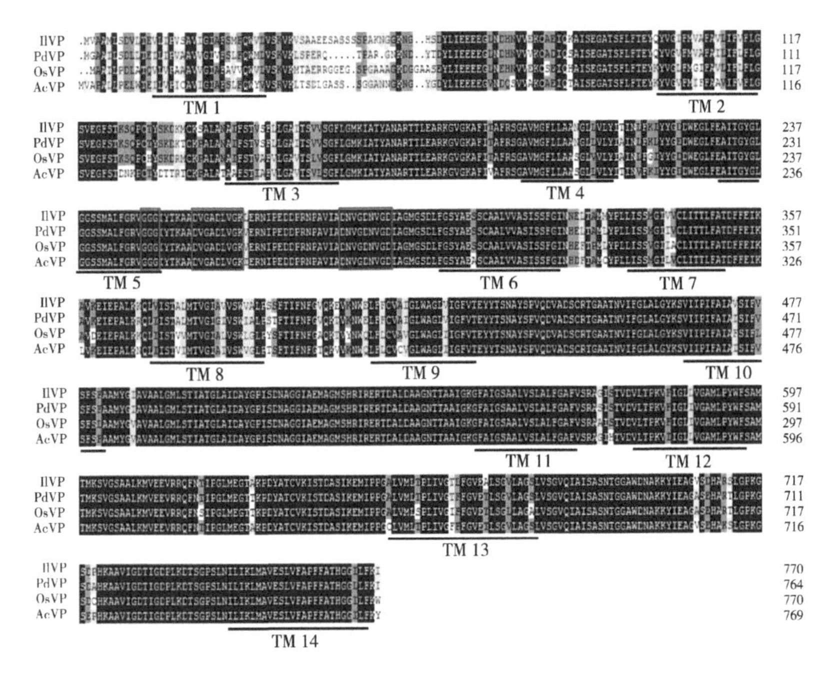

图 11-4　马蔺 *IlVP* 与海枣 *PdVP*、水稻 *OsVP* 和拟南芥 *AtVP* 氨基酸多重比较

注：红色方框表示H⁺-PPase的结合位点和活性部位。

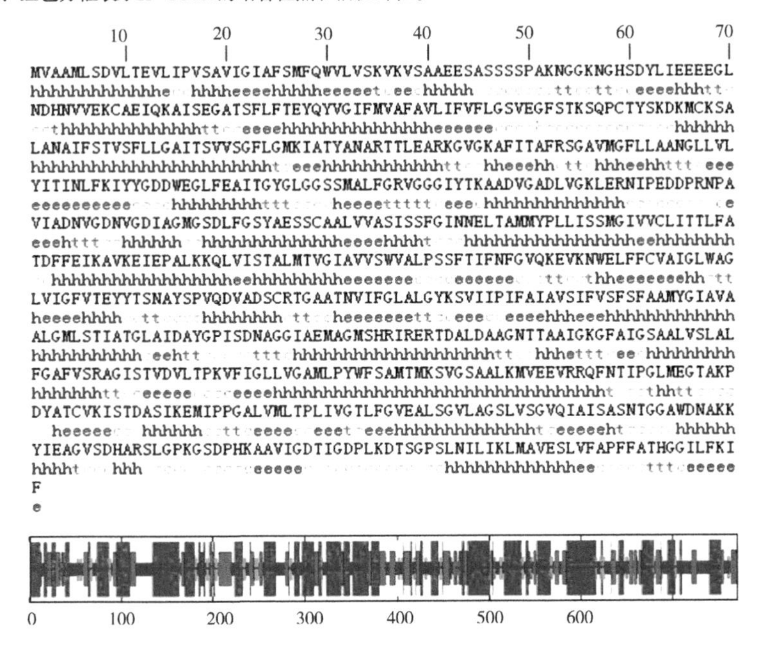

图 11-5　*IlVP* 蛋白质二级结构

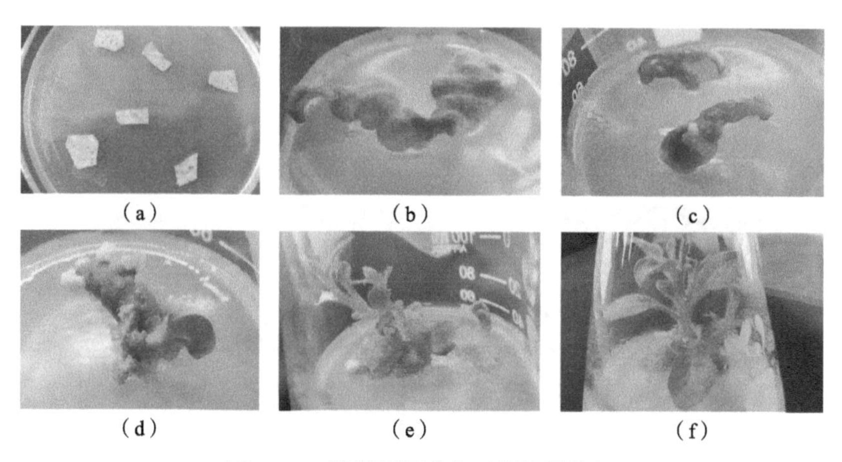

图 11-9　转基因烟草各时期培养流程

注：（a）叶盘预培养；（b）叶盘边缘膨大；（c）愈伤组织分化；（d）抗性芽培养；（e）抗性苗生长；（f）抗性植株。

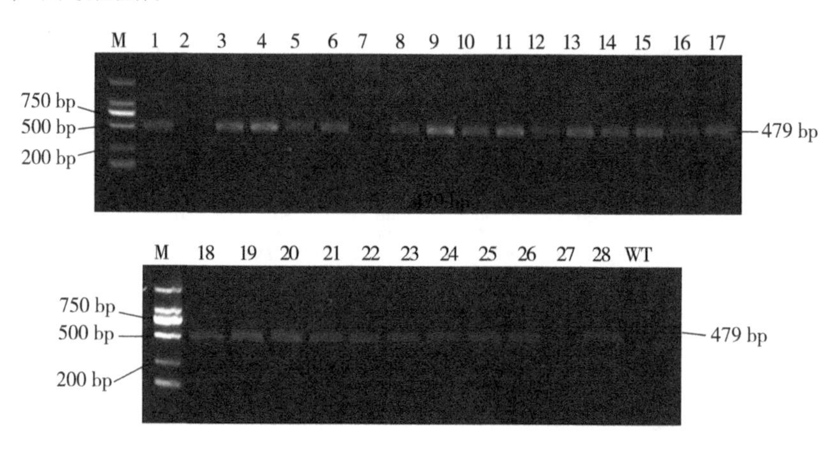

图 11-10　*llVP* 转基因烟草基因组 DNA PCR 检测结果

注：M，DL2000 DNA Marker；WT，野生型烟草植株；1-28，转基因烟草植株。

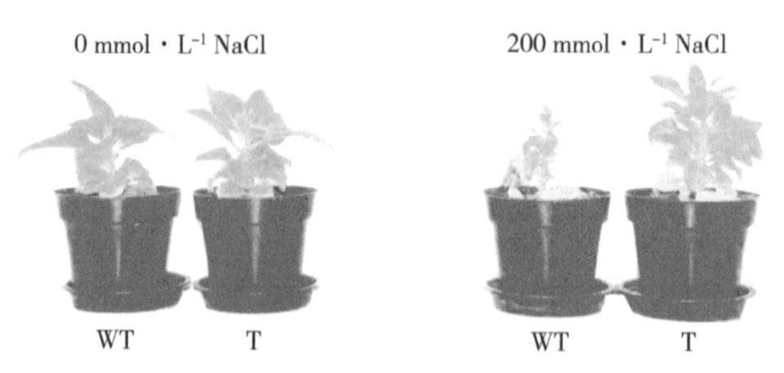

图 11-13　NaCl 胁迫 7 d 对野生型（WT）和转基因（T）烟草生长状况的影响